생명과학 연구윤리

Introduction to Biomedical Research Integrity and Its Systems

지코사이언스
GCO Science & Technology

생명과학 연구윤리

Introduction to Biomedical Research Integrity and Its Systems

발 행 일 2009년 2월 5일 초판 1쇄
지 은 이 최병인
발 행 인 박성율
발 행 처 지코사이언스
Design OPS design
편 집 이윤아
교정·교열 호혜정

출판등록 제2-4387호
주 소 서울시 마포구 서교동 449-43 국일빌딩 401호
전 화 대표전화 02-2279-9771
도서주문 02-2279-9771
팩스주문 02-2279-9772

ISBN 978-89-93601-05-3 93190

값 25,000원

생명과학 연구윤리

Introduction to Biomedical Research Integrity and Its Systems

최병인 저

지코사이언스
GCO Science & Technology

감수

이동익 신부

가톨릭대학교 인문사회의학과 교수

가톨릭대학교 생명대학원장

이석구 교수

성균관대학교 의과대학 삼성서울병원 소아외과과장

삼성서울병원 임상시험심사위원회(IRB) 위원장

(사) 대한기관윤리심의기구협의회 회장

김진석 교수

건국대학교 수의과대학장

For Lisa

And

In memory of Camee

서문

생명과학의 발달은 '인간의 수명연장' 과 '삶의 질 향상' 이라는 획기적인 선물을 우리에게 선사하고 있으며, 19세기 산업화시대, 20세기 정보화시대에 이어 21세기의 혁명적 첨단기술의 집합체인 생명과학의 시대를 열고있다.

생명과학은 의학, 약학, 수의학, 생물학, 식물학, 환경과학 등 다양한 관련 학문이 하나의 다학제적이며, 종합적인 학문적 접근이 필수적인 학문으로서 그 환경이 급격히 변화하고 있다.

이러한 시대적 변화는 단순히 과학계의 학술연구의 형식적 변화를 요구하고 있을 뿐 아니라, 연구 수행과정상에서 연구자의 윤리적 연구 수행기준과 연구의 대상이 되는 생명체인 인간과 동물에 대한 윤리적 처우와 절차 준수를 요구하고 있다.

20세기 정보화시대의 발달로 인하여 생명과학에서 연구윤리의 준수는 대학의 울타리를 넘어 국제적인 기준의 수립에 이르렀다. 이러한 국제적 연구윤리의 기준은 세계화의 물결을 타고 단순히 학계의 규범 수준을 넘어서서 국가별로 법률로서 생명과학계를 강제하기까지 이르렀다.

그러나 이러한 생명과학 연구의 윤리적 수행에 관한 사회적 요구나 이를 바탕으로 한 각종 법률제도에 대한 생명과학계의 이해는 그 요구 수준에 비해 낮은 것이 안타까운 현실이다.

지금까지 저자가 생명과학 연구 현장에서 보낸 10여 년간의 경험을 바탕으로 비춰볼 때, 이러한 현상은 생명과학자들이 윤리적 수준이 낮아서가 아니라

'윤리적 연구의 수행을 어떻게 하는 것인지' 잘 이해하지 못하거나, 새로운 사회적 요구나 규범, 또는 연구윤리제도에 대한 '정보의 부족' 에 있다고 본다. 이 문제를 좀더 파헤쳐보면 과학자의 인성과 지식의 틀을 갖추는 대학교육의 '연구윤리 교육 부재' 가 그 원인이라고 보는 것이 합당할 것이다.

최근 우리나라의 생명과학과 관련된 연구윤리제도는 대부분이 미국을 중심으로 하는 연구윤리제도를 거의 그대로 인용하여 법제도화 하고 있다. 실제 미래의 생명과학자를 육성하는 대학에서의 생명과학분야 연구윤리교육은 아직도 제도화 되지도 않고 있는 현실을 감안할 때, 외국의 연구윤리가 제도화 되어 법제도로 탄생하게 된 과정과 그 해당분야의 연구윤리에 대한 근본 정신과 기조를 이해하는 것은 매우 중요하다고 할 것이다.

실제 생명과학 연구윤리제도는 연구현장에서는 수많은 경우의 수와 각기 다른 환경과 배경을 가지고 있기 때문에 몇 가지 윤리제도만 가지고 이를 현장에 일률적으로 적용하기란 매우 어려운 일이기 때문이다.

생명과학을 연구하는 과학자들을 위하여 연구윤리의 발전과정과 그 제도에 관해 안내하고자 한다. 아울러 긴 시간과 노고 끝에 탄생한 연구결과가 윤리적 비난과 더불어 심지어는 법률위반으로 처벌까지 이르는 실수를 피할 수 있게 도움이 되었으면 한다.

이 책은 크게 세 가지 분야, 1) 연구자의 연구윤리, 2) 인간을 대상으로 하는 임상연구, 그리고 3) 동물을 대상으로 하는 연구 수행과 관련된 윤리적 연구제도를 중심으로 생명과학 연구윤리제도의 입문서로 활용될 수 있도록 기술하였다.

끝으로 이 책을 구성하고 있는 세 가지 분야를 지도해 주시고 이 책의 감수를 맡아주신 세 분의 스승이신 가톨릭대학교 생명대학 원장 이동익 신부님, 대한기관윤리심의기구협의회 회장 이석구 교수님(성균관 의대) 그리고 건국대학교 수의과대학장 김진석 교수님께 존경과 감사를 드립니다.

서문

1. 생명과학과 연구윤리

2. 연구자의 연구윤리

3. 인간을 대상으로 하는 연구윤리

4. 동물을 대상으로 하는 연구윤리

부록

1

생명과학과 연구윤리

'인간의 수명연장'이나 '과학의 발전' 등의 명분만으로는 연구자가 지켜야 할 '윤리적 연구수행ethical conduct of research' 또는 '책임 있는 연구의 수행responsible conduct of research: RCR'을 간과하거나 연구자윤리 위반에 대한 정당화는 불가능하다. 또한 임상시험의 관리기준인 GCPgood clinical practice, 의약품생산기준 GMPgood manufacturing practice에 이어 '연구윤리'의 중요성을 강조하는 'GRPgood research practice' 용어가 과학분야의 화두가 되고 있다.

생명과학자가 동물animal subject이나 인간human subject을 대상으로 연구를 수행하는 경우, 이들 연구대상research subjects에 대한 윤리적 기준을 준수할 것을 사회가 요구하고, 그 절차에 대하여 국가별 법률제도로 규제를 하고 있는 시점에 이르렀다.

Ethics 생명과학과 윤리

인류의 평균수명은 19세기 까지만 해도 20~30세 정도였다. 1900년대 미국인의 평균 수명은 47세였으며, 인도인의 평균 수명은 20세기 중반까지도 32세였다가 2000년이 되면서 64세로 증가하였다.[1] 20세기 말에 와서 한국을 비롯해 경제 성장을 이룬 국가의 평균수명은 78세까지 극적으로 증가하였다.[2]

이러한 인간의 놀라운 평균 수명연장은 경제적 발전으로 인한 영향이나 위생의 정도 등의 이유도 있겠지만, 의학과 약학을 비롯한 생명과학의 발전에 그 중요한 원인을 찾아볼 수 있다. 이러한 생명과학의 발전은 인간에게 적용이 되기까지는 실험실 연구, 동물실험 및 최종적으로는 인간을 대상으로 하는 임상시험의 단계를 거치게 된다. 다시 말해, 인간 수명의 연장은 생명과학의 발전 단계에서 필수적으로 동물 또는 인간대상의 시험과정을 거쳐왔으며, 이같은 임상연구 과정에서 연구대상research subjects에 대한 심각한 윤리적 문제가 발생한 제2차 세계대전 시기에 가장 많은 생명과학의 발전이 있었다는 것은 아이러니컬 하다.

생명과학은 생명에 관계되는 현상이나 생물의 여러 가지 기능을 연구하여 의료나 삶의 질 향상Quality of Life 등 인류복지에 사용하는 종합과학이다. 그러나 최근 분자생물학의 눈부신 발전으로 생명과학을 연구하는 대학의 학과는 과거와 달리 의학, 수의학, 약학, 유전학, 생물학뿐만 아니라 환경공학, 전자, 기계공학, 광학에 이르기까지 거의 대부분의 과학분야가 포함되어 매우 다양해지고 있다. 따라서

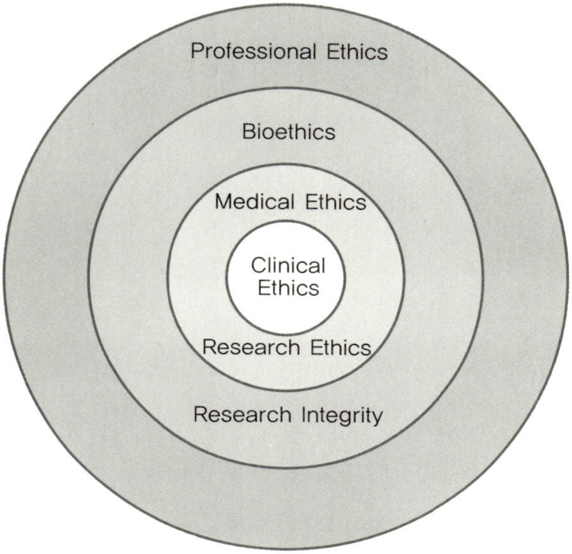

생명과학 관련 윤리의 범주

생명과학을 표기하는 용어도 life science, biomedicine, biotechnology 등 접근방식과 대상에 따라 조금씩 달리 표현되고 있다.

이와 유사한 맥락에서 생명과학 분야의 윤리체계 또한 명확하게 구분되거나 정의된 바는 아직 없지만, 업무의 범위나 관계 또는 적용 환경의 종류에 따라 bioethics, medical ethics, clinical ethics 등으로 불려지고 있다. 또한 professional ethics, research ethics 처럼 주체가 누구인가에 따라 대상이 되는 내용 또는 그 성격에 따라 달리 불려지는 윤리적 제도가 있다. 따라서, 실제 업무 현장에서는 여러 윤리제도가 복합적으로 상호작용 하기도 한다.

우리 나라의 정부, 관련법률, 기구, 학술단체 등 생명과학 분야에서 현재 쓰이고 있는 윤리와 관련된 용어들은 앞서 언급한 각종 용어들이 상당부분 혼재, 혼용되고 있어 일반인뿐만 아니라 과학기술분야에 종사하고 있는 과학자들도 매우 혼란스럽게 느끼고 있는 상황이다.

이번 장에서는 생명과학과 관련된 각종 '윤리' 라는 용어에 대하여 간략히 정의하고자 한다. 이들 용어들이 영어에서 한국어로 번역이 되면서 원어의 뜻과는 달리 한국어의 의미로 재차 그 뜻이 전달되어 혼란을 야기하고 있는 점을 감안하여 보다 쉬운 이해를 위해 어원과 그 발전과정 및 범주에 대하여 기술하였다.

Bioethics

생명윤리, 의료생명윤리 등으로 번역되어 쓰이는 용어로서 1950년대와 60년대를 걸쳐 급속히 주목받기 시작한 학문이다.

'Bioethics' 라는 용어를 처음 사용한 사람은 미국의 생화학자 포터Van Rensselaer Potter[3]이다. 최초의 의미는 의학에 한정하여 사용한 것이 아니라 '인간의 생존과 삶의 질 향상을 연구하는 분야' 라고 정의하였다. 의사와 환자의 관계와 의사의 도덕적 의무를 중점적으로 다루는 의료윤리와는 구분되는 분야로서 전통적 의료윤리medical ethics 영역에서 보다 급진적으로 나아간 분야이다. 간략하게는 생명과학life science과 윤리ethics의 학제적인 접근인 셈이다.

현대의 생명윤리는 의학, 생물학, 일부 환경문제 뿐만 아니라 인구학 및 사회학을 포함하는 광범위한 생명과학 전반의 도덕적 영역을 내포하고 있다. 이러한 의미에서 전통적 의료윤리 영역도 포함된다고 볼 수 있다. 생명윤리는 생명에 대한 윤리적 접근을 의미하는 것으로 이해될 수 있기 때문에 생명의 철학적, 종교적 이해로 치우칠 수 있는 분야이기도 하다. 보다 근본적으로는 새로운 생물학적 발견이나 의과학적 발전으로 얻어진 기술을 윤리적, 도덕적으로 적용하려는 차원의 학문으로 이해하는 것이 적절할 것이다. 생명윤리의 범주는 기본적으로 의료와 의과학에 그 중심을 두고 있지만 환경분야의 연구와 관련된 일부 영역은 문화적 측면을 포함하는 등 다양한 학문적 분야가 그 대상이 되기도 한다.

Medical Ethics

고대 그리스 시대의 '히포크라테스 선서' 에서부터 현대에 이르기까지 의료윤리는 대표적 직업윤리professional ethics로 간주된다.

'전문직profession' 은 라틴어로 '선서에 의해 구속된다bound by an oath' 라는 의미이다. AD 100년, 그리스의 의사 라르구스Scribonious Largus는 "히포크라테스의 선서에 의하면 '의사직' 은 의사들이 봉사해야 할 사람들환자에 대한 특별한 의무를 가져야 하는 직종이다." 라고 정의하였다.

역사적으로는 히포크라테스의 '위해 하지 말라primum non nocere' 라는 의사에 관한 윤리적 선언에서 최초의 윤리지침이라는 의미를 찾을 수 있지만, 형식을 갖춘 구체적인 전문 윤리강령은 영국 맨체스터의 토마스 퍼시발 경Thomas Percival: 1740~1804의 '윤리강령Percival' s Code' 에서 시작되었다고 볼 수 있다. 그는 1794년 내과 및 외과 의사의 윤리강령을 최초로 발표하였다.[4] 이후 1803년, 개정판에서는 '직업윤리와 의료윤리professional ethics and medical ethics' 라는 표현을 사용하였다.

토마스 퍼시발의 윤리강령은 미국에 건너가서 더욱 주목을 받게 되었다. 1808년 보스턴 의사협회Boston Medical Society는 이 강령을 채택하였고, 점차 미국 전역으로 전파되기 시작하여 1847년 미국의사협회American Medical Association: AMA가 창설되면서 윤리강령Code of Ethics으로 정식 채택되게 된다. 20세기에 접어들면서 이 윤리강령은 미국 전역 모든 전문가 집단 윤리강령의 규범이 될 만큼 대표적인 윤리강령의 기준이 되었다.

토마스 퍼시발의 윤리강령은 먼저 그 동안의 주관적이고 특정 개인으로서 '1인칭' 단수로 표현되던 선서자를 '2인칭', '3인칭' 또는 복수로 표현하였다. 또한 선언적 수행사항을 '의무' 로 표현하고, 그 의무들도 일련의 번호로 표기하였다. 이 의무는 아주 구체적으로 '의사의 핵심적이고 공통의 의무는 환자를 돌보는 것이다' 라고 표현하였다.

토마스 퍼시발의 윤리강령의 핵심적 사항을 보면 자신의 업무에 대해 평가를 받도록 하는 도덕적 의무를 의사에게 부여하였다. 이 평가에는 '동료 의사뿐만 아니라 병원 관계자들을 포함하여 선배, 고용주 등도 참여하여야 한다' 고 하였다.

이 윤리강령은 오늘날 '동료에 의한 평가peer review' 라는 제도로 발전하여 전문가 및 과학계의 중요한 판단 기준이 되었다. 이후 퍼시발의 윤리강령은 미국의사협회(AMA)가 채택한 윤리강령의 근간이 되기도 하였다.

Clinical Ethics

미국, 캐나다를 중심으로 발전을 해온 임상윤리 분야는 의료시설에서 의료서비스의 제공과정상 발생하는 가치의 갈등 내지는 불확실성에 대한 분석, 확인 및 해결방안의 모색 등을 포함한다.[5]

전통적으로 임상윤리는 동의서, 환자의 사생활 보호 및 비밀 유지, 환자의 동의에 관한 행위능력의 보유 여부, 소아를 대상으로 하는 경우의 의사결정 과정, 의료자원의 배분, 임종관리 등에 관한 문제에 초점을 맞추고 있었다.

1990년대 중반과 2000년대에 이르러서는 그 범위가 확장되어 임상적 의료와 조직 및 의료기관과의 관계를 포함하여 '의사의 도움을 받는 자살physician-assisted suicide: P.A.S.', 의료사고, 유전학과 윤리의 관계뿐만 아니라 심지어 생화학테러bioterrorism까지도 확장되고 있다.[6]

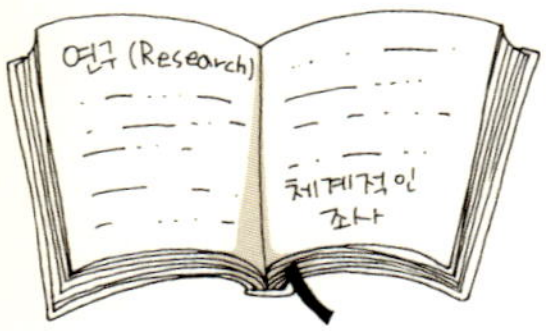

연구의 정의와 유형

미국의 연방규정 Code of Federal Regulation은 '연구' 에 대해 법률로 매우 쉽고 명확하게 정의하고 있다.

> '연구란 일반화할 수 있는 지식을 도출하거나 기여할 수 있도록 설계된 체계적인 조사를 말한다. 체계적인 조사는 연구개발, 시험 및 평가를 포함한다.' [7]

즉, 위와 같이 정의되는 체계적 조사에 해당되는 행위를 할 때 같이 고려하여야 할 윤리가 바로 '연구윤리' 가 되는 것이다.

연구의 유형type of research [8]은 연구의 목적, 연구결과의 이용가능성 등을 중심으로 분류할 때 기초연구와 응용연구로 구분해 볼 수 있다.

'기초연구basic research' 란 정립된 이론의 검증, 개량 또는 새로운 개발을 위해 실험을 통하여 데이터를 얻는 과정을 말한다. 기초연구는 기본적으로 학문적 호기심에서 출발하여 새로운 지식을 얻는 것에 주 목적을 가지고 있다. 이러한 사례로는 혈액세포의 기능에 관한 연구나 뇌의 특정 구역의 구조나 기능에 관한 연구를 들 수 있다. 이러한 연구의 결과는 백혈병이나 파킨슨병 치료를 위한 뇌세포 조직 박리 등에 응용되지만 기초의학 연구자의 직접적인 연구 목표는 아니다.

'응용연구applied research' 란 이론이나 기능적 응용에 대해 중 · 단기적 문제해결과 실제 적용을 목적으로 하는 연구를 말한다. 대부분의 응용생명과학은 실제 실험모델이 되는 환자군을 대상으로 하거나 연구결과를 적용하기 위해 진료현장이나 그 주변을 중심으로 연구수행이 이루어지는 경우가 많다. 상당수의 임상연구가 이 유형에 해당한다고 볼 수 있을 것이다. 예를 들어, 재활치료 의료진이 근육경련 감소를 위해 전기자극의 효과를 연구한다던가, 근력강화를 위해 다양한 운동요법을 비교하는 경우 등이 응용연구에 해당한다고 볼 수 있다.

실제 이 두 가지 유형의 연구는 결국 연구의 연장선에서는 둘 다 연속선상에 있기 때문에 기초연구와 응용연구를 이분법적으로 구분하는 데 무리가 따를 수도 있을 것이다. 또한 최근의 의학연구는 중재연구translational research 또는 다학제적 연구multi-discplinary research 등과 같이 기초와 응용연구의 요소가 모두 포함되는 하이브리드형 연구가 급격히 증가하고 있다.

연구의 유형은 실험의 유무에 따라 실험적 연구와 비실험적 연구로 구분 할 수 있다.

실험적 연구experimental research는 연구자가 단수 또는 복수의 변수를 조작하거나, 통제하는 방법으로 얻은 연구결과를 다른 비교군과 비교하여 관찰하고 조사하는 것이다. 실험적 연구의 주 목적은 연구대상의 조건이나 중재적 방법의 인과관계에 관한 규명과 새로운 제시에 있다.

비실험적 연구nonexperimental research는 일반적으로 방법상 기술적이거나 탐구적 조사를 말하며, 연구대상의 변수에 대해 직접적인 통제나 조작을 가하지 않는 연구를 말한다. 이런 유형의 연구는 연구대상에게 인위적 조작을 가하지 않은 상태에서 특정현상이나 사상을 반영하기 때문에 '관찰연구observational research' 라고도 한다.

연구의 유형을 좀더 실질적인 방법으로 구분하는 방법은 해당 연구가 얻고자 하는 답을 구하기 위한 문제의 유형에 따라 보는 견해이다. 이렇게 연구의 유형을 구분하면 '기술적 연구descriptive research', '탐구적 연구exploratory research', '실험적 연구experimental research' 로 나누어 볼 수 있다.

① 기술적 연구descriptive research는 연구자가 일정변수에 속한 대상집단에 대한 기술을 하거나, 그 집단의 특성에 대한 기록을 하는 것이다. 기술적 연구는 설문조사, 인터뷰 또는 직접적 관찰과 같은 방법을 이용하기도 한다. 기술적 데이터는 연구자로 하여금 임상적 현상의 영역에 대한 이해나 분류가 가능하도록 해준다. 이러한 기술적 연구의 범주에 포함되는 연구로는 다음과 같은 연구유형이 있다.

- **사례연구**case study는 한 명 또는 여러 명의 환자에게서 나타나는 특이한 임상적 조건 또는 혁신적 진료에 대한 결과를 기술하는 것이다.
- **발생학적 연구**developmental research는 특정하게 세분화된 집단에 대해 시간의 흐름에 따라 변화와 성장 패턴을 조사하거나 특정 질병이나 장애에 대한 자연사학적 기록을 하는 것이다.
- **규범적 연구**normative research는 특정변수에 대한 기준값을 설정하는데 주목적이 있는 데, 이는 진료계획이나 진단 기준 수립에 사용된다.
- **질적 연구**qualitative research는 인터뷰와 관찰을 통해 데이터를 획득하는 방법으로 자연스런 환경에서 발생하는 조건에 대해 인간의 경험을 특성화하거나 인간의 행동에 대한 가설을 수립하는 데 쓰인다.
- **평가연구**evaluation research는 특정 서비스나 사업의 필요성을 기술함으로써 해당 사업이나 정책을 객관적으로 평가하는 데 사용된다.
- **설문조사**questionnaires는 소규모 또는 대규모 집단을 대상으로 하여 기술적 정보를 획득하고자 할 때 종종 사용된다.

② 탐구적 연구exploratory research는 특정 현상을 조사하고 그 현상의 규모를 탐구하는 것이다. 연구자는 **상관관계법**correlational methods을 사용하여 각 요소 간의 관계를 조사하여 이 상관관계의 의미가 제시하는 예측을 도출할 수 있다. **예측방법**predictive method은 의사결정, 기대치의 수립 및 예후판단 등의 기준으로 이용된다. 연구자는 이러한 일련의 연구방법을 이용하여 이론적 제안의 평가나 모형을 수립할 수도 있다.

보건역학 연구자는 코호트 방법cohort method과 사례비교 연구case-control study를 이용하여 상관관계에 대한 기술이나 특정조건에 대한 위험도 예측할 수 있다.

③ **실험적 연구**experimental research는 두 개 이상의 조건을 비교하는 기본적인 방법이다. 실험은 외부요소의 영향에 대한 통제나 원인규명을 통하여 연구결과의 유효성에 대한 가능한 최대한의 확신을 제공하거나 연구자로 하여금 관찰된 차이점에 대한 의미있는 결론을 도출할 수 있게 한다.

무작위 임상시험randomized clinical trial: RCT은 실험적 연구의 대표적 연구방법으로 인정받고 있다. 이 연구방법은 위약군과 시험약군 간의 비교 시험일 경우 대표적이고 전형적인 방법으로 이용되고 있다.

이외에도 다른 대안 연구방법은 **단일사례 연구설계**single-subject design와 **순차적 임상시험**sequential clinical trial이 있다. **준실험적연구**quasi-experimental research는 다양한 요소에 의해 통제가 어느 정도 제한을 받지만 해석이 가능할 정도의 연구결과를 얻을 수는 있는 방법이다. **메타분석법**meta analysis은 다수의 연구결과에서 얻어진 결론을 통계학적으로 통합 하므로써 요약분석을 구할 수 있다.

연구과정과 절차

일반적으로 과학연구에는 이론 또는 아이디어의 수립, 계획 그리고 분석이라는 일련의 체계적인 방법과 그 절차가 필요하다. 양적 또는 질적 데이터를 수집하고 연구를 설계하여 결론에 이르는 과정에서 논리적 근거가 충분히 확보된 연구과정이 있어야 한다.

다음의 도표는 이러한 연구의 방법적 절차를 아홉 가지 과정으로 설명하고 있다. 연구의 내용이나 성격에 따라 일부는 겹치거나 차이가 있을 수는 있으나, 이 아홉 가지 과정을 다시 분류하여 일반적인 연구에서는 '연구과제의 확립－연구의 설계－방법론 선정－데이터분석－커뮤니케이션' 과 같이 5단계[9]로 보여주고 있다.

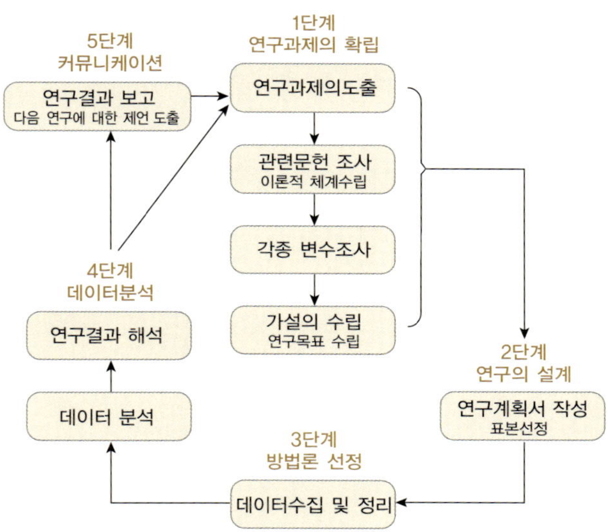

연구과정 및 절차 모형도

책임있는 연구수행 Responsible Conduct of Research: RCR

과학연구는 연구자들에게 새로운 발견이라는 희열 이외에도 많은 만족감을 가져다주는 다른 요소가 많이 있다. 연구자는 인간의 지식을 확장시키는 데 중요한 기여를 하는 동료 과학자들과 어울려 공통의 관심사에 대해 깊은 사색과 열정을 함께 나눌 수 있는 고귀한 기회를 나누어 가질 수 있다. 또한 입증되지 않은 가설에 대해 함께 도전해 볼 수 있는 동료같은 학생들과도 조우하게 해준다. 이렇듯 과학자는 많은 다양한 사람들과 함께 일할 수 있는 기회를 가지게 된다. 이러한 만남을 통해 새로운 분야를 알게 되고 전문성 또한 넓히게 된다.

연구자는 '무엇을 연구할 것인가' 라는 연구대상의 선정과 '어떻게 연구를 수행할 것인가' 라는 연구방법론을 스스로 결정할 수 있으므로 전문가로서 그리고 개인으로서 자신의 인생을 설계할 수 있는 상당한 자유를 가지고 있다. 연구자는 신뢰와 자유라는 이념에 기초한 사회의 구성원이다. 이들의 연구는 직·간접적으로 사회에 영향을 끼치므로 일반대중은 이들의 연구결과와 그것이 미치는 영향에 대해 관심을 가지게 된다.[10] 따라서 '책임있는 연구수행Responsible Conduct of Research' 은 포괄적인 개념으로 연구자의 윤리적 규범으로 이해되어야 한다.

의생명과학Biomedicine에 관한 연구윤리 충실성Research Integrity [11]의 경우, 과거에는 이 말이 인체대상 연구를 관장하는 실행규칙만을 가리키는 것으로 한정되어 있었다. 그러나 최근 들어 생명과학 연구윤리는 인체대상 연구와 동물이용연구 등과 같은 전통적 쟁점뿐만 아니라 저자authorship 표시와 기여도의 인정credit과 표시, 데이터와 자료의 공유, 데이터의 공표와 입증, 다른 연구자들과의 관계, 대학원생이나 박사 후 과정 학생들에 대한 교육, 이해의 상충에 대한 조정 등을 포함하는 광범위한 연구활동을 포괄하는 것으로 인식되고 있다. 인간을 대상으로하는 연구를 하는 경우, 그리고 동물을 대상으로 하는 연구를 수행하는 경우, 생명에 대한 기본적 권리 확보나 복지문제와 같은 전통적인 윤리적 문제 이외에 연구자에게 연구 수행상 윤리적 쟁점이 될 수 있는 몇 가지 연구를 둘러싼 상황[12]을 살펴볼 수 있다.

'윤리적 연구수행Ethical Conduct of Research' 은 그 동안 '책임있는 연구수행Responsible Conduct of Research' 과 동의어로 이해되어 왔다.[13] 따라서 적어도 동물과 사람의 생명을 연구대상으로 하는 경우, 연구윤리에 대한 국제적 규범준수를 요구하고 있다. 이는 선진국을 중심으로 법률로 규제하기 시작하였으며, 그 내용면에서도 공통의 가치를 추구하는 추세에 있다고 본다.

연구행위와 연구윤리 적용 분야

데이터와 관련된 행위	연구결과와 관련된 행위
• 실험데이터의 기록과 보존 • 실험의 재연(필수적인 절차를 생략하지 말 것) • 논문발표 혹은 프리젠테이션을 위한 데이터의 선별 • 데이터 및 연구자료의 공유 • 데이터 분석(통계 처리 포함) • 기록과 아이디어의 소유권 • 대학원생 및 박사 후 과정 학생의 권리	• 실제로 수행하지 않았거나 보고과정에서 생략된 통계분석 • 연구비 신청을 위한 조급한 결과 이용(아직 확인되지 않은 결과를 제시하거나 가장 잘 나온 결과만을 인용한 경우) • 논문개요에서 연구결과를 지레짐작해 기록(아직 완결되지 않은 실험의 보고) • 연구결과의 중요성에 대한 과장(대중을 상대로 한 속임수, 혹은 과학계 내에서의 속임수) • 연구결과 혹은 그 중요성에 대한 자기 기만(신화적 사고)

1 Galor, Oded and Moay, Omer, October 12, 2005, "Natural selection and the Evolution of Life Expectancy", Minerva Center for Economic Growth Paper No. 02-05

2 World Bank, http://www.worldbank.org/depweb/english/modules/social/life/index.html

3 Van Rensselaer Potter (1911~2001). 미국 위스콘신대학교 종양학 교수. 그의 저서 '생명윤리학: 미래를 향한 다리(Bioethics: Bridge to the Future)'에서 처음으로 사용하였다고 한다. Potter는 이 저서에서 "인간의 생존은 생물학 지식에 입각한 새로운 윤리학인 생명윤리학에 달려있다고 해도 좋다"고 했다.

4 Baker, R., Codes of Ethics: Some History, http://ethics.iit.edu/perspective/pers19_1 fall99_2.html

5 Fleture, John C. and Boyle, Robert, eds. 1997, Introduction to Clinical Ethics, 2nd edition, University Publishing Group.

6 Schyve, Paul, Emmanuel, Linda L., Winslade, William, Youngner, Sturart J., 2003, Organizational Ethics: Promises and Pitfalls, Ethics Consultation : From Theory to Practice, Johns Hopkins University Press

7 미 연방규정 45 CFR 46 .102 Definitions. (d) Research means a systematic investigation, including research development, testing and evaluation, designed to develop or contribute to generalizable knowledge

8 Portney, L.G., Watkins, M.P., 2000, Foundation of Clinical Research; Application to Practice, 2nd ed., Prentice Hall Health. pp.12-15.

9 Portney, L.G., Watkins, M.P., 2000, Foundation of Clinical Research; Application to Practice, 2nd ed., Prentice Hill Health

10 Committee on Science, Engineering and Public Policy, On Being A Scientist: Responsible Conduct in Research, National Academy Press, Washington, D.C. 1995.

11 연구윤리 충실성(Research Integrity):연구의 내용적 완성도와 더불어 연구자가 갖추어야 하는 각종 윤리적 완전성을 의미하는 용어로써, 일부에서는 '연구 충실성'으로 번역을 하고 있다. 그러나 '연구 충실성'은 연구의 과학적 충실성을 의미 하는 것으로만 이해 될 수 있어 저자는 '연구 윤리 충실성', 또는 단순화하여 '연구윤리'로 사용하고자 한다.

12 Paul J. Friedman, 1996, An Introduction to Research Ethics, Science and Engineering Ethics, 2:4, pp. 443-456.

13 Committee on the Responsible Conduct of Research, 1989, Responsible Conduct of Research in the Health Science, Institute of Medicine, Division of Health Science Policy, Washington, DC, National Academy Press

2

연구자의 연구윤리

이번 장에서는 연구자가 연구의 수행과정에서 직면하게 되는 의사결정의 단계들, 연구 과정상의 윤리적 원칙들, 연구결과의 발표와 관련하여 저자의 표시나 그 책임문제, 그리고 연구과정에서 실제로 겪게 되는 다양한 이해상충의 문제에 대하여 살펴보고자 한다. 또한 생명과학분야 연구와 연관되는 여러 가지 제도 중, 특허를 포함한 지적재산권과 관련된 제도의 이해 및 연구 데이터와 관련된 권리와 의무에 관한 사항에 관하여 실험실 현장에서 겪은 저자의 경험을 기초로 정리해 보았다.

연구자와 연구윤리[1]

과학자는 연구를 수행하는 전 과정에서 수많은 의사결정을 하게 된다. 연구와 관련된 현상에 대해 관찰과 분석을 할 때, 기본적으로는 관련 문헌이나 전문가의 조언, 권고를 받아들여 과학적이거나 적어도 현재까지는 정설로 인정된 이론을 수용하려 한다. 그러나 수용여부를 결정하는 과정은 쉽지도 않고 간단하지도 않다. 아이러니컬하게도 상당 부분을 주관적으로 결정해야 하는 고독한 작업이다. 왜냐하면 수많은 이론과 실험의 결과에 대한 해석을 두고 어느 것을 선택하는 가에 따라, 가설의 수립, 방법과 절차의 선정 그리고 전체적인 연구결과의 해석이 달라지기 때문이다. 이러한 의사결정의 과정에는 연구자의 독단적인 요소와 도덕적인 요소가 공존한다.

예를 들어, 저렴하지만 독성이 강한 시약을 사용하는 것과 비싸지만 친환경적이거나 인체 독성이 낮은 시약을 선택하여야 하는 연구를 가정해보자. 연구자가 어떤 시약을 사용할 것인가는 연구자의 연구비 재정상황이라는 변수를 고려하면서 연구자 자신의 도덕적 가치를 얼마나 적용하느냐에 따라 달라진다. 또 다른 예로, 연구수행 과정에서 연구자는 많은 데이터를 수집, 공유, 생산한 뒤 이 데이터에 대한 분석내지는 평가를 하게 된다. 이러한 일련의 데이터와 관련된 연구활동 과정에서 많은 데이터 중 어떤 데이터를 선택하여 연구에 사용할 것인지에 대해 고민을 하게 된다.

이와 관련하여 미국 과학한림원National Academy of Science의 한 보고서[2]는 "연구데이터의 선택적 사용은 위조fabrication와 창조적 통찰력의 경계가 명확하게 구분되지 않는 다른 영역이다"라고 주장한다.

연구데이터의 공유에 관한 지침은 주요학술지에서 그 기준을 가이드라인의 형태로 제시하고 있다. 하지만 논문으로 발표되지 않은 데이터의 공유에 관한 사안에 대해서는 언급이 없다. 생명과학연구의 특수성이나 복합성 때문에 연구의 대상 또는 종류나 과정은 거의 무한대에 가까울 만큼 광범위하다. 이러한 현실에 비해 가이드라인이나 관련 규정의 형태로 연구자의 의사결정에 명확한 기준을 제시하는 경우는 너무나도 부족하다.

수행해야 할 무한한 작업을 결국 우리는 도덕적 이성의 영역에서 하게 된다. 이 결정은 우리가 어떻게 해야 하는지에 대한 일반적 판단에 기초하며, 물론 우리는 대개의 경우 올바른 것을 행하기를 원한다. 현실적으로 과학적 연구수행 여부를 일반적 도덕원칙에 의해 결정하는 경우, 실질적인 도움을 거의 받을 수 없는 경우가 많다. 관련지침이 없는 까닭에 과학적 연구를 도덕적 지침에 의거하여

수행하게 된다. 가치중립적으로 수행해야 할 작업을 가치편향적인 잣대에 좌우될 수 있는 심각한 문제가 있는 셈이다. 과거의 몇몇 연구사례는 그 시대에 통용이 되던 관례에 따라 행해진 것이었지만, 최근에 와서 비윤리적이었다는 비판을 받는 경우가 종종 있다. 이러한 실수를 반복하지 않기 위해 현재 연구 방법의 윤리적 범위를 검증하기 위한 조심스런 노력이 필요한 시점이다.

최근 과학자, 윤리학자 및 정책 입안자들이 연구윤리문제를 논할 때 광범위하게 인식을 같이 하는 부분이 있다. 즉, '연구윤리는 학문이 사용되는 해당 전문직을 모델로 보고 이를 토대로 하여 접근하고 이해해야 한다' 는 것이다.[3] 다시 말해 과학을 직업 그 자체로 보는 시각이다. 이러한 논리의 시각에서 전문직으로 분류되는 의학, 법학, 회계학, 공학 등은 다음과 같은 사회적, 도덕적 공통점을 가지고 있다.[4]

첫째, 전문직은 단순한 생계 수단으로서의 직업 이상의 의미를 가지고 있다. 이러한 전문직에 있는 사람으로 대표적인 사람이 의사라고 볼 수 있다. 이들은 사회의 선과 이익을 위해 봉사하는 소위 '부름' 을 받은 사람으로 인정되곤 한다.

둘째, 이들 전문직은 가치있는 서비스를 제공하기 때문에 공공의 책임 의무가 주어지는 동시에 대중으로부터 신임을 받기도 한다. 그 예로 의사에게는 환자의 건강뿐 아니라 국민건강 증진에 기여할 의무도 동시에 주어진다.

셋째, 전문직은 대중에 대한 책무도 있지만 동시에 상당한 정도의 자율성을 사회로부터 부여 받는다. 의사는 의사로서의 자격 기준을 정하거나 의료 수준을 정하는 등의 자율적 권한을 부여 받는다.

넷째, 자율성과 대중에 대한 전문직으로서의 책무를 스스로 장려함으로써 윤리적 기준이 직업의 수행에 핵심적 역할을 하도록 한다. 대부분의 전문직은 스스로에 대한 윤리적 행위에 대한 공약으로 자체의 윤리강령을 채택하고 있다. 오늘날

의료에서의 윤리강령은 히포크라테스 선서와 다소 차이는 있지만, 의사는 히포크라테스 시대BC. 460~377부터 윤리를 준수할 것을 선서해 왔고, 그 선서는 아직도 의료행위를 수행하는 과정에서 스스로를 규제하는 핵심적 가치와 정신을 유지하고 있다.

다섯째, 전문직은 전문성을 가지고 있음을 인정받아 왔다. 의사는 진단, 치료 그리고 질병의 예방에 관한한 그 전문성을 가지고 있다.[5]

16세기 과학혁명 이전까지 과학은 직업이라기보다는 부업이었다. 과학자들은 사람들로부터 격리된 곳에서 연구비를 스스로 조달해가며 연구하였다. 1400년대 중반까지는 인쇄술이 발명되지 않아 연구결과를 발표하는 일이 드물었으며, 설사 연구결과를 발표하였다 하더라도 그 결과에 대해 동료들에 의해 심의되지도 않았다. 1600년대 중반까지는 과학을 전문으로 하는 학회나 학술지도 없었다. 대학에서는 소수의 과학분야만을 가르쳤으며 많은 과학자들이 분야가 다른 여러 분야의 과학을 섭렵할 수 있었다. 그 예로 뉴튼은 기계학, 천문학, 광학 그리고 수학과 같은 다방면에 지대한 기여를 할 수 있을 정도였다. 기업가들이나 정부는 연구에 투자하는 것에 대한 이유를 찾지 못했고, 과학은 사회적인 입지나 영향력 또한 별로 갖지 못하고 있었다. 그러나 1800년대와 1900년대에 접어들면서부터 이 모든 상황이 일대 전환기를 맞이하게 되었고, 21세기 현재는 수천 개의 과학학회가 있으며 관련 학술지가 발간되고 있다.

동료들에 의한 심의peer review는 연구비의 확보나 학술결과의 발표에서 핵심적인 부분이다. 더욱이 현대의 과학연구는 학부생, 대학원생, 실험실 조교, 박사후 연구생에 이르기까지 많은 사람들이 팀을 이루어 수행되는 경향이 있다.

대학에서는 수백 가지의 전공분야를 개설하고 있고 이제 특정분야로 전문화하지 않고는 과학적 전문성을 인정 받기가 사실상 불가능하게 되었다. 정부와 기업은 매년 수십억 달러의 연구비를 과학분야에 투자하고 있다. 과학은 그 자체로 사회적으로 가장 영향력 있는 기구가 되었다.[6] 또한, 과학은 그 상당한 규모로 인해 세계경제의 일부를 차지하고 있다. 미국, 독일, 영국과 같은 선진국의 경우 GDP의 2.5%를 연구개발비가 차지하고 있고,[7] 제2차 세계대전을 기점으로 하여 시작된 연구개발비에 대한 투자의 상향 추세는 21세기에 접어든 지금에도 지속적으로 증가되는 추세이다.[8] 실제 수백만 명의 과학자들이 대학, 연구소, 기업 또는 기타 연구를 수행하는 기관에 고용되어 있다.[9] 오늘날 현존하는 과학자의 수는 지난 2,500년간의 인류 역사 동안 살았던 전 과학자의 수 보다 많다는 추정도 있다.[10]

득실여부를 막론하고 현대는 과학의 시대임이 분명하다. 이러한 과학의 힘이 증가되는 것과 동시에 과학은 사회적 책임을 요구받고 있다. 과학은 단순한 직업이 아닌 하나의 전문직으로 평가되고 있다. 과학자는 대중에 대한 책임과 자율성을 가지며, 윤리적 기준을 갖추어야 한다. 과학자는 전문적 지식뿐만 아니라 자율성과 도덕성, 사회적 책임의식 등을 수반할 때, 지적 권위를 인정 받게 된다.

윤리적 기준은 과학의 목적을 재인식시킴으로써 연구에 있어서 중요한 역할을 한다. 객관적인 지식을 추구하고 실질적인 문제의 해법을 제시하는 등, 과학의 목적은 과학자들 간의 공동 노력과 협력을 장려하고, 과학에 대한 대중의 신뢰 증진에 기여하는 등의 노력을 통하여 달성할 수 있다. 하지만 여러 분야의 과학 학계가 윤리 준수를 표명하기 위해 윤리강령을 채택하고 있는 이유는 과학 자체의 전문적이고 체계적인 관리를 이해하기 위해서는 윤리에 대한 보다 깊은 통찰이 필요하다는 인식이 있기 때문이다.[11]

윤리적 의사결정 단계

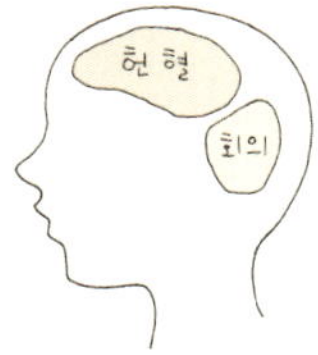

적어도 두 가지 이상의 다른 의견이 대립될 때 윤리적 의사결정이 성립하며 이때의 선택은 윤리적으로 중립일 수 없다. 이러한 경우, 선택은 도덕적으로 중요하다. 예를 들어, 식료품점에서 사과를 고르는 것은 윤리적 의사결정은 아닐 것이다. 그러나 타인에게 수혈을 할 것인가를 결정하는 것은 다수의 도덕 이론들이 타인에게 수혈을 해야 한다고 권고하므로 윤리적 의사결정이 될 수 있다. 특히, 성가시고 거북한 윤리적 의사결정은 윤리적 딜레마로 알려져 있으며 이러한 윤리적 딜레마는 두 개의 다른 선택이 도덕적 관점에서 똑같이 좋거나 혹은 나쁠 때 나타난다.[12]

아마도 다른 원리나 이론들은 각기 다른 선택을 제안할 것이다. 예를 들어 누군가가 중요한 회의에 참석하는 것과 환자에게 수혈을 해주어야 하는 상황이 동시에 발생하였다고 가정해보자. 이때 선행의 원리나 공리주의로 알려진 도덕 이론에서는 수혈을 하는 것이 옳다고 주장하겠지만, 그렇게 한다면 그는 약속을 어기게 되고 이는 신의나 윤리성의 부족을 나타내는 것이 된다.

그렇다면 이러한 딜레마 상황에서 그는 어떠한 결정을 내려야 하는가? 의사결정을 할 때는 경제적, 법적 및 정책적 관점에 따라 여러 가지 방법들을 채택할 수 있다. 현실세계에선 심지어 점성가나

예언자에게 조언을 구하는 비과학적 선택을 하기도 한다.

그러나 윤리적 의사결정을 하는 것이 목표라면 다음의 것들은 모두 고려해야 한다. 다음은 윤리적 의사 결정의 기본 방법 6단계이다. [13, 14, 15]

제1단계: 문제의 도출과 정의

앞서 언급한 '수혈을 해야 하는가, 위원회 회의에 참석해야 하는가' 하는 문제에 해당한다.

제2단계: 관련 정보의 수집

반드시 그 사람 혈액형의 혈액이 필요한가 혹은 전반적인 수혈용 혈액이 부족한가를 알고 싶을 것이다. 수혈하는 과정에서 자신의 의학적 상태 즉, 수혈을 할 수 있을 만큼 체내에 혈액이 충분한가에 대한 정보와 참석 예정된 회의에 대해서는 그 회의가 얼마나 중요한 회의인가 그리고 회의에서 자신의 역할이나 비중을 확인해야 한다. 충분히 고려하지 않은 정보는 올바르지 못한 의사결정으로 이어질 수 있기 때문에 관련된 정보를 수집하는 것이 중요하다.

제3단계: 가능한 대안에 대한 기술 또는 수립

무슨 다른 방법이 있는지 고민한다. 할 수 있는 분명한 행동은 '수혈을 하는 것' 혹은 '회의에 참석 하는 것' 이다. 그러나 그는 나중에 수혈을 하고 회의에 참석한다거나 회의시간을 조정하는 것과 같은 대안에 대해 고민하거나 생각해봐야 한다.

제4단계: 가치나 원칙을 달리하는 대안에 대한 검토

이런 경우, '타인을 돕는 것' 은 '수혈' 을 선택하는 것을 선호하고 '신의에 대한 의무' 는 '회의에 참석 하는 것' 을 선택하도록 한다. 이 두 원칙은 '다음에 수혈을 하고 일단 회의에 참석하는 것' 과 같은 제3의 대안을 택할 수도 있다. 이와 같은 상황과 관계가 있는 가치나 원칙들의 적용과정에서는 법, 경제, 제도, 직업, 개인 또는 그 밖의 다른 것들을 고려하기도 한다.

제5단계: 다른 가치나 기준 측면에서 대안에 대한 평가

여러 상황에 관련된 모든 것들을 고려하여 다른 대안들을 신중하게 검토하고 무엇이 최선책인지를 냉정하게 결정한다. 이러한 과정은 상황에 맞춰 다른 가치나 원리의 우선 순위를 정해야 할 때가 있기 때문에 의사결정 과정에서 가장 어려운 부분이기도 하다.

예를 들어, 만약 수혈을 하고 회의에 참석하는 것이 불가능하다면 자신의 신의 의무를 지키는 결정을 할 수 있다. 주변 환경이나 상황에 대한 평가는 '최선' 의 선택을 결정하는데 중요한 역할을 할 수 있다. 만약 회의가 아주 중요하지 않다면, 그는 회의에 참석하지 않으려 할 수도 있고, 위급한 상황으로 그의 혈액이 필요한 경우 그는 사람들에게 그가 회의에 불참할 것을 알리고 수혈을 하겠다는 결정을 내릴 수 있다.

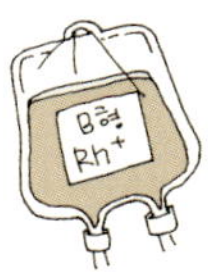

제6단계: 의사결정과 수행

위에 제시된 단계별 의사결정 방법은 때로 실생활에서의 의사결정에서 벗어나는 경우도 있지만 유용한 방법이다. 예를 들어, 1단계에서 2, 3단계로 넘어가면서 문제가 처음 1단계에서 생각했던 것과 같지 않거나 새로운 문제가 나타나서, 문제를 다시 기술하거나 새로운 문제를 정의해야 하기도 한다. 때로는 5단계까지 진행이 된 상태에서 정보가 더 필요하다는 것을 알게 될 수도 있으며, 심지어는 각 단계에 맞춰 합리적인 과정이 이루어지고 있는지 확인없이 매우 짧은 시간 동안 6단계가 진행되기도 한다.

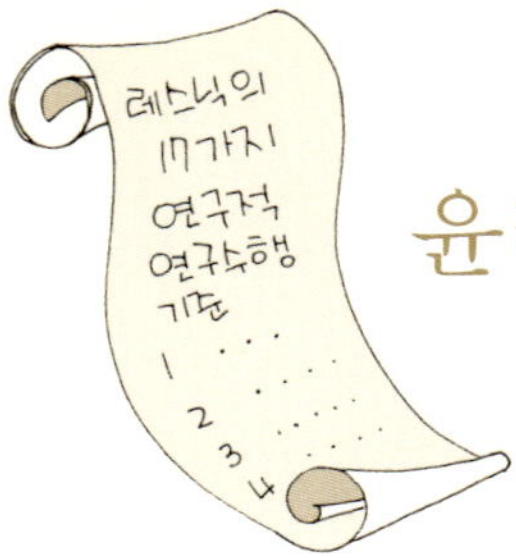

윤리적 연구수행의 원칙

이번 장에서는 몇 가지 윤리적 연구수행의 원칙에 대해서 논해보고자 한다. 논의하게 될 이론들은 명백한 규칙들이다. 이들은 이론적이고 직관적인 관점에서 정의 되었으며, 연구자들이 따라야 하는 각각의 원칙들은 여타의 원칙들과 상충되지 않는다. 대부분의 연구원들이 윤리적 연구수행의 원칙들을 통해 직관력을 갖게 된다 해도 이 원칙들의 이론적인 정당성을 제시할 수 있어야 한다.[16]

첫째, 많은 원칙들은 객관적인 지식발전, 실질적 문제의 해결, 자연현상에 대한 이해증진 그리고, 성공적인 예측을 포함하는 연구 목표와 직접적인 관계를 가지고 있기 때문에 정당성을 가진다. 이러한 목표는 가장 중요한 원칙 중에 하나인 정직성 없이는 불가능하다.

둘째, 많은 원칙들은 연구자들 간의 협동연구와 신뢰를 증진시킴으로써 정당성을 갖는다.[17]

셋째, 과학의 사회적 책임과 대중의 지지를 증진시키는 것을 통해 원칙의 정당성을 입증한다.[18] 과학자는 과학에 대한 대중의 지지를 증진시키기고, 과학에 대한 대중들의 이해를 돕기 위해, 대중들을 교육하고 정보를 제공하는 노력을 해야 한다.

넷째, 원칙은 법적 요건들을 충족하는 범위 내에서만 정당화 된다.[19] 예를 들어 정부 지원 연구비에 관한 지원 신청서를 허위로 기재한 연구자는 사기를 금지하는 연방법에 대해 범법행위를 하는 것이다.

다섯째, 넓은 의미의 도덕과 윤리의 영역에서 정당성을 얻을 수 있다.[20] 예를 들어 자율적 도덕성 원리, 선행, 악행금지 그리고 정의는 연구의 대상이 되는 사람을 보호해야 한다는 규칙을 뒷받침 해주고 있다.

오늘날 첨단 생명과학 연구활동에서 특이한 현상은 '과학' 과 '기술', '연구' 와 '치료' 그리고 '기초 연구' 와 '응용 연구' 사이의 전통적인 구분이 어렵게 되어 가고 있다는 점이다. 분자생물학과 의학, 유전학 분야는 과학지식의 획득과 그 기술적 수단화가 동시에 일어나는 분야인 것이다. 과학 혹은 과학자는 오로지 과학적 진리에만 충실할 뿐이라는 말은 지식 획득과정과 그 수단적 이용이 구분될때나 의미있는 것이다.

마찬가지로 '연구' 혹은 '실험' 과 '치료' 사이의 구별도 실제로는 점점 어려워지고 있다. 예컨대 유전자에 대한 과학적 원리가 확립되고 나면 기술적 적용은 불가피해진다. 즉, 기초연구에서 기술적 적용으로 가는 길이 아주 빨라서 어떤 경우에는 기초연구가 이미 기술적 적용이라고 말할 수밖에 없다. 그렇기 때문에 이런 연구에서 이론적 분석은 중립적이거나 몰가치적 입장을 유지하기가 이미 힘들다. 실례로 인체와 인체의 산물들을 직접 연구대상으로 삼고 있는 분야에서는 이론적 연구가 곧장 응용과학의 영역으로 넘어가는 추세를 보이고 있다.[21] 이에 대한 대안으로 레스닉은 17가지 윤리적 연구수행의 기준을 다음과 같이 제시하고 있다.[22]

① **정직성**Honesty: 과학에 관한 모든 커뮤니케이션에서 정직성을 유지해야 한다. 데이터, 연구결과, 연구방법, 연구절차, 결과의 발간, 협동연구,

잠재적 이해의 상충을 정직하게 보고해야 한다. 날조, 변조 혹은 데이터를 잘못 전달, 제시하는 일은 없어야 한다.

② **객관성**Objectivity: 실험계획, 자료분석, 자료해석, 동료 연구의 심사, 연구비 신청서의 작성 등 모든 연구활동에 객관성을 유지하고 의사결정에 왜곡된 영향을 줄 수 있는 상황을 최소화시킨다.

③ **윤리성**Integrity: 전 연구 과정상 모든 관점에서 윤리성을 갖고 행동해야 한다.

④ **신중성**Carefulness: 부주의한 오류와 태만을 주의해야 한다. 자신과 동료의 일을 신중하고 비판적으로 검토해야 한다. 데이터의 수집, 연구설계, 관청 혹은 학술지와의 서신 교신과 같은 연구활동에 관한 연구자료를 잘 보존해야 한다.

⑤ **개방성**Openness: 자료, 결과, 아이디어, 연구방법 및 연구자원 등을 공유해야 하며 비평과 새로운 생각을 흔쾌히 받아들여야 한다.

⑥ **비밀의 유지**Confidentiality: 개인 정보, 영업상 비밀이나 군사 기밀들, 환자 기록에 관련된 논문 게재나 연구비 신청서와 같은 각종 연구관련 커뮤니케이션에서 비밀을 유지해야 한다.

⑦ **동료에 대한 존중**Respect for Colleagues: 당신의 동료와 학생을 존중해야 한다. 이들에게 위해가 되는 일을 피하고 복지향상을 위해 노력해야 하며, 동료를 공정하게 대해야 한다.

⑧ **타인의 지적재산권에 대한 존중**Respect for Intellectual Property: 타인의 특허, 저작권, 그리고 다양한 형태의 지적재산권을 존중해야 한다. 발표되지 않은 자료, 방법이나 허가 받지 않은 결과물들을 사용해서는 안되며, 혹 사용을 하더라도 출처를 밝혀 타인의 공적을 존중해야 한다.

⑨ **자유**Freedom: 연구기관과 정부는 연구원의 사상과 연구의 자유를 장려해야 한다.

⑩ **사회적 책임**Social Responsibility: 사회적 선goodness을 도모하고 연구 및 공공 교육과 이익의 대변을 통해 사회의 해악을 막거나 바꾸도록 노력해야 한다.

⑪ **효율성**Efficiency: 인적, 재정적, 기술적인 자원들을 효율적으로 사용해야 한다.

⑫ **교육**Education: 차세대 과학자들에 대해 교육, 지도 및 조언을 함으로써 그들을 육성한다.

⑬ **능력배양**Competence: 평생 교육과 학습을 통해 자신의 전문적인 능력과 기술을 유지하고 발전시켜야 한다. 이로 인해 과학 전체가 향상되도록 노력하여야 한다.

⑭ **기회의 균등**Equality of Opportunity: 학생과 동료들을 위한 기회를 공정하게 제공해야 한다. 학생의 입학, 직원의 입사 및 동료 평가에서의 차별을 없애야 한다.

⑮ **준법성**Legality: 관련 법률과 정부의 정책을 주지하고 있어야 하며 이에 따라야 한다.

⑯ **동물보호**Animal Care: 동물을 연구에 이용할 때 적절한 대우를 하고 동물을 돌보아야 하며 불필요한 반복실험과 같은 연구나 제대로 계획되지 않은 동물실험은 수행하지 말아야 한다.

⑰ **임상시험 피험자 보호**Human Subjects Protection: 사람을 대상으로 연구를 수행할 때, 위해와 위험을 최소로 하고 이익을 극대화 시켜야 하며 인격, 사생활 및 피험자의 판단을 존중해야 한다. 취약한 환경의 피험자에 대한 각별한 주의와 대책을 갖추어야 한다. 그리고 연구로 인한 이득과 어려움을 공정하게 평가해야 한다.

이해의 상충Conflict of Interest

정의

이해의 상충Conflict of Interest은 이익과 의무가 충돌하는 상황을 의미한다. 이와 관련된 대부분의 문제는 과학적 객관성에 관한 의무가 개인적 이해의 상충에 의해 상대적으로 무시될 수 있기 때문에 일어난다.[23]

제2차 세계대전 이래로 과학은 괄목할 만한 성장을 해왔다. 미국만 보더라도 매년 2,000억 달러를 연구 개발에 투자하고 있으며, 50만 명 이상의 과학자들과 200만 명 이상의 연구 보조원들이 여기에 속해 있다. 이렇게 막대한 인원이 포함되어 있으므로 미국 과학 문화는 사회의 선과 악을 모두 반영하고 있다.

과학자도 사람이고, 다른 어떤 집단과 다르지 않다. 더구나 과학자들은 종종 다양한 역할을 동시에 수행하고 있다. 그들은 대학에서 가르치고 연구하며, 사적인 업무나 자문을 하고 있으며, 대학이나 기업의 소유주이기도 하다. 그 결과, 과학자들은 책무상 상충뿐만 아니라 경제적 이해와 상충되는 상황에도 처할 수 있다.[24] 우리는 이해의 상충에 직면하게 된 사람이 과연 본래의 의무를 잘 수행할 수 있을지에 대한 의문을 갖게 된다. 이것이 이해의 상충 문제에서의 핵심이다. 이해의 상충이 진실을 위협할 수 있기 때문에 윤리적 문제가 발생하는 것이다.[25]

이해의 상충문제는 개인이 의무를 수행할 수 있는 능력을 여러 다른 측면에서 손상시킬 수 있다.

첫째, 이해의 상충상황은 개인의 판단과 이성적 추론에 영향을 미칠 수 있다.[26] 이는 제대로 작동하지 못하는 계측기기와 유사한데, 개인의 판단과 결정에 왜곡된 영향을 미쳐 당사자로 하여금 편파적 결정을 내리게 할 수도 있다. 특정 이익에 도움이 될 수 있는 한정적인 방향이나 형식을 선택할 수 있는 가능성이 상존한다.

둘째, 이해의 상충관계에 직면하면 개인의 동기유발이나 행동에 영향을 미칠 수 있다.[27] 이런 상황에 처한 사람은 공정하고 건전한 사고능력을 갖춘 사람이라 하더라도 주어진 상황으로부터 기대되거나 이미 발생한 개인적 이해관계에 대한 유혹이 개인의 동기유발이나 행동에 영향을 미칠 수 있어, 결국 올바른 판단을 하거나 이성적 논거를 확보하는 데 실패할 수도 있다.

이해의 상충 문제는 과학의 객관성에 커다란 영향을 줄 수 있어서, 연구 부정행위research misconduct와 긴밀한 연관이 있다. 연구비 확보에 대한 압박감 때문에 과학자들은 연구 제안 지원서나 논문에 포함된 실험결과를 위조하거나 거짓으로 발표하는 유혹을 이겨내지 못할 수 있다. 혹은 제약관련 연구자들은 연구결과를 조작하여 통계적 또는 의학적으로 유효하게 보이도록 만들기도 한다. 실제로 경제적 문제가 대부분의 연구 부정행위에서 중요한 원인이 되기도 한다.

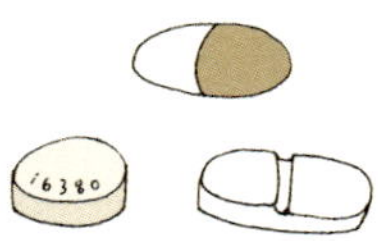

그러나 대부분의 과학자들은 자신의 개인적, 경제적 또는 정치적 이권을 위해서 연구 부정행위를 저지르는 것은 아니기 때문에, 이해의 상충과 연구 부정행위를 명백하게 구별할 필요가 있다. 이해의 상충 관계가 존재하는 것만으로는 그 자체가 연구 부정행위가 될 수 없다.[28] 이해의 상충 관계는 과학자들이 자신의 전문분야에서의 책무를 수행하는 데 방해가 되는 중요한 윤리적 문제이다. 대립되는 이해관계에 있는 연구자들은 연구, 발표, 동료 연구자의 연구계획에 대한 심의과정에서, 객관적인 판단이나 결정을 내리는 데 오류를 범할 수 있다. 또한 연구자들은 환자, 의뢰기관, 학생 및 동료 또는 연구자가 속한 사회에 대한 의무 준수에도 부정적 영향을 줄 수 있다. 그러므로 이해의 상충 문제는 연구과정 전체의 진실성을 훼손할 수 있는 요소로 작용할 수 있다.

개인차원의 이해상충Individual Conflict of Interest

어느 한 개인이 자신의 전문 분야에서 윤리적, 법적 책무 수행 능력을 손상시킬 수 있는 개인적, 경제적 혹은 정치적 이해관계가 있을 때, 개인적 차원의 이해의 상충 상황에 처해 있다고 한다.

연구자에게는 자신이 속해 있는 전문 분야의 다른 연구원, 고객, 환자, 학생, 지역사회 및 국가에 대해, 전문가로서의 원칙을 준수 할 뿐만 아니라, 연구 수행과정에서 윤리적 또는 법적 규범준수를 해야 하는 책임이 주어진다. 덧붙여서 과학자들 역시 이러한 의무 수행에 방해가 되는 개인적, 경제적, 또는 정치적 이해 관계를 갖고 있을 수 있다. 개인적 이해 관계는 명성, 직위, 연구비, 승진 등과 같은 직업적 성공과 관련이 있다.

이러한 이유로 이해상충 문제에서 관련된 이익이 과학적 사고, 이성적 추론, 동기부여, 행동에 영향을 미칠 수 있는 것이다. 예를 들어, 특정 제약회사의 약품에 대한 연구를 수행하고 있는 과학자는 편파적이지 않게 객관적으로 연구를 수행할 책임이 주어진다고 보아야 할 것이다. 그러나 그 회사의 스톡옵션을 보유하고 있다면, 자신의 경제적 이익은 주어진 연구에 대한 책임을 올바르게 수행하는 것을 방해하거나, 방해하는 것처럼 보일 수 있다. 그 연구원의 연구가 회사에 유리한 방향으로 연구를 이끌게 되거나 그런 것처럼 보일 수 있는 것이다.

금전적 이익이나 야망 역시 피험자의 복지와 권리를 지키고 증진시켜야 하는 연구자의 전문가적 역량 발휘를 방해할 수 있다. 임상 시험을 위해 피험자를 모집할 때 경제적, 또는 개인적인 이해가 강하게 작용하면 환자들에게 실험을 억지로 강요하거나 실험에 대한 동의서를 받아내기 위해 다른 가능한 방법을 선택할 수 있다. 학생들이 특정 기업으로부터 받는 후원받을 때, 이해의 상충은 연구 분야, 환자들, 학생들 자신에 대한 의무에 영향을 미칠 수 있다.[29]

이해의 상충 문제에 가장 취약한 부분은 연구 목표, 실험 계획, 방법, 분석 등이며, 출간, 동료의 재검토, 임상시험, 피험자의 선택 및 채용, 기금 등도 포함된다.[30] 이해의 상충과 관련해서 사회적 신뢰와 연구과정에서의 진실성을 확보하기 위한 여러 방법들이 있는데, 많은 기관에서 채택하는 전략 중 하나는 이해의 상충 상황 자체를 공개disclosure하는 것이다.[31]

연구자가 이해 상충 상황을 이해 당사자 또는 관련되는 당사자에게 공개함으로써 관련 당사자는 해당 연구에 대해 관심을 가지고 지켜보게 되고, 나아가 연구에 쓰인 실험 방법들, 결과 및 그 해석에 대해 좀더 주의 깊게 보게 됨으로써 감시자의 역할을 하게 된다. 이러한 연구의 투명성은 연구에 대한 사회적 신뢰를 공고히 하게 한다. 일반적으로 대중은 해당 연구의 이해 상충 관계에 대해 사후에 알게 되거나 은폐된 사실을 뒤늦게 알게 되었을 때, 좀 더 의심하게 되고 불신은 더욱 커지기 때문이다.[32]

이제 많은 정부기관과 저명한 학술지, 국제 학회 등에서는 연구결과의 발표 이전에 이해의 상충에 관한 공개declaration of conflict of inferest를 의무화하고 있다. 대부분의 연구 기관들은 이해상충의 공개에 정책적으로 일정한 형식을 요구하고 있으며, 이에 대응하는 방법들을 보유하고 있다.[33] 예를 들어, 미국정부의 윤리지침은 공무원이 받을 수 있는 선물이나 강연료 금액에 한도를 지정해 두고 있다. 미 국립보건원NIH에는 과학자들이 동일한 기관에 있는 동료들로부터 연구비 신청 연구 계획서의 심사를 받는 것을 금지하는 이해상충에 관한 규칙을 두고 있다.

기관 차원의 이해상충Institutional Conflict of Interest

기관이 본연의 전문적, 법적, 윤리적 또는 사회적 책임을 수행하는 과정에서 그 능력이 경제적, 정치적 또는 다른 이해관계에 의해 위협받았을 때, 이해의 상충 상황에 처하게 된다. 이러한 경우 해당하는 사례를 보면,

- 특정회사에 우호적이지 않은 내용의 기사를 방송으로 내보내거나 신문 기사화하면, 그 회사 제품의 광고를 해약하겠다고 광고주로부터 위협을 받은 어느 언론사는 해당 기사의 방송 또는 기사화를 하지 않기로 결정하였다.
- 의학계는 관련 의학학회에 많은 액수를 기부하는 회사가 생산하는 의약품을 추천하였다.
- 수십억의 외부 연구비 획득을 위하여 대학의 윤리심의위원회는 학교당국의 요구 때문에 심사위원 상당수의 반대에도 불구하고 연구과제를 승인하였다.
- 대학은 진행되고 있는 연구가 윤리에 위배된다고 생각하는 자신의 의견을 강의에서 발설했던 교수에게 침묵하도록 강요하였다.

단체도 개인처럼 종종 전문직 종사자, 고객, 학생, 환자 그리고 대중에 대해 포괄적인 의무를 갖고 있다. 개인처럼 기관들도 사회적 책임을 수행하는 기관의 능력에 반하여 영향을 미치거나 미치는 것처럼 보이는 경제적, 정치적 또는 다른 이해관계를 가질 수 있다.

비록 기관이 '생각'을 할 수는 없지만 판단, 결정 그리고 구성원들의 행동의 근간이 되는 포괄적인 의사결정을 할 수 있으며, 이를 실행에 옮길 수 있다. 이러한 결정과 행동들은 교수진, 학회, 자문 위원회, 학장, 부학장 등 기관의 대응 시스템에 있는 다양한 요소에서 발생할 수 있다.

기관차원의 이해상충 역시 개인처럼 연구의 진실성과 신뢰에 대한 가치에 부정적 영향 내지는 위협을 할 수 있는데, 많은 대중과 연구자들이 영향을 받을 수 있기 때문에 파장은 더 커질 수도 있다.[34]

미 식약청FDA의 이해상충에 관한 연구자 신고의무 규정

생명과학자들의 연구결과는 의약품의 형태이든 의료기기의 형태이든 제품으로 결국 시판이 되는 경우를 목표로 연구를 하거나 이 목표의 한 부분으로써 연구가 되는 경우가 많다.

미국의 식약청은 시판허가 목적의 의료기기 또는 의약품의 연구를 수행하는 경우 이해상충에 관한 연구자 신고의무에 관한 연방규정[35]을 두고 자세히 그 내용과 준수사항에 대해 규정하고 있다.

① 이해상충 신고의무의 배경과 목적

신고 대상이 되는 연구의 대상[36]은 의약품, 생물학적 제재 및 의료기기에 대한 식약청의 시판 허가용 임상연구로 하며, 연구의 설계, 수행, 보고 및 결과의 분석에서 왜곡의 발생을 최소화함을 목적으로 한다. 미 식약청은 이러한 왜곡의 잠재적 발생 근원은 연구자가 의뢰자로부터 받게 되는 재정적 이득의 정도에 있다고 본다.[37] 식약청은 연구자가 제출한 연구관련 재정보고서를 분석하여 해당 연구결과로 제출된 데이터의 신뢰도를 평가한다.

② 이해상충의 신고대상[38]

식약청에 시판허가를 신청하는 의뢰자는 해당 제품의 참여 연구자 명단을 제출해야 하며, 연구자가 의뢰자와 고용관계에 있지 않은 경우 그 연구자의 명단과 함께 다음의 조건에 해당되면 신고를 하여야 한다.

해당 임상연구 과제의 의뢰자가 연구자 또는 연구자가 소속된 기관에 연구기간 중 또는 연구종료 후 1년 이내에 다음의 재정적 이득을 제공하는 경우

- 연구결과에 대한 성공조건부 또는 제품 판매에 따른 인센티브, 로열티 등의 보상
- 특허, 상표, 저작권, 라이센싱 등을 포함한 연구 대상제품과 관련된 지분
- 직접연구비를 제외한 시가 25,000달러 이상의 금품
- 스톡옵션, 회사의 소유지분 등 현재 시가 판정이 어려운 재정적 이해관계
- 법인의 합병 등으로 인해 발생하는 시가 50,000달러 이상의 자산

③ 이해상충의 신고절차

허가를 받고자 하는 제품의 연구의뢰자는 신고대상이 되는 연구자와 그 내용에 대해 식약청 양식Form 3454을 작성하여 식약청에 제출해야 한다. 신고양식의 제출 시에는 제출일자와 제출자의 서명란에 의뢰자 또는 의뢰기관의 재무책임자 또는 기관의 대표자가 서명하여 제출해야 한다.

연구부정행위 Research Misconduct

우리는 '황우석 박사' 사건이 일어나기 전, 바로 이웃나라 일본에서 과학계에 경종을 울리는 사건을 대대적으로 보도한 바 있다.

> "2000년 11월 5일 일본 마이니치신문 1면 머리기사는 전 일본인들을 충격으로 몰아넣었다. 저명한 고고학자 후지무라 신이치藤村新一가 미야기현 가미다카모리 유적에서 구석기 유물을 조작한 기사와 함께 석기를 몰래 땅에 파묻는 사진이 보도된 것이다. 가미다카모리는 일본의 선사시대 역사를 70만년 전 전기 구석기 시대로 끌어올린 세계에서 가장 오래된 주거지 유적으로 평가받았으나 속임수였음이 드러났다."
>
> 부산일보 2007/11/05일자 30면 [이 주일의 역사] 일본 구석기 유물 날조 사건 보도

미국 또한 유사한 문제로부터 자유롭지 못해 왔다. 국가 차원에서 연구 부정행위에 대한 논란과 대책이 수립되어 온 것은 그다지 오랜 역사를 가지고 있지 않다.

미국 대통령 직속의 과학기술위원회National Science and Technology Council: NSTC, 과학기술정책국Office of Science and Technology Policy: OSTP, 보건성 연구윤리국Office of Research Integrity: ORI은 2006년 12월 6일 발표한 '연구 부정행위에 대한 개정 정의 Research Misconduct-A New Definition and Guidelines for Federal Research Agencies-December 6, 2000' 에서

연구 부정행위는 연구의 계획, 수행, 심사 또는 해당연구의 결과보고 과정의 '위조fabrication', '변조falsification' 또는 '표절plagiarism' 행위로 정의하고 있다.

이 세 가지 유형의 연구 부정행위를 흔히 'FFP' 라고 부르고 있으며 정의를 도식화하면 다음과 같다.

위조	변조	표절
'위조' 란 존재하지 않는 데이터 또는 결과를 기록하거나 보고하는 행위	'변조' 란 연구자료, 장비 또는 연구절차 내지는 과정을 조작하거나 데이터 또는 연구 결과를 바꾸거나 누락하여 연구기록이 정확하게 표현되지 못하도록 하는 행위	'표절' 이란 타인의 아이디어, 연구 방법 또는 과정, 연구결과에 대해 적절한 출처 표시를 하지 않고 유용하는 행위

위의 정의에도 불구하고 '정직한 실수honest error' 또는 '의견의 차이differences of opinion' 로 인한 결과는 연구 부정행위에 포함하지 않는다' 라고 규정하고 있다.

미국 메릴랜드 의과대학의 샤무A.E. Shamoo 교수는 '연구수행의 기본원칙 Good Research Practice: GRP' 에 관하여 다음과 같은 두 가지 원칙을 제시하였다.[39] 즉, "연구의 결과는 '검증가능verifiable' 해야 하고 '재현가능reproducible' 해야 하며 그 내용은 발표된 논문에 기술되어 있어야 한다" 고 하여 앞서 언급한 연구 부정행위를 보다 긍정적이고 과학적인 방법으로 기술하고 있다.

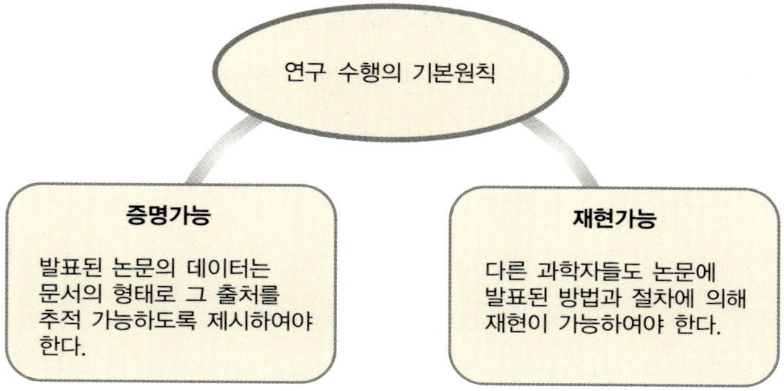

연구 수행의 기본원칙

연구부정 행위에 대한 다른 의견

지금까지 언급한 연구 부정행위는 다소 협의의 연구 부정행위라고 볼 수 있다. 왜냐하면 협의의 연구 부정행위에는 다음의 내용이 빠져있기 때문이다.

- 저자의 표시authorship
- 데이터의 소유권
- 부주의로 인한 실수
- 학문적 미숙에 의한 조작
- 편견에 치우친 데이터의 선택이나 삭제, 특정 정보의 오용
- 연구자의 무능력
- 비밀유지의 위반
- 연구비의 유용
- 기타 연구관련 범죄적 행위
- 인간을 대상으로 하는 연구일 경우 피험자의 권리보호
- 동물실험을 포함하는 경우 동물의 복지문제

연구 부정행위의 현실적인 또 하나의 문제는 그 고의성을 증명해야 한다는 문제가 있다. 기만하는 행위의 고의성은 증명하기가 어렵고, 고의적으로 계획된 속임수보다는 불완전성과 부주의함이 발생할 확률이 훨씬 더 높을 수도 있기 때문이다.

정부기관이 '연구 부정행위'를 협의적으로 해석하는 이유는 윤리적인 관점보다는 법적인 관점으로 문제에 접근하기 때문이다. 이는 정부 연구비를 수혜 받거나 계약이 체결된 상태에서 행해진 연구 부정행위는 법적인 관점에서 일종의 사기로 간주된다는 의미이다. 특히, 저자의 표시와 연구비와 관련된 부정행위는 저작권법, 사기 등과 같은 현행법으로 이미 정하고 있는 부분은 언급하지 않는다.

저자의 표시 Authorship

예전에는 한 연구팀이나 실험실에서 나오는 거의 모든 논문에 선임 연구자의 이름을 올리는 것이 관행이었다. 그 중에는 자기 아래에 있는 연구자가 수행한 연구에 자신을 제1저자로 이름을 올리는 경우도 있었다.

한 수석 연구자는 과거 자신이 지도하였던 학생이자 공동 연구자에게 자신이 기여하지 않은 연구까지도 공동저자 표시를 하도록 강요하는 실수를 저질렀는데, 자신의 이름이 올라간 이 논문을 쓴 학생이 논문작성 과정에서 기만행위로 인해 그 수석연구자는 명성에 치명적 손상을 입었다.[40]

이와 같은 비윤리적 관행은 다른 형태로도 나타난다. 연구업적이 매우 뛰어난 어떤 의과대학 소속 연구팀에서는 그 연구팀에서 나오는 모든 논문마다 팀에 속한 모든 젊은 교수들의 이름을 올리는 것이 일상화된 관행이었다. 하지만 이제는 공간, 장비 혹은 재정적 지원을 제공해 준 선배교수나 프로젝트에 필요한 핵심적인 시약을 제공해 주었지만 연구의 계획, 수행 혹은 논문발표에서 지적인 기여를 하지 않은 사람들을 공동저자로 표시하는 것 역시 합당하지 않은 것으로 여겨지고 있다.[41]

많은 기관들이 한 개인이 논문의 공동저자 자격을 갖추기 위해 어떠한 기여를 해야 하는지를 규정하려고 시도하는 정책을 채택해 왔다.[42] 이제 공동저자가 되기 위해서는 연구에 어떤 지적인 기여를 해야만 한다는 광범위한 합의가 이뤄지고 있다. 단순히 실험만 수행했다는 것으로는 공동저자가 될 수 없으며, 또 실험장비만 대여해 주었거나 심지어 결정적으로 중요한 시약을 제공하여 주었다 하더라도 그것만으로는 공동저자가 되는 자격을 획득하였다고 보기 어려울 것이다.

그러나 실험을 설계하는 과정에서도 어떠한 역할을 해야만 저자가 될 자격이 있는지에 대해서는 현재 의견이 일치되지 못하고 있다. 동료 과학자나 저자의 자격을 갖추지 못한 선배나 교수에게 공동저자 표시를 선사gift authorship하는 것을 막기 위해 만들어진 규칙을 대학원생이나 박사 후 과정 학생들에게까지 적용하는 것은 지나치게 제한적일 수 있기 때문이다.[43] 저자표시 문제는 연구 기관들과 각종 학회들이 자체적으로 확립하도록 장려되고 있는 윤리적 기준들 가운데 하나이다.[44]

위의 경우와는 반대로 연구에 핵심적인 기여를 하였기에 마땅히 공동저자로서 그 공로가 인정되고 표시되어야 할 사람이 그 인정을 받지 못하는 사례도 있다. 특히 대학원생이나 박사 후 과정 연구자가 관행적으로 이 경우에 해당되어 온 예가

많았다. 그들의 기여도가 제대로 인정이 되어오지 못한 오랜 관행이 그 예일 것이다. 대학원생이나 연구원이 연구결과의 기록과 지적 성과물에 대해 어떤 권리를 갖는가는 교육훈련과정의 일부분으로 설명해줄 필요가 있다. 정부나 민간 비영리 재단으로부터 연구비를 지원 받는 경우, 연구비는 개별 연구자가 아니라 소속기관에 주어지는 것이므로 자료, 기록, 특허권 등을 포함하는 연구의 성과물은 연구자 개인의 것이 아니라 기관에 귀속된다. 대학원생이나 박사 후 과정 학생이 작성한 실험노트나 여타의 기록들은 책임연구자의 그것과 마찬가지로 법적으로는 해당 개인이 아닌 실험실에 귀속된다.[45]

저자의 자격과 책임

국제 의학저널 편집자 위원회International Committee of Medical Journal Editors: ICMJE는 "저자의 표시는 해당 논문에 상당한 기여를 한 사람이어야" 하며[46]

① 연구계획의 착상과 설계 또는 데이터의 분석 또는 해석,
② 학문의 완성도를 위해 논문의 초고를 작성하거나 수정,
③ 발간을 위한 논문의 최종본의 승인으로 정의하고 있다.

1985년 스탠포드 대학교 케네디Donald Kennedy 총장은 '학술활동 저자표시' 에 관한 공개서한을 대학 학술위원회와 교수회의에 발송한 바 있다. 이 공개서한은 미국 내 학술지와 학계의 상당한 관심을 불러일으켰고 여러 학술지에 게재되기도 하였다. 그는 저자의 표시에 관하여 네 가지 원칙을 제시하였다.[47]

첫째, 대학 교수의 가장 중요한 책임은 학생을 교육 훈련시키는 일이지 이용하는 일이어서는 안 된다.

둘째, 협동 내지는 공동연구에서 흔히 요구하는 연구의 일관성과 동일한 연구방법으로 인하여 실제 연구가 종료된 이후에 연구 기여에 대한 공적이나 책임을 소급하여 구분하기가 매우 어렵다. 따라서 기여도, 책임, 저자의 표시 등에 관하여서는 실제 연구 개시 이전에 충분한 협의를 거쳐 사전에 정하여야 한다.

셋째, 논평, 공동저술 등과 같이 학술 논문의 형태가 아닌 저서의 경우, 공동저자의 표시와 기여 정도에 관하여 적절한 인용문을 통하여 명확히 구별해 두어야 한다.

넷째, 저자의 표시권과 연구의 책임관계가 분명하게 기술되어야 한다. 이는 해당 연구가 부정행위 문제로 휘말릴 때 더욱 중요하다. 모든 공동저자는 해당 연구의 신뢰성과 연구의 질적인 결과에 대하여 동일한 공동책임을 져야 한다.

부적절한 저자의 표시와 국내 현황

저자의 표시와 관련하여 흔히 발생하는 관례는 소속학과 주임교수의 이름을 저자로 넣거나guest authorship, 연구자가 고용한 사람이 쓴 논문에 그 사람의 이름을 저자 표시로 하지 않는 경우ghost authorship이다.[48]

논문의 중복 발간의 형태를 보면 먼저 '자신의 논문에 대한 표절' self-plagiarism로써 같은 논문을 복수의 학술지에 발간하거나 논문의 상당 부분을 각기 다른 학술지에 기재하는 일이다. 다른 한 가지 형태는 '한 논문을 작게 쪼개서 여러 편의 학술지에 기재를 하는 것' salami-slicing이 있다.[49]

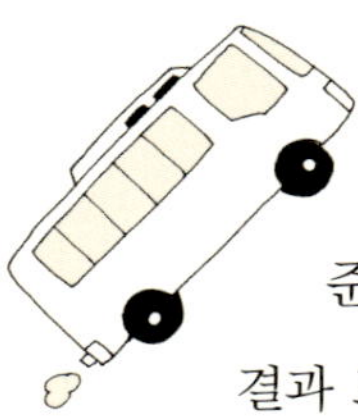

이와 같은 부적절한 논문의 저자표시에 관하여 국내 생명과학자를 대상으로 조사[50]한 결과를 보면 전체 응답자의 46.2%(240명)가 자신의 연구 결과물에 기여하지 않은 '무임 승차형free rider' 연구자를 저자로 표시해 준 경험이 있다고 대답하였다. 이러한 경험을 한 연구자의 직업을 조사해 본 결과 교수직의 55.8%(134명)가 이러한 무임 승차형 연구자를 경험해 본 경험이 있

다고 하였다. 그리고 연구원이 22.9%(55명), 학생이 13.3%(32명)의 순으로 나타나 연구 결과물의 상당한 부분에 연구의 기여와 상관없는 사람이 기재되고 있다는 사실을 알 수 있다.

이와는 반대로 스스로 연구에 참여하고 기여를 하였음에도 불구하고 자신의 이름이 연구의 결과물에서 누락된 연구결과를 발표ghost authorship한 경험이 있는 응답자가 26.7%(139명) 있었고, 이 중 교수직이 48.2%(67명), 연구원이 32.4%(45명), 학생 10.8%(15명)가 '그렇다' 라고 응답하였다. 또한 응답자 스스로가 연구에 대한 기여없이 자신의 이름이 연구결과물에 기재된 경험이 있는가 하는 질문에 전체 응답자의 22%(114명)가 '그런 경험이 있다' 고 고백하였다.

이는 연구자의 저자표시에 관한 윤리의식이 상당히 위협받고 있다고 판단되며 연구결과물의 실명제가 진지하게 검토 되어야 한다고 본다.

지적재산권 Intellectual Property Right

지적재산권Intellectual Property Right이란 인간의 지적 창작물에 관한 권리와 표식에 관한 권리를 총칭하는 말이다. 즉 저작권copy right, 특허patent, 상표trademark, 영업비밀trade secret 등을 포괄적으로 의미하며, 그 형태가 정형화되어 부여되지 않기 때문에 무체재산intangible property이라고도 한다.

연구활동의 결과로 창작되는 모든 저작물과 특허물의 이용 및 관리과정에서 연구자는 지적재산권의 특성에 대한 충분한 이해와 유의가 필요하다.

지적재산권의 종류

① 특허Patent

미국의 링컨Abraham Lincoln 대통령은 특허란 "천재의 불꽃에 이익이라는 기름을 붓는 일The patent system added the fuel of interest to the fire of genius" 이라고 하였을 만큼 특허는 인간의 지적 창작물에 대한 합리적 인센티브 제도이다. 따라서 특허권은 발명에 대하여 주어지는 권리이나 일정한 절차와 형식에 의해 특허청에 출원을 하고 특허청의 심사에 의해 특허로서 등록이 될 때, 국가 행정기관의 행정처분에 의해 부여되는 배타적인 권리이다.

특허는 특허의 구성 요건인 다음의 세 가지 원칙을 갖춘 창작발명을 말한다.

- 신규성novelty
- 진보성non-obviousness
- 산업상 이용 가능성susceptibility of industrial application

이를 다시 말하면 위의 세 가지 원칙 중 어느 하나라도 충족하지 못하거나 위배하면 특허가 될 수 없다는 것이다. 그 예로서 새로운 진단 및 치료방법은 치료의 대상이 국민의 보건과 건강증진이라는 공익목적을 위하므로 산업상 이용 가능성의 충족요건을 갖추지 못한다고 보아 특허의 대상이 되지 못한다.[51]

특허는 하나의 발명에 대하여 하나의 특허만이 인정되는 '1 발명, 1 특허의 원칙' 을 가지고 있기 때문에 동일한 내용의 특허가 경합을 할 때에는 특허청에 먼저 출원한 특허만을 인정한다. 이를 '선출원주의' 라고 하며, 유엔 세계 지적재산권기구WIPO는 '선출원주의' 를 택하고 있다. 다만 미국만이 발명의 날짜 우선권을 인정하는 '선발명주의' 를 택하고 있어 미국 특허 출원 시에는 유의가 필요하며 특히 생명과학자들은 상당한 실험과 연구의 결과로 산출되는 특허가 많기 때문에 발명의 우선권을 주장할 수 있는 일정형식의 '연구노트[52] Lab Note' 의 기록이 필수적이다.

② 발명의 종류

특히 생명과학분야 과학자는 국가간 또는 기관간 공동연구, 협동연구의 형태로 동료의 연구결과물인 특허물을 이용하는 경우가 있으며, 이때 다양한 종류의 발명, 즉 특허가 탄생하기도 하나 특허에 대한 잘못된 지식으로 이를 포기하거나 잃어버리는 경우가 있으니 유의할 필요가 있다.

• 물질특허Novel Material: 흔히 신약 개발이 이런 경우에 해당한다. 완전히 존재하지 않는 새로운 물질 또는 물질의 화합물 등의 발명이다.

• 방법특허New Method: 이미 특허를 받은 물질의 새로운 제조 방법에 관한 발명이다. 이 경우 해당 물질의 특허권이 존속하는 한 특허권자의 허락 없이는 해당 물질을 제조할 수 없다. 그러나 그 제조법이 상당한 경비 절감 등의 효과가 있어 물질 특허권자가 이 새로운 제조방법을 이용하고자 할 때는 방법특허권자의 허락없이는 해당 방법을 이용할 수 없다.

• 용도특허New Use: 디디티DDT라는 물질의 경우 최초에는 염료로 알려진 물질이지만 나중에 살충효과가 있어 살충제라는 다른 용도로 쓰이기 시작하였다. 이와 유사하게 요소는 비료, 이뇨제, 방염제 등으로 이용되고 있다. 용도특허는 원래 특허 받은 물질의 용도 이외에 다른 용법을 발명하였을 경우 각각 용도에 특허를 받을 수 있다. 다만 이 경우에도 원천물질 특허권자의 허락이 있어야 생산이 가능하고 역시 물질특허권자가 부여받은 용도 이외에 이물질을 사용하고자 하는 경우 해당 용도특허권자의 허락이 역시 필요하다.

③ 실용신안Small Invention

실용신안은 특허와 보호의 취지나 목적 및 절차는 거의 동일하나 물품의 형상, 구조, 조합 등에 관한 실용적인 고안을 대상으로 하고, 실용신안법은 특허법과는 달리 등록요건으로서 진보성을 적극적으로 규정하지 않기 때문에 '소 발명small invention' 이라고도 한다.

실험실에서 각종 실험도구의 형상이나 구조를 변형하여 연구자들이 보다 용이하게 사용하게 하거나 효율적인 기능을 유발할 수 있다면, 이는 실용신안에 해당된다고 보아도 좋을 것이다. 실용신안권의 권리존속 기간은 출원 후 10년이다.

④ **의장**Design

의장은 물품의 외관 즉, 디자인에 관한 보호로서 물품의 형상, 모양이나 색체 또는 이들의 결합으로 시각을 통하여 미감을 일으키게 하는 것을 말한다.[53] 의장권의 권리존속 기간은 의장권 설정등록일로부터 15년이다.

⑤ **특허, 실용신안, 의장의 구분**

특허, 실용신안 그리고 의장을 보다 쉽게 구분하여 이해할 수 있는 예를 전화기의 발명과 그 발달과정에서 찾아 볼 수 있다. 전화는 최초에 사람의 목소리를 전기적 신호로 변환하여 원거리에 송달할 수 있는 기기장치의 발명은 존재하지 않은 새로운 기술적 사상을 이용한 최초의 창작 발명품이다.

이 발명은 '특허' 에 해당하는 제품이다. 그러나 최초의 전화기는 송화기가 전화기에 부착되어있어 사람이 벽에 붙어 서서 통화를 해야 하는 불편함이 있었다. 이를 해결하기 위해 고안을 한 것이 수화기에 송화장치를 부착하여 하나의 장

특허 · 실용신안 · 의장의 구분 예

구분	지적재산권의 종류	비고
	특허	유선으로 원거리에 사람의 목소리를 전달하는 장치의 발명
	실용신안	사람이 벽에 붙어서 통화하는 불편을 해소하는 일체형 송 · 수화기의 발명
	의장	전화기에 심미적 요소를 가미하여 아름다움을 디자인으로 표현

치로 듣고 말할 수 있는 장점뿐 아니라 통화 중에도 사람이 어느 정도 움직일 수 있는 활동성을 확보한 송수화기이다. 이러한 발명은 전화기처럼 고도의 기술적 진보는 아니더라도 충분한 기술적 사상과 편의성을 제공하는 '실용신안' 의 예이다.

전화기가 일반보급되면서 그 기능뿐만 아니라 장식품으로서의 심미적 효과를 갖추기를 원하는 소비자가 늘고 따라서 전화기라는 기술적 기능은 변화가 없더라도 다양한 형태의 디자인 도입으로 전화기의 아름다움을 표현한 제품이 나오기 시작하는데 이것이 '의장' 이다.

⑥ 상표Trademark

상표는 그 기능면에서는 제품의 출처를 알리는 '출처표시 기능' 과 동일 상표의 물품은 동일한 품질을 일반대중에게 보증하는 '품질보증 기능' , 그리고 해당 제품에 대한 '광고기능' 으로 볼 수 있다. 상표의 종류에는 문자화, 도형화 등 정형화된 상표 이외에 미국 코닥사의 '노랑' 과 같은 색채가 상표로 인정을 받거나 향수와 같이 특정 냄새를 상표로 인정하는 등 다양한 형태의 상표가 인정받는 추세에 있기도 하다. 상표의 권리존속기간은 특허청 등록 후 10년간으로 정하고 있으나 갱신이 가능하다는 특징이 있다.

⑦ 저작권Copyright

저작권제도는 학문적 또는 예술적 저작물의 저작자를 보호하는 제도이다. 1710년 영국에서 확정된 '앤 여왕 법The Act of Queen Anne' 에 의해 최초로 시작된 저작권제도는 인쇄술의 발달로 인해 그 권리와 범위가 확장하여 발전해왔다.

저작권은 특허청 등록 이후 발생하는 특허권과는 달리 창작과 동시에 그 권리가 발생하며, 저작권 존속기간은 국가마다 다르지만 저작권에 관한 베른협약에 의해 기본적으로 저작자 사후 50년까지이다. 그러나 저작자 사후 70년까지를 저작권 존속기간으로 법을 변경한 미국의 일명 미키마우스 법[54]이 한·미 자유무역협정FTA으로 발효될 경우 저작권은 저작자 사후 70년으로 연장된다.

저작권은 저작물의 공표여부를 결정할 수 있는 권리인 '공표권', 저작물 및 그 복제물의 창작자임을 주장할 수 있는 권리인 '성명표시권', 저작물은 제3자에 의해 무단으로 변경, 삭제, 개변 등에 의해 손상 당하지 않을 권리인 '동일성유지권' 이외에 복제권, 공연권, 방송권, 전시권, 배포권, 전송권 등 다양한 '~권'의 묶음 형태로 존재하는 권리이다.

지적재산권 권리존속 기간

지금까지 개략적으로 살펴본 지적재산권의 권리존속기간에 대하여 정리하여 보면 아래 표와 같다.

지적재산권 권리존속기간

지적재산권	권리존속기간	비고
특허	출원일로부터 20년	
실용신안	출원일로부터 10년	
의장	등록일로부터 15년	
상표	등록일로부터 10년	갱신가능
저작권	창작일로부터 저작자 사후 50년	한·미 FTA협정 시 저작자 사후 70년으로 연장

직무발명 제도Occupational Invention

법인 또는 국가기관에 의해 피고용 관계에 있는 사람이 그 직무와 관련하여 발명을 한 경우, 그 발명이 피고용인의 현재 또는 과거의 직무에 속하는 경우, 고용기관은 해당 발명에 대하여 무상으로 이용할 수 있는 권리 즉, 무상의 통상실시권을 가지게 된다.[55] 또한 고용기관은 사전 고용계약이나 직무발명규정 등을 통하여 약정을 한 경우 특허를 받을 수 있는 권리나 특허권을 승계할 수 있으며 전용실시권을 설정하는 것도 가능하다. 이 경우에는 고용기관은 정당한 보상을 지급하여야 한다.[56]

공무원이 직무발명을 한 경우 해당 직무발명은 국가가 승계하며 국가가 승계한 공무원의 직무발명의 특허권은 국유로 하며[57], 국유화된 특허권의 처분 및 관리는 특허청장이 관장한다.[58] 이때에도 국가는 법률의 규정에 의하여 정당한 보상금을 발명자에게 지급해야 한다.

교육병원과 대학간의 직무발명의 권리귀속 문제

우리 나라의 경우 대학병원의 의사이면서 의과대학의 교수직을 겸하는 경우가 많다. 국립대학과 그 부속병원이 별도의 법인체로 상호 분리되면서 직무발명의 권리귀속문제가 발생하기 시작했으며 이는 최근 학내 벤처육성법이 제정 장려되면서 더욱 그러하다.

의대교수가 새로운 의료기기, 신약 등 의학발명을 하여 직무발명에 해당되는 경우 발명자는 병원 또는 대학 어느 기관에 그 특허권을 승계하여야 하는가라는 문제에 봉착하게 된다. 더구나 해당 특허를 실시하여 경제적, 학술적 파장 효과가 클 경우 더욱 민감한 병원-대학 양 기관간의 이해관계가 충돌될 수 있다. 이러한 경우 주 근무지가 병원이고 환자를 치료하는 임상분야 교수일 경우 병원이 그 권리를 승계하고, 대학에서 기초의학 분야를 지도하는 교수일 경우 그 권리를 대학이 승계하는 것이 타당하다고 보아야 할 것이다.[59]

생명과학분야의 지적재산권 관련 유의사항

물질이전협약서Material Transfer Agreement: MTA

생명과학분야는 많은 연구가 동료 간 또는 기관 간의 협동연구, 공동연구 등의 형태로 진행되고 최근에는 국책연구 사업이 대형 연구 사업단화되어 감에 따라 이러한 경향은 더욱 증가하고 있는 추세이다.

이렇게 공동연구의 형태가 진행될 경우 연구는 분업화되어 각자의 전문분야에서 연구한 결과를 바탕으로 하여 자신의 전문분야를 더욱 발전시켜가는 연구가 많아지고 있다. 예를 들어, 비만을 통제하는 특정 유전자 변형 쥐knockout mouse를 개발하여 이를 비만조절 약품을 연구하는 다른 공동연구자에게 제공하고 이를 제공 받은 연구자가 비만조절 약품을 개발하는 연구를 수행하는 경우를 가정해보면, 비만치료제가 개발되었을 때 최종 연구결과물인 비만치료 신약의 기여도나 그 권리에 대해 분쟁이 발생할 여지가 있다.

좀더 복잡한 경우는 비만약품을 연구하는 연구자가 동료 연구자로부터 제공받은 유전자 변형 쥐를 제3의 유전자 변형 쥐를 연구하는 연구자에게 제공하고 이를 바탕으로 새로운 비만 유전자 변형 쥐를 개발하게 된 제3의 연구자와의 관계는 더욱 복잡한 양상을 띄게 된다.

이러한 공동 연구자간의 선의의 연구물질 공유가 권리 분쟁으로 발전하는 것을 피하고 연구자간 연구결과의 기여도와 권리관계를 사전에 명확하게 정리하게 하는 것이 '물질이전협약서Material Transfer Agreement: MTA' 이다. 이러한 물질이전협약서에는 다음과 같은 내용을 주로 기술한다.

- 대상물질의 내용(특허권, 개발자 등 이전 물질의 성격 기술)
- 해당 물질의 이전과 관련된 배경 및 이전의 목적
- 제공자와 수혜자 간의 권리와 의무
- 물질이전과 관련된 비용의 부담내용과 그 주체
- 이전 대상 물질의 이용 범위와 권리의 제한
- 이전 물질을 기초로 하여 향후 예상 또는 기대되는 지적재산권의 권리에 관한 당사자 간 지분 설정
- 기타 물질이전과 관련된 이해관계에 대한 설정

특허의 신규성 유예기간Grace Period

특허의 구성요건 세 가지 중에 하나인 신규성novelty은 해당 특허가 선행기술에 비해 알려지지 않은 새로운 것임을 말한다. 특허는 새로운 기술을 발명한 자에게 사회적 기술의 진보를 담보로 일정기간 그 기술의 이용에 대한 권리를 배타적으로 부여하는 제도이다. 따라서 새롭지 않은 기술에 대해 국가가 권리를 부여할 수는 없는 것이다. 이러한 원칙은 발명자 자신에게도 예외 없이 적용되는 기준이다. 즉, 이미 알려진 새롭지 않은 기술을 공지공용의 기술이라고도 하며, 이는 학술지에 발표되거나 학회에서 구술 발표된 것을 포함하고 있다.

과학자들이 새로운 학술적 발명을 이루었을 때 흔히 하는 실수가 이런 경우이다. 학술지에 논문으로 빨리 발표하거나 국제학회에 그러한 새로운 발명을 알리고자 하는 욕망은 누구에게나 있을 것이다. 그러나 특허법 제도는 이렇게 자신이

발명한 내용이라 하더라도 특허출원 시점에 이미 대중에게 자신이 또는 동료가 공개한 경우에는 신규성이 없다고 판단하는 것이다.

■ 한국은 6개월, 미국은 1년

발명자가 특허 출원 이전에 스스로 발명을 공개하는 경우 신규성 결여로 특허를 받을 수 없으나, 학회 구술발표 또는 학회지에 논문 발표하는 경우 6개월 이내에 특허출원을 하면 신규성 상실의 문제로부터 구제를 받을 수 있다.[60] 이를 특허 '신규성의 의제' 라고 하며, 이러한 구제 기간을 신규성 유예기간grace period이라고 하여 미국의 경우 이 기간을 1년으로 정하고 있다.[61]

실험노트Lab note의 작성과 방법

실험노트의 주요한 목적은 연구결과에 대한 법적 분쟁이 발생했을 때 증거로 채택 가능한 형태로서 명확히 기록하여 보존함으로써 연구자와 연구결과인 특허권을 보호하는 데 있다.

미국처럼 선발명주의를 택하고 있는 나라에서는 발명에 관한 아이디어의 착상일자와 연구의 수행과정 등을 증명하는 것이 매우 중요하다. 한국과 그 외 대부분의 국가에서는 선출원주의 즉, 발명을 관장하는 특허청에 먼저 접수한 일자 순으로 특허의 우선권이 주어지는 반면 미국은 발명이 먼저 착상되고 완성되었는가를 기준으로 삼아 특허의 우선권을 부여하고 있다. 따라서 실험노트는 발명날짜를 확증하는 데 중요한 법적 증거문서가 된다. 이러한 이유로 인하여 연구자는 매일 서명하고 날짜를 기입해야 하며, 이 실험을 증언해줄 제3의 인물인 다른 과학자의 서명을 매 주 받아두어야 한다.

실험노트에는 실험목적, 실험방법, 사용된 실험기기와 시료, 연구의 경과 과정, 연구결과, 문제점, 결론 등을 기록해두어야 한다. 기록의 방식은 명확하고 간결한 형식으로 작성하여 후일에 다른 과학자에 의해 수행되었을 때 동일한 연구 결과를 얻을 수 있어야 한다.

실험노트는 화학물질, 열, 물 등으로부터 손상을 받을 위험이 있는 곳으로부터 안전한 장소에 보관되어야 한다. 또한 실험노트는 정당한 권한을 부여 받지 않은 사람이 열람할 수 없도록 보안에도 유의하여야 하고 노트의 안전 및 보안은 연구자에게 일차적 책임이 있다.

실험노트는 분철이 불가능한 한 권의 책으로 제작되어 있어야 하며, 전체 각 장마다 일련번호로 기입된 페이지수가 기록되어 있어야 하며, 혹시 잘못한 기록이 있더라도 이를 수정액으로 수정을 하지 말고 잘못한 기록 위에 두 줄을 긋고 이어서 다시 작성한다. 오염이 되거나 기록의 오기를 정정하기 위하여 어느 페이지를 찢어내면 일련번호가 맞지 않게 되고 이 경우 실험노트의 기록으로서 증빙요건에 문제가 발생하니 유의해야 한다.

실험노트는 영구보존이 가능한 잉크를 사용한 펜으로 작성하고 중요한 실험의 수행이나 결과가 도출이 되었을 때에는 그 실험 또는 결과를 목격하였음을 제3의 증인 1명 이상 확보하여 서명과 목격일자를 기록하는 것이 중요하다. 또한, 연구와 관련하여 소속기관 외의 인물과 협의를 하거나 자료를 공유 또는 제공받는 경우 그 내용과 조건에 관하여도 상세히 기술을 하여 둔다.

연구데이터의 획득, 관리, 공유 그리고 소유권의 문제[62]

본 장내 연구데이터의 소유권, 획득, 보관 및 공유에 관한 내용은 미국 보건성 연구윤리국(ORI)이 발간한 '책임 있는 연구의 수행 소개(Introduction to the Responsible Conduct of Research / 저자: Nicholas H. Steneck, Revised Edition, August 2007)' 에서 인용 및 재인용한 데이터가 포함되어 있음을 밝힙니다.

연구자들은 대부분의 연구시간을 데이터 수집에 보내게 된다. 이러한 데이터는 특정 가설의 증명 또는 부정 혹은 새로운 분야의 발견, 아니면 새로운 연구방법의 개발 등의 목적으로 사용된다. 이러한 이유로 과학에서 데이터는 필수 불가결한 요소이다.

과학이 발달할수록 데이터의 관리는 점점 더 복잡해지고, 따라서 데이터의 획득은 그 중요성이 더욱 강조되고 있다. 이렇게 볼 때 데이터의 관리와 관련하여 중요한 점들은 데이터의 소유권ownership, 획득collection, 보관storage, 공유sharing 등으로 나누어 볼 수 있다. 연구에서 데이터가 차지하는 이러한 중요성 때문에 연구의 계획단계에서부터 최종 연구결과의 발표에 이르기까지 면밀한 데이터관리에 대한 계획 수립이 필요하다.

데이터 소유권Ownership

연구 결과는 데이터의 생산이다. 따라서 상식적으로도 데이터는 연구를 수행한 사람이 소유하는 것이 마땅하다. 그러나 현실은 그렇지 않아서 연구를 의뢰한 기관과의 계약관계, 연구기관의 정책, 데이터 제공자와의 관계 등을 고려하면 다양한 방향으로 데이터의 소유권 문제가 발생하게 된다.

연구비 지원기관은 다양한 이유와 목적을 위해 연구를 지원한다. 정부기관은 국민의 보건, 건강증진 및 사회복지 향상을 목적으로 한다. 민간 기업들은 사회에 대한 기여뿐만 아니라 수익의 증대를 목적으로 한다. 비영리 단체는 그 단체의 목적에 부합하는 특정사업의 달성을 목적으로 한다. 이러한 목적의 다양성으로 인해 연구의 결과물에 대한 다양한 소유권을 주장하게 된다. 이렇게 소유권 주장의 형태가 연구지원 기관에 따라 다를 수 있기 때문에 연구자들은 데이터를 수집하기 이전에 데이터의 소유권이 어떻게 달라질 것인가에 대해 주의를 기울여야 한다.

정부가 연구비를 지원하는 연구의 경우는 일반적인 민간 연구용역계약에 의한 연구와 구별해야 한다. 일반적으로 민간 연구비의 수혜일 경우 연구자는 연구를 계획서대로 수행하고 그 결과를 제출하면 된다. 그러나 연구 결과물은 연구비를 수여 받은 소속기관의 소유가 된다.

그러나 정부의 용역계약에 의한 연구를 수행한 경우, 연구자는 계약을 한 정부기관의 의도대로 통제 하에 연구를 수행하고, 연구결과물을 정부기관에 이관하여야 할 의무가 있다.

여기에서 피츠버그 대학의 '연구자료의 소유권에 관한 규정'[63]을 살펴보면, "연구 책임자와 대학은 연구 결과물의 사용, 유지 및 관리 그리고 접근에 대한 권리를 공동으로 가진다. 연구 결과물은 피츠버그 대학의 소유이며 연구자의 퇴직 이후까지도 연구결과물의 충실성integrity에 대한 책임을 대학이 진다. 연구의 기초자료primary data는 대학의 해당 연구실에 보관해야 하지만 학문의 자유와 지적 완성도를 위하여 연구자가 창출한 연구기록 및 물질의 보유를 허락할 수도 있다. 연구자가 퇴직할 경우, 연구자료의 이전에 관하여 연구자와 해당 주임교수 또는 소속 학장과의 연구자료 공개에 대한 협약을 위한 협상을 할 수 있다.

그러나 이 경우 협약서에는 연구자의 다음 근무지와 무관하게 당해 연구자의 모든 연구기록에 대한 접근 권리가 대학에 있음을 명시하여야 한다. 〈중략〉 특수한 경우 연구의 기초자료를 대학에 보관토록 하는 예외 규정을 둘 수 있다.

공동연구팀의 해체: 공동연구팀이 해체될 경우, 피츠버그 대학은 다음과 같이 규정한다. "공동연구팀에 소속된 모든 연구자는 별도의 협약이 있지 않는 한 자신이 연구에 참여한 자료에 대해서는 지속적인 접근권을 가진다."

① 연구기관

연구비의 지원은 연구자 개인이 아닌 연구기관에 수여된 것이다. 연구비의 수혜자로서 연구기관은 연구비 집행뿐만 아니라 관련 법규의 준수, 계약의 이행 및 연구자료의 관리 등에 대한 책임을 가진다. 이러한 전반적인 책임의 이행을 위해 연구기관들은 연구비가 사용된 해당 연구의 결과물로서 획득된 자료에 대한 소유권을 가진다. 이는 연구자가 타 연구기관으로 이직을 할 경우 연구결과물을 가져갈 수 있는 권리를 자동으로 가지지 못한다는 의미이다. 즉, 연구기관은 소속 연구자들의 연구결과물에 대한 소유권을 가진다는 것이다.

② 자료의 출처

최근 생명과학분야 연구의 경향은 연구자료의 출처가 그 연구에 참여한 피험자 또는 유사한 형태의 주체들이라는 특성을 가진다. 따라서 자료의 출처로 이들 피험자는 자신이 제공한 자료에 대한 일정 부분 통제권을 가지려고 한다.

열대 우림과 같이 특수한 자원을 가진 국가나 특이한 질병을 가진 사람, 그리고 특수한 데이터베이스를 가진 기관들은 자신의 자료를 이용한 연구결과에 대해 소유권 일부를 주장하고 있다. 이러한 특수한 자료를 가진 연구 관련 주체들은 일정부분 연구 결과물의 소유를 인정하기 전에는 연구에 참여하기를 거부하기조차 한다.

이러한 이유로 연구의 계획단계에서부터 미리 연구결과물의 소유권에 대한 대책이 필요하다. 이때 다음의 사항을 염두에 두어야 한다.

- 수집대상의 자료를 누가 소유하고 있는가?
- 연구결과를 발표할 때 나의 권리는 얼마만큼인가?
- 수집하려는 자료로 인해 나에게 주어지는 의무사항이 무엇인가?

이러한 질문에 대해 분명한 해답을 구할 수 없다면 연구비 지원기관 또는 소속 연구기관의 행정담당부서에 먼저 자문과 승인을 구하는 것이 좋다. 이러한 문제들에 대해 사전정리 없이 연구를 수행하였을 경우 연구결과물에 대한 분쟁이 발생할 수 있다.

데이터의 수집data collection

연구는 그 주제가 다양하고 수집되는 정보나 데이터 또한 다양하다. 그러나 데이터의 수집과정에 있어서 연구윤리 준수는 연구전체에 미치는 영향이 매우 크다. 먼저 데이터 수집의 적절한 방법을 들 수 있는데, 데이터의 신뢰성은 수집방법의 신뢰성과 긴밀한 관계에 있다고 할 수 있다. 특히 수집된 데이터의 통계적 유의성은 매우 중요하다고 할 것이다. 과학적인 근거나 입증이 불가능한 데이터는 단순히 양으로만 입증되지 않기 때문이다. 부적절한 연구방법으로 생산된 데이터는 연구윤리문제를 야기할 수 있으므로 이러한 데이터의 사용은 피해야 한다. 세부사항에 대한 주의 또한 데이터 수집상 관심을 가져야 할 부분일 것이다. 특히 실험이 동반되는 연구에서는 데이터의 기록 및 해석이 정확해야 한다. 사전에 이러한 데이터들의 생산과정에서 세밀한 주의를 기울이지 못하여 사후에 실험 데이터의 수정이나 다른 방법을 이용해 데이터를 삽입할 경우 위조fabrication 또는 변조falstiation에 해당되어 결정적인 윤리적 문제를 일으킬 수 있다.

데이터의 수집이나 사용에 있어, 사전에 관련된 사람이나 기관으로부터 허락이 필요한 경우 반드시 이를 준수하여야 한다. 이러한 연구에 포함되는 전형적인 형태는 해당 연구에 사람이나 동물이 연구대상으로 참여하는 경우, 위험물질 또는 생화학적 위험물질을 연구에 사용하는 경우, 다른 사람 또는 기관이 작성한 데이터베이스 및 목록 등 집합물 형태의 데이터를 사용하는 경우, 인터넷 상에 게재된 데이터의 인용, 타인의 영상물 및 발간 데이터 및 기타 저작권이나 특허권의 침해 요소가 있는 데이터의 사용 등이다.

- 사람을 대상으로 연구하여 데이터를 얻고자 하는 경우는 '생명윤리 및 안전에 관한 법률' 상의 '기관생명윤리심의위원회' 내지는, 약사법 '임상시험관리기준' 에 의한 '임상시험심사위원회' 등으로 명명되는 Institutional Review BoardIRB의 사전 심의로 승인 또는 면제를 받아두어야 한다.
- 동물을 대상으로 연구를 하는 경우 2008년 1월부터 시행된 동물보호법은 '동물실험윤리위원회Institutional Animal Care and Use Committee: IACUC' 의 사전 심의와 승인을 의무화하고 있음을 주지하여야 한다.

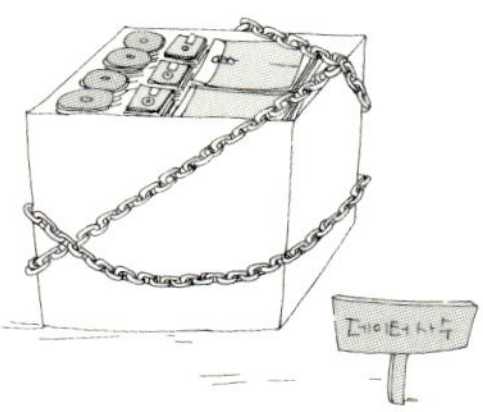

데이터 보관data storage

제대로 된 연구데이터의 관리는 적절한 보관에서 시작된다고 할 수 있다. 연구

데이터는 실수에 의해서 손상이 있을 수도 있고 분실 또는 도난도 있을 수 있다. 따라서 실험기록은 안전한 곳에 보관해야 한다. 컴퓨터파일은 백업을 해두어야 하고 백업데이터는 역시 안전한 곳에 보관해야 한다. 각종 검체는 손상에 유의하여 보관하고 화재, 홍수 등 재난에 대비하여 주의를 기울여야 한다.

데이터의 비밀유지confidentiality에 대해 살펴보면 데이터의 일부는 특정목적을 위해 제한된 사람에게 사용된다는 것을 전제로 한 데이터들이 있다. 이러한 경우 비밀유지협약Confidential Agreement을 맺는 경우도 있다. 이때 이러한 협약의 준수는 중요하게 다루어져야 한다.

특히 개인의 정보를 담고 있을 경우 각별한 주의를 기울여야 하며, 제공된 데이터들이 특허 등 보호를 받아야 하는 물질에 대한 경우도 마찬가지이다. 연구목적으로 연구데이터를 제공할 때, 특히 특허 신청을 염두에 두고 있는 경우는, 더욱 비밀의 유지를 위한 당사자간 '물질이전협약서Material Transfer Agreement: MTA' 를 체결해두는 것이 바람직하다. 개인의 사생활정보를 담고 있는 데이터는 안전한 장소에 보관해야 한다. 이때 개인의 정보는 특정인 임을 알 수 없도록 코드를 부여하고 이러한 코드는 추적이 불가능하도록 난수표화untraceable coding [64]하여야 한다. 또한 코드의 접근은 이중 보안장치를 해두어야 한다. 이러한 사적인 정보를 담고 있는 데이터를 다루는 연구자는 정보보호에 일차적 책임을 진다.

데이터 보관의 기간period of retention은 데이터를 타 목적으로 사용하거나 결과의 신빙성을 검증할 충분한 시간동안 보관해야 한다. 그러나 이 '충분한 시간' 에 대한 통상적 정의는 아직 수립되지 않고 있다. 미 국립 보건원은 일반적으로 데이터의 보관기간을 최종보고서 제출 이후 3년으로 하고 있다.[65] 일부 정부 기관에서는 7년까지를 보관기간으로 정하고 있기도 하다. 대학에서는 3~7년 사이를 두고 각 대학 별로 기간을 정하고 있다. 그러나 데이터의 보관기간이나 파기시기에 대해 통일된 규정을 두고 있지는 않다.[66]

과거에 수집되어 보관된 데이터가 언제 필요하게 될 것인지를 예측하기란 어려운 일이다. 에이즈AIDS와 같이 새로운 질병이 나타날 때 연구자들은 과거 질병이 최초 발생할 당시에 수집되어 보관된 데이터를 질병 발달의 과정을 알기 위해 이용한다. 데이터가 수집될 당시의 목적과는 다른 목적으로 사용되기는 하지만 보관된 데이터는 질병치료와 같은 사회적 공익을 위해 사용되기도 한다. 따라서 연구가 종료되어 실험 데이터를 처분하기 이전에 연구자는 미래에 어떤 목적으로 연구 데이터가 사용될 수 있는지에 대해 충분한 검토를 해 두는 것이 바람직할 것이다.

데이터 공유data sharing

연구자들 간에 연구결과는 공유하는 것으로 흔히 알려져 있다. 그러나 언제 누구와 공유할 것인가라는 질문을 할 때 그 답변을 하기란 쉽지 않다. 대부분의 연구자들은 충분히 점검되거나 검증되지 않은 실험 초기 데이터를 누군가에게 제공하지는 않을 것이다. 국민건강에 지대한 영향을 줄 수 있는 약품의 심각한 부작용을 줄 수 있는 상당한 근거를 발견하거나 아직 밝혀지지 않은 환경문제를 야기할 수 있는 근거를 발견했을 때 등, 비록 충분한 입증데이터가 준비되지 않았다 하더라도 연구자들 간의 데이터 공유는 상당한 이유가 있다고 보아야 할 것이다. 입증할 만한 충분한 데이터를 확보할 때까지는 연구자들이 연구결과의 발표를 미룰 수 있다. 매일 실험결과를 발표할 필요가 없을 뿐만 아니라 정부의 연구비를 지원 받는 연구라 하더라도 과학적 입증이 되는 시기까지 또는 연구가 종료 될 때까지 데이터의 발표는 비밀로 유지하는 것은 통념적으로 연구자의 권리로 이해되고 있다.

연방정부의 연구비를 사용한 정책적 연구의 경우, 그리고 그 결과가 법률에 영향을 줄 수 있는 경우에는 '정보 자유법Freedom of Information Act: FOIA' 에 의거 연구결과 데이터를 공개해야 한다. 다시 말하면 비밀유지를 해야만 하는 충분한 이유가 있지 않는 한, 다른 연구자나 대중을 위해 연구결과는 공개되어 공유할 것을 요구하는 사회적 지지가 있다는 것이다. 참고로 '미 국립 보건원 연구데이터 공유 및 시행에 관한 지침U.S. NIH Data Sharing Policy and Implementation Guidance' [67]의 '데이터 공유의 목적'을 살펴 보면;

> "데이터의 공유는 다수의 국립 보건원 연구 목적에 부합하고 증진한다. 특히 재생산이 어려운 데이터의 경우 이러한 목적에 부합한다. 데이터의 공유는 연구자들의 특정 연구결과를 인류건강을 증진하는 방법이나 상품 및 지식으로의 전환을 촉진한다."

국립 보건원의 지원으로 이루어진 연구결과를 공유해야 하는 이유는 다양하다. 데이터의 공유로 인하여 과학적 문제의 공론화를 가능하게 하고 다양한 분석이나 새로운 연구방법을 활성화하는 계기가 된다. 아울러 새로운 가설이나 대체 가설을 가능하게 하여 다양한 연구방법과 새로운 연구결과물의 탄생을 가능하게 할 수 있다. 따라서 최초 연구자가 생각하지 못했던 접근방법이나 문제의 해결책을 다른 연구자가 다양한 방법으로 제시 가능하게 하여 궁극적으로 다양한 연구방법의 조합이나 새로운 결과를 도출할 수 있기 때문이다.

결론적으로 미 국립 보건원의 견해는 모든 연구결과물들의 공유를 주장한다. 선행기술의 데이터 보호나 연구에 참여한 피험자의 사생활 보호에 문제가 되지 않도록 보호할 수 있는 한 모든 연구결과는 광범위하고 자유롭게 공개되어야 한다고 보고 있다. 이러한 데이터의 공개를 촉진하기 위하여 2003년 10월 1일 이후부터 연간 50만 달러 이상의 연구비를 신청하는 연구자는 연구결과물의 공개계획을 연구계획서에 첨부하도록 하고 있다. 데이터의 공개가 불가능한 경우, 그 사유서 또한 첨부하도록 하고 있다.

1 최병인, 한국 의생명과학 연구윤리제도의 발전방향에 관한 연구, 2006, 건국대학교 박사학위논문, pp. 20-23
2 National Academy of Sciences, 1992, Responsible Science: Ensuring the Integrity of the Research Process, vol. 1. National Academy Press, Washington, DC
3 Resnik, D. 1998, The Ethics of Science, Routledge, New York
4 Davis, M. 1995, A preface to Accountability in the Professions, Accountability in Research 4 pp.81-90
5 Bayles, M., 1998, Professional Ethics, 2nd ed. Wadsworth, Belmont, CA
6 Ziman, J., 1984, Introduction to Science Studies, Cambridge University Press, Cambridge
7 May, R., 1998, The Scientific Investment of Nations, Science 281. pp. 49-51
8 Dickson, D., 1988, The New Politics of Science, University of Chicago Press, Chicago.
9 National Science Foundation, 1977, Scientists and Engineers Statistical Data System, Science, Resources Studies Div, SESTAT, NSF, Washington, DC.
10 Dickson, D. , 1988, The New Politics of Science, University of Chicago Press, Chicago
11 Shamoo, A.E. and Resnik, D.B., 2003, Responsible Conduct of Research, Oxford University Press. p.15
12 Fox, R. and DeMarco, J., 1990, Moral Reasoning. Holt, Rinehart, and Winston, Chicago.
13 Resnik, D., 1998, The Ethics of Science, Routledge, New York.
14 Swazey, J. and Bird, S. (Elliot, D. and Stern, J. (eds.)), 1997, Teaching and Learning Research Ethics I, In Research Ethics: A Reader, University Press of New England, Hanover, NH: 1-19
15 Fox, R. and DeMarco, J., 1990, Moral Reasoning, Holt, Reinhart, and Winston, Chicago.
16 Resnik, D., 1996, Social Epistemology and the Ethics of Research. Studies in the History and Philosophy of Science 8 pp. 247-264, Resnik, D., 1998, The Ethics if Science, Routledge, New York., Resnik, D., 1998, Conflict of Interest in Science Perspectives on Science. pp. 381-408
17 Hull, D., 1988, Science as a Process, University of Chicago Press, Chicago.
18 Shrader-Frechette, K., 1994, Ethics of Scientific Research, Rowman and Littlefield, Boston.
19 Panel on Scientific Responsibility and the Conduct of Research, 1992, Responsible Science: Ensuring the Integrity of the Research Process. National Academy Press. National Academy Press, Washington, DC.
20 Gert, B., 1993, Morality and Scientific Research. In Ethics, Values, and the Promise of Science. Sigma Xi, Research Triangle Park, NC., Pellegrino, E., 1992, Character and Ethical Conduct of Research. Accountability in Research 2: 1-2
21 박은정, 2002, 생명공학과 연구윤리 : 사람을 대상으로 하는 연구를 중심으로", 과학연구윤리, 유네스코 한국 위원회 편, pp. 74-77
22 Resnik, D.B., 2003, Responsible Conduct of Research: Guideline for Ethical Research Conduct, Oxford University Press pp.20-21
23 Shamoo, A.E., 1992 Role of Conflict of Interest in Scientific Objectivity ? a Case of a Nobel Prize, Accountability in Research, 2:55-75., Resnik, D., 2001, Financial Interests and Research Bias, Perspectives on Science, 8(3):255-85
24 Korn, D., 1993, Conflict of Interest: A University Prospective, In Ethical Issues in Research, University Press, Fredrick, MD, pp.114-125.
25 Resnik, D., 1998, Conflict of Interest in Science, Perspectives on Science, 6(4): 381-408., Bradley, G., 2000, Managing Conflicting Interests, In Scientific Integrity, American Society for Microbiology Press, Washington, DC, pp.131-156., DeAngelis, C., 2000, Conflict of Interest and the Public Trust, JAMA 284:2237-2238.

26 Davis, M., 1982, Conflict of Interest, Business and Professional Ethics Journal, 1(4):17–27., Shamoo, A.E., 1993, Role of Conflict of Interest in Public Advisory Councils, In Ethical Issues in Research, University Publishing Group, Fredrick, MD, pp. 159–74.

27 Porter, D., 1993, Science, Scientific Motivation, and Conflict of Interest in Research, In Ethical Issues in Research, University Press, Fredrick, MD, pp.114–25.

28 U.S. Congress, Committee on Government Operations, 1990, Are Scientific Misconduct and Conflict of Interests Hazardous to Our Health?, Report 101–688, U.S. Government Printing Office, Washington DC.

29 Blumenthal, D., 1995, Academic–Industry Relationships in the 1990s: continuity and Change, Paper presented at the symposium Ethical Issues in Research Relationship between Universities and Industry, Baltimore, MD, Nov. 3–5.

30 Spece, R. et al., 1996, Conflict of Interest in Clinical Practice and Research, Oxford University Press, New York

31 Mccary, V., et al., 2000, A National Survey of Policies on Disclosure of Conflict of Interest in Biomedical Research, NEJM, 343:1621–26.

32 Cho, M.K., 1997, Letters to the Editor, Disclosing Conflict of Interest, Lancet, 350:72–73.

33 Cho, M., et al., 2000, Policies on Faculty Conflict of Interest at US Universities, JAMA, 284: 2203–208

34 Association of Academic Health Centers (AAHC), 1994, Conflict of Interest in Institutional Decision–Making, AAHC, Washington, DC.

35 Code of Federal Regulations, Title 21 (Food and Drugs, FDA, DHHS) Part 54 Financial Disclosure by Clinical Investigators

36 21 CFR 54.1.(a) (purpose)

37 21 CFR 54.1.(b) (purpose)

38 21 CFR 54.2. (definition)

39 Shamoo, A.E. ,1991, "Policies and Quality Assurance in the Pharmaceutical Industry. "Accountability in Research, 1:273–284.

40 Eagler, R.L., et al, 1987, Misrepresentation and Responsibility in Medical Research, New England Journal of Medicine, no 317; 1383–89

41 Kassirer, J.P., Angell, M., 1991, On Authorship and Acknowledgement (Editorial), New England Journal of Medicine, no. 325; 1510–12

42 International Committee of Medical Journal Editors, 1993, Uniform Requirements for Manuscripts Submitted to Biomedical Journals, 4th ed., JAMA, no. 269; 258–65, Friedman, P.J., 1993, Standards for Authorship and Publication in Academics Radiology, Report of Association of University Radiologists Ad Hoc Committee on Standards for Responsible Conduct of Research, Radiology, no. 189;33–34

43 Kassirer, J.P., Angell, M., 1991, On Authorship and Acknowledgement (Editorial), New England Journal of Medicine, no. 325; 1510–12

44 Committee on the Responsible Conduct of Research (1989), Responsible Conduct of Research in the Health Science, Institute of Medicine, Division of Health Science Policy, Washington, DC, National Academy Press

45 Fields, K.L., Price, A.R., 1993, "Problems in Research Integrity Arising from Misconceptions about the Ownership of Research", Academic Medicine, no 68; 60–64

46 ICMJE, 1991, Statements from the International Committee of Medical Journal Editors, Journal

of the American Medical Association, 265(20):2697-2698.

47 LaFollette, Marcel C., 1992, Authorship, Stealing into Print, University of California Press

48 Huth, E.J., 1986, "Guideline on Authorship of Medical Papers". Annals of Internal Medicine, 104(2):269-274.

49 Post, S.G., et. al., 2004, Duplicate Publication, Encyclopedia of Bioethics, 3rd eds., Thompson Gale, vol. (4)2403.

50 최병인, 2006, 제7장 우리나라 의생명과학 분야 종사자의 생명윤리 의식조사, 한국 의생명과학 연구윤리제도의 발전방향에 관한 연구, 건국대학교. Pp 260-262.

51 의료를 산업으로 분류하고 이를 산업화하는 각종 국가정책이 대두되는 시점에서 3차 서비스 산업으로 분류되는 의료발명을 '산업상 이용가능성' 위배로 특허 불인정은 무리가 있을 것으로 보여진다.

52 미국의 특허제도에서 요구하는 Lab Note는 1)노트전체가 일련번호로 매겨져 있어야 하고, 2) 주요실험의 절차나 결과에 대해서는 2인 이상의 증인이 노트에 일자와 서명을 한 기록이 있어야 하는 등 의 요건과 양식이 있음을 유의해야 한다.

53 의장법 제2조.

54 1998년 미국이 개정한 '소니-보노 저작권 존속기간 연장법 (Sonny Bono Copyright Term Extension Act)' 의 별칭이며 미키마우스의 저작자인 월트 디즈니의 저작권 연장을 상징적으로 의미한다.

55 특허법 제39조.

56 특허법 제40조.

57 특허법 제39조 제2항.

58 특허법 제39조 제4항.

59 최병인, 2001, 의과대학 임상교수의 직무발명과 특허권 권리귀속 문제에 관한 고찰, 경희대학교, 학위논문.

60 특허법 제30조.

61 35 USC 102(b) - the invention was patented or described in a printed publication in this or a foreign country or in public use or on sale in this country, more than one year prior to the date of the application for patent in the United States

62 Steneck, H. N., Introduction to the Responsible Conduct of Research, http://ori.dhhs.gov/documents/rcrintro.pdf

63 Guidelines on Data Retention and Access, University of Pittsburgh, http://www.pitt.edu/~provost/retention.html

64 Basic HHS Policy for Protection of Human Research Subjects, U.S. 45 CFR 46, subpart A, (b), (2). (i)

65 (b) The records required by this policy shall be retained for at least 3 years, and records relating to research which is conducted shall be retained for at least 3 years after completion of the research. U.S. 45 CFR 46, 115 (b)

66 임상시험의 자료에 대해서는 우리나라는 보관의무를 5년으로 정하고 있으며 일부 유럽국가에서는 영구보존을 추진하고 있다.

67 U.S. NIH Data Sharing Policy and Implementation Guidance (Updated: March 5, 2003), http://grants1.nih.gov/grants/policy/data_sharing/data_sharing_guidance.htm

3

인간을 대상으로 하는 연구윤리

생명과학 연구자는 연구계획 단계에서부터 연구 수행과정, 그리고 연구결과의 보고에 이르기까지 각 과정별로 다양한 상황에 처하게 되는데, 순수한 과학적 호기심이나 학문적 문제해결에 국한된 상황판단으로 인하여 사회적, 윤리적 그리고 심지어 법률적 이슈를 간과하게 되는 경우가 흔히 발생한다. 사람이나 동물을 대상으로 연구를 수행하는 경우, 그 절차나 방법에 대해 국제적 기준은 물론이고 국내에서도 이와 유사한 기준이 법률적 제도적으로 제시되고 있다. 이러한 현실을 살펴볼 때, 사회적으로 높은 수준의 준수의무가 과학자들에게 부과되고 있음을 알 수 있다.

연구대상에 관한 여러 가지 연구윤리 문제와 제도에 대한 이해부족이 수년 간에 걸쳐 수행해온 연구결과를 무산시킬 수 있음은 물론, 연구자가 의도하지 않았지만 어떤 연구결과 또는 과정 상의 윤리적, 제도적 미 준수로 인해 사회가 요구하고 있는 여러 가지 책임에서 벗어날 수 없는 곤란한 상황에 직면하게 될 수 있다.

임상시험과 윤리원칙

연구의 윤리적 수행에 있어서 사회적요구나 연구자의 의무에 관해서는 일반적인 기준이나 원칙이 적용되고 있다. 특히 사람을 대상으로 하는 연구일 경우 도덕이나 윤리적 의무에 그치지 않고 최근 국제사회의 변화는 법률적 제도로서 그 의무 수행 요구를 더욱 강화하고 있다.

"선과 악은 행위 그 자체에 있는 것이지 그 결과에 있는 것이 아니다"라는 의무론적 이론deontological theory과 같은 칸트주의Kantianism나, "다수의 긍정적 이익을 균형적으로 고려하여 행동해야 한다"는 공리주의utilitarianism 등과 같은 도덕적 이론을 바탕으로 현대의 여러 가지 윤리적 접근법이 도출되었다.

미국 의회가 1973년 '의과학 및 행동과학 연구의 피험자 보호를 위한 국가위원회The National Commission for the Protection of Human Subjects of Biomedical and Behavioral Research'를 설립하여 1979년 이 위원회는 사람을 대상으로 하는 연구의 수행에 있어 세 가지 중요한 윤리적 기준을 '벨몬트 보고서Belmont Report'[1]에서 제시하였다. 이 세 가지 기준은 다음과 같다.

인간존중Respect for Person: Autonomy

인간에 대한 존중정신은 윤리적으로 두 가지 의미를 가지고 있다. 첫째, 인간은 자율적 주체로서 대우 받아야 하고, 대우해야 한다는 것이다. 둘째, 만약 인간의

임상연구수행의 윤리적 원칙

자율성이 결여되어 있는 상태라면 이에 대한 보호를 받아야 한다. 이와 같은 이유 때문에 두 가지 도덕적 의무가 사람에게 주어지는데, 인간의 자율성에 대한 존중 의무와 자율성 결여 인간에 대한 보호의무이다.

따라서 사람을 대상으로 하는 연구를 수행하는 경우, 연구 대상이 되는 피험자가 자율autonomy에 의해 자발적voluntary 참여의사를 획득하는 과정이 있어야 한다. 또한 충분히 자율적 의사결정을 할 수 있도록 연구 과정에서 수반되는 위험risk과 이득benefit에 관한 정보를 제공할 의무가 연구자에게 있다.

자율적 의사결정 능력이 결여된 사람이 연구의 대상이 되는 경우에는 이러한 사람을 보호할 수 있는 충분한 절차와 과정을 보완하고, 이를 보장할 수 있을 때 연구에 참여하도록 하여야 할 의무가 연구자에게 있다는 것이다.

선행Beneficence: Do Good

선행은 친절이나 자선과 같은 도덕적 의무감에 의해 표출되는 자발적 행위로 보여질 수 있으나, '벨몬트 보고서'는 '선행'을 연구대상인 피험자의 보호를 적극적으로 해석하는 '연구자의 의무사항'으로 보고 있다.

따라서 악행에 대한 금지는 물론이며 피험자에 대한 이득을 극대화하여야 하고 위험은 최소화하여야 하는 의무로서의 선행을 의미한다. 이러한 이유로 연구과제를 심사하는 임상시험심사위원회(또는 기관생명윤리심의위원회: IRB)는 피험자에 대한 위험과 이득에 관한 충분한 토론을 거쳐 평가를 하도록 하고 있다.

선행은 연구자에 의해 이루어지는 피험자에 대한 선한 행동에 그치지 않고 다른 피험자를 포함하고 있으며 나아가 사회전체에 대한 이득을 의미한다. 이는 공리주의적 의미를 내포하고 있어서 연구자가 수행하고자 하는 연구가 사회적 위험요소의 제거나 잠재적 이득을 추구할 수 있어야 한다.

정의Justice: Fairness

정의는 연구과정에서의 공정성에 관한 문제라고도 볼 수 있다. 정의는 특히 '피험자의 선정selection of subjects' 에 관하여 주로 논하고 있다. 연구 수행과정에서 피험자를 선정할 때 무엇보다도 해당 피험자 군에 있는 사람이 그 연구의 결과나 참여과정으로 인해 직접적인 수혜를 받는 집단에 속하는 것이 가장 바람직할 것이다.

피험자 선정에서의 공정성은 선정된 피험자가 소속된 집단에게도 공정한 기회의 부여가 가능한가에 대한 질문이기도 하다. 따라서 연구의 대상으로 선정된 피험자는 인종, 연령, 성별, 사회적 신분 등만으로 선정사유가 되지 말아야 하며 자신의 의사에 반하여 행동이 강요되는 수용시설에 있는 경우도 피험자 선정의 공정성이 적용되어야 한다.

공정성은 연구대상 집단의 선정이나 실험군 또는 대조군에 배정될 기회 등에 대해서도 공평한 기회의 제공을 의미하기도 한다. 이러한 부분은 최근 피험자 동의서에 실험군 내지는 대조군에 대한 배정 확률 정보를 피험자에게 제공하도록 규정하고 있다.[2]

인간Human Subject을 연구대상으로 하는 연구의 범주

많은 생명과학자들이 '인간을 대상(포함)으로 하는 연구research involving human subjects' 라는 것은 자신의 연구에 사람이 직접 참여하는 것으로 한정하고 있는 경우가 있는데, 미국 연방규정은 피험자의 정의[3]를 다음과 같이 규정하고 있다.

"피험자human subject란 연구자가 다음 각호의 데이터를 얻고자 하는 대상인 살아있는 사람을 말한다.

① 사람과의 상호작용interaction이나 중재작용intervention을 통하여 얻어지는 데이터

② (특정인임을) 확인identifiable이 가능한 사적인 정보private information"

위에서 보는 바와 같이 피험자는 인터뷰, 설문조사, 투약, 시술 등 직접적인 접촉을 통하여 연구에 참여를 하는 사람만을 의미하는 것이 아니라, 직접 사람과 접촉을 하지 않는 의무기록을 포함한 각종 개인기록의 조사 및 통계 등도 포함하고 있다.

임상연구의 대부분이 실제로 이루어지고 있는 병원의 업무특성이나 환경을 고려하면 병원에서 진행되는 거의 모든 일들이 연구라는 측면에서 볼 때 피험자가 존재하는 상황이 발생한다.

병원에서 사람에게 행하는 투약, 주사, 수술, 처치 등의 대부분은 중재적

행위intervention에 해당되고, 환자 또는 병원의 방문자에게 인터뷰를 하고 설문조사나 전화조사를 하는 등은 상호작용interaction에 해당된다.

사람과 직접적으로 접촉하지 않으면서 이루어지는 연구가 있다면 아마도 환자의 의무기록을 조사하여 의미있는 특정 데이터를 수집하고 통계처리한 뒤 연구결과로 발표하는 후향적 연구가 유일하다고 볼 수 있다. 그러나 이 경우도 의무기록에는 그 기록의 대상인 사람의 사적인 정보 즉, 주소, 성명, 나이, 주민번호, 전화번호 등이 기재되어 있기 때문에 연구자는 이러한 정보를 누군가 제3자에 의해 추적이 불가능하도록 암호화untraceable coding해서 피험자가 존재하지 않는 상황이 되도록 해야 한다.

연구와 진료

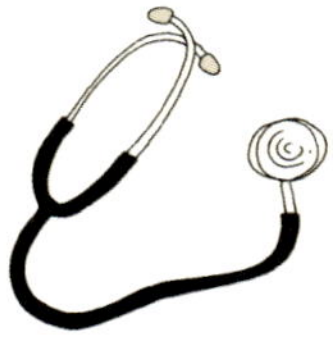

사람을 대상으로 하는 연구의 윤리에 관하여 이야기할 때 가장 먼저 떠오르는 질문과 혼란을 야기하는 부분이 바로 '진료' 와 '연구' 의 한계와 이를 구분하는 것이다. 실제 진료와 연구는 상당부분이 진료현장인 병원에서 이루어지고 있고, 연구의 대상이 되는 사람도 동일하며, 이를 수행하는 사람은 대부분의 경우 동일인인 의사에 의해 수행되고 있다. 아울러 연구냐 진료냐를 결정짓고 그 방향을 선택하는 순간도 상당히 짧은 시간 내에 이루어지고 있다.

최근에 이르기까지 윤리강령과 법규정 제도상에서는 '연구' 와 '진료' 를 명확하게 구분하지 못하고 있다. 이는 진료와 연구가 그 행위를 수행하는 사람의 의도에 따라 달라지기 때문이다. 또한 같은 질병이라 하더라도 사람마다 발현되는 양상이나 질병의 진전 양상이 달리되고 있고, 의사는 각기 다른 양상을 보이는 환자의 질병 진단과 치료를 위하여 어떤 의미에서는 작은 규모의 실험을 진행하고 있다고 볼 수도 있을 것이다.[4]

그러나 미 보건성의 연방규정은 연구에 대해 다음과 같이 명확하게 규정하고 있다. "연구란 일반화 할 수 있는 지식을 도출하거나 이에 기여하는 제 행위를 말한다".[5]

한편 '진료' 란 환자의 건강증진만을 목적으로 한 제 의료행위를 말한다. 의료행위의 목적은 환자에게 진단, 예방적 처치 또는 치료 서비스를 제공하는데

있다고 할 것이다.[6]

그러나 '증명되지 않은 치료' 또는 '혁신적 치료'로 불리는 진료행위나 '새로운 의학적 발견을 위한 진료'의 경우는 의사의 전문가적 직업윤리에 의한 자율권autonomy에 의한 진료인지 아니면 연구인지를 구별하는데 있어 여전히 어려운 문제이다.

임상시험의 유형 Types of clinical trial[7]

가장 보편적 임상시험은 과학적으로 충분히 통제가 가능한 환경하에서 새로운 의약품이나 의료기술을 환자에게 시행하고 이를 평가하는 것이다. 이러한 임상시험은 시험하고자 하는 해당 진료가 현재의 표준진료에 비하여 안전성 및 유효성이 우수한가를 확인하는 데 그 목적이 주로 있다.

이러한 연구는 윤리적으로 연구계획이 수립되어야 하고, 이 연구에 참여하는 피험자는 해당 연구에 대한 충분한 정보를 제공받고 참여의사에 관한 사전동의를 하여야 한다. 또한, 피험자들에 대해 연구담당자는 물론 관련 기관의 면밀한 관리 감독이 이루어져야 한다. 아울러 사람을 연구대상으로 하는 임상시험의 경우 대부분은 관련 윤리위원회의 사전승인을 획득한 이후에 연구수행이 가능하다.

통계학적으로 가장 의미 있고, 의학적 근거 제공이 가장 우수한 연구방법은 '무작위-비교임상시험randomized controlled trial' 일 것이다.

다른 형태의 임상연구 방법은 코호트 연구Cohort study인데 이 방법은 특정 위험요소를 가지고 있는 집단을 계속 추적해 가면서 그런 위험요소가 그 후에 과연 그 결과를 일으키는지를 보는 연구로서 일반적으로 전향적 연구prospective study이다. 그리고 역학 연구에서 전향적인 비교연구를 코호트 연구라고 한다.

예를 들면, 모유를 먹이지 않고 우유를 먹이는 것이 영양실조를 야기할 가능성이 높다는 것이 알려져 있는 상황에서 모유를 먹인 어린이 집단과 우유를 먹인 어린이 집단을 2개월 간격으로 추적 조사하면서 영양실조의 발생 여부를 조사해 나간다면 이것은 코호트 연구가 된다. 이러한 연구를 통해 연구자는 관련 인자와 결과가 어떤 연관을 가지고 있는지를 밝힐 수 있다.

그러나 이런 연구의 결과가 유의하려면, 일반적으로 대규모 연구 표본이 필요하며, 연구 대상들을 계속 추적해 나가야 하기 때문에 많은 노력이 들어야 하므로 시행하기가 어렵다는 단점을 가진다.[8]

또 다른 형태의 연구로는 '사례-비교case-controlled' 연구가 있는데 이 방법은 무작위-비교임상시험방법 보다는 근거제공능력이 다소 떨어지는 편이다.

최근 수행되는 대부분의 의약품 임상연구 방법은 '무작위배정 이중맹검 위약비교시험randomized, double-blind and placebo-controlled'이 주를 이루고 있다. 이는 모든 피험자가 연구대상이 되는 진료 또는 위약군에 무작위로 배정되고, 피험자는 물론 연구자 자신도 어느 특정 연구방법이 어느 피험자에게 시행이 되었는지를 모르게 가리는 방법이다.

대부분의 임상시험은 많은 수의 피험자의 참여가 필요하게 됨에 따라서 다국가, 다기관 임상시험multinational-multicentre clinical trials으로 진행되는 경우가 많다.

임상시험에 참여하는 피험자의 숫자가 해당 연구의 우수성을 대변하는 경우가 많기 때문에 참여 피험자 숫자가 크면 클수록 연구결과에 대한 신뢰성도 커진다. 그러나 이 문제와 관련하여 임상시험의 설계단계에서 고려하여야 할 점은 피험자의 수가 클수록 연구비용이 매우 크게 증가한다는 사실과 윤리적 고려일 것이다.

신약의 개발과 절차

신약개발에 소요되는 연구개발비는 1976년 1억 37백만 달러에서 2000년 8억 2백만 달러로 급속히 증가한다.[9] 이러한 연구개발비 급증 원인 중에 하나는 연구개발 과정에서 연구대상인 사람과 동물에 대한 권익과 복지의 보장을 국가나 사회적으로 요구하는 정도의 수준이 매우 높아졌기 때문이기도 하다.

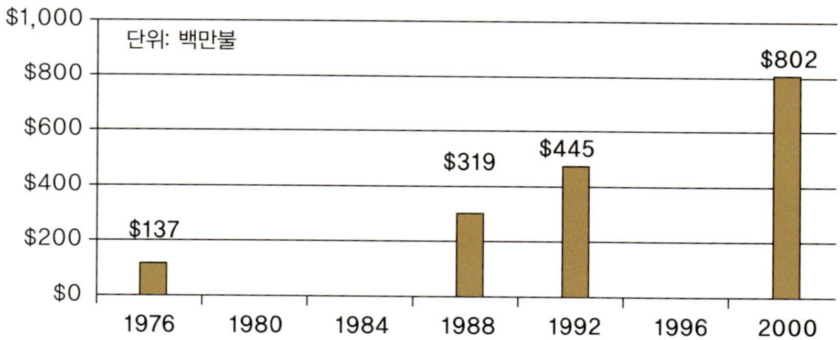

미국의 신약 연구개발비 증가추이

국가별로 다소의 차이는 있겠지만, 신약이 개발되어 시판이 되는 과정을 살펴보면 다음의 과정과 절차를 거치게 된다. 먼저 신약 후보 물질을 발견하거나 발명을 하게 되면 이 물질의 독성 안전성과 약리작용에 대한 검증을 동물을 대상으로 하게 된다. 이 과정을 전 임상시험pre-clinical study이라 한다. 이 과정의 연구계획이

신약개발 소요시간 및 연구비 규모[10]

	연구개발 단계별 소요시간		
	전 임상연구 단계	임상시험단계 및 식약청허가	소개
소요시간	4.3년[11]	7.5년	11.8년
연구개발비규모	3억 35백만 달러	4억 67백만 달러	8억 2백만 달러

수립이 되면 먼저 동물실험윤리위원회Institutional Animal Care and Use Committee: IACUC의 심의를 거친 후에 동물실험에 들어가게 된다. 전 임상단계에서의 소요시간은 대체적으로 약 4.3년 정도 걸리게 되며 이 연구과정에 소요되는 연구비는 약 3억 3천 5백만 달러 정도 투입된다. 이 과정에 대한 좀더 자세한 내용은 4장 '동물을 대상으로 하는 연구윤리' 에서 살펴보기로 한다.

전임상에서의 약리적 독성과 유효성에 대한 검증이 입증되면 정부기관인 식약청에 본격적으로 사람을 대상으로 하는 연구를 수행하기 위하여 '임상시험 허가신청Investigational New Drug (IND) Application' 을 한다. 이 과정에서는 사람을 대상으로 하는 연구 즉 임상시험clinical trial에 대한 연구계획서protocol를 수립하고 '임상시험 심사위원회Institutional Review Board: IRB' 의 사전 심의와 승인을 득한 후에 본격적인 임상시험을 각 단계별로 시행한다. 임상시험의 각 단계별 내용은 다음 장에서 살펴보기로 한다. 임상시험은 통상 7.5년 정도가 걸리게 되고 이 과정에서 투입되는 연구비는 신약개발과정에서 가장 많은 시간과 연구비가 소요되는데 그 비용은 약 4억 6천 7백만 달러 정도이다.

신약후보물질의 사람에 대한 임상시험이 성공적으로 마치게 되면 시험결과를 식약청에 제출하고 신약으로 시판 허가를 신청하게 된다. 이 과정을 '신약허

가신청New Drug Application: NDA' 이라 한다. 미국의 경우 정부기관의 시판허가 심의는 약 1~2년 정도 걸린다. 신약이 정부의 허가를 받아 시판을 한 이후에도 지속적인 신약의 유효성 안정성에 관한 검증을 받게 되는데, 이 과정은 식약청의 지시 또는 제약사의 연구자료 추가 획득 등의 이유로 임상시험이 시행되는데 이 과정을 '시판후사용성적조사Post Marketing Survey: PMS' 또는 '제4상 임상시험phase Ⅳ' 을 하는 경우도 있다.

이러한 신약개발 과정을 도식화하면 다음과 같다.

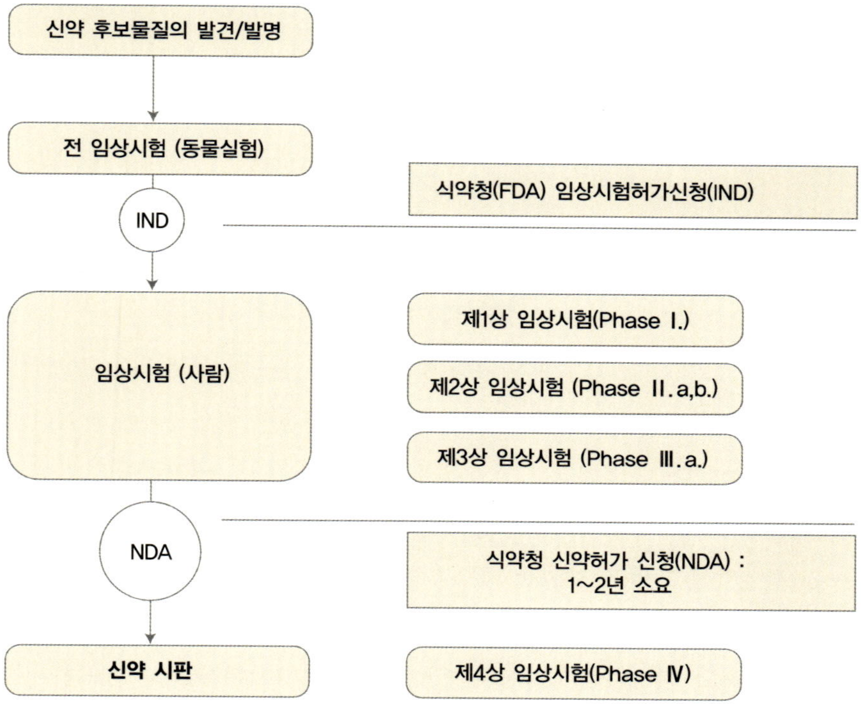

신약의 개발과정과 절차

의약품 임상시험의 단계Phases

의약품의 임상시험 단계는 제1상에서 제4상까지 크게 네 단계로 통상 구분이 된다. 그리고 새로운 의약품의 개발단계 또한 통상 이 네 가지의 단계를 10년이 넘는 기간에 거쳐서 수행된다. 신약이 처음 세 단계를 거쳐 연구가 완성되면 신약으로서 일반대중에게 판매가 승인되는 것이 통상의 절차이다.

제1상Phase I

제1상 임상시험은Phase I trials 실제 사람을 대상으로 하는 첫 번째 단계의 시험단계로서 일반적으로 건강한 자원자 약 20~80명 정도로 구성되는 소규모 집단이 피험자로 선정된다. 이 단계에서는 의약품의 안전성safety, 내약성tolerability, 약동학pharmacokinetics 및 약력학pharmacodynamics의 평가를 위해 연구가 설계된다.

임상시험은 통상 24시간 의료진의 관찰이 가능한 병상시설이 갖춰진 의료시설에서 수행된다. 피험자들은 위약과의 비교가 필요없고 맹검상황이 아닌 상태에서 연구에 참여하게 된다. 이 시험에 참여하는 피험자는 통상 시험약 투약 경과과정을 수일간에 걸쳐 관찰을 받게 된다. 일반적으로 제1상 임상시험은 최적의 임상용 투약용량 연구dose-ranging studies를 이 기간 내 포함한다. 연구 대상 의약품의 투약 용량 시험은 미세하게 세분화된 용량 별로 독성여부를 평가하는데 주로 동물을 대상으로 선행 시험을 한다.

제2상 임상시험Phase II

제1상 임상시험을 통하여 의약품의 초기 안전성이 확인되면 다음 단계인 제2상 임상시험으로 진입을 하는데, 이 단계에서는 제1상보다 많은 약 100~300명 정도로 구성되는 시험군을 대상으로 한다. 이 단계에서는 제1상에서 시행한 평가 항목을 보다 큰 규모의 건강한 피험자와 실제 환자를 포함하는 시험군을 대상으로 한다. 이 연구는 연장선상에서 진행될 뿐만 아니라 의약품의 임상적 유효성clinical efficacy을 평가할 수 있도록 설계된다. 제2상 임상시험 과정에서 개발 의약품의 유효성은 제1상에서 보다 낮게 나타나거나, 약물독성 효과가 높게 나타나기도 하기 때문에 새로운 의약품 개발과정에서 신약개발이 주로 실패를 하는 단계가 바로 제2상 임상시험이다.

제3상 임상시험Phase III

제3상 임상시험은 약 1,000~3,000명 정도의 대규모 환자를 대상으로 하며 연구방법도 '무작위 이중맹검 임상시험double-blind randomised controlled trials' 법을 이용한다. 이

단계에서의 연구목표는 신약의 유효성에 관한 확증평가이다. 특히, 현재 대체 가용한 다른 의약품과의 비교임상시험도 이 단계에서 진행된다.

제3상 임상시험은 연구비용도 가장 많이 발생할 뿐만 아니라 많은 시간이 소요되고 연구의 설계 및 수행 또한 가장 어려운 단계이기도 하다. 특히 대상 질환이 만성질환일 경우 더욱 그러하다.

제3상 임상시험을 통하여 만족할 만한 신의약품으로서의 결과를 도출하게 되면, 개발된 신약의 물질구성, 생산과정을 포함하여 나아가 동물실험 단계뿐 아니라 실제 사람을 대상으로 한 임상시험의 전 과정에서 시용된 연구방법 및 연구수행결과에 이르는 방대한 분량의 서류와 함께 시판을 위한 허가 서류를 준비하여 의약품의 생산 및 시판 허가를 관장하는 정부기관에 제출을 하게 된다.[12]

제4상 임상시험Phase IV

제4상 임상시험은 시판이 허가된 의약품의 판매 후 안전성 조사 및 해당 의약품에 관한 지속적인 기술지원 및 관련 자료 수집[13]을 위해 시행되는데, 이러한 제4상 임상시험은 의약품을 관장하는 국가기관에서 의무적으로 시행하도록 규정하고 있기도 하고 해당사에서 경쟁사와의 제품경쟁력 비교를 포함한 다른 이유 등으로 시행하기도 한다.

의약품의 시판 후 안전성 조사는 대규모의 환자군을 대상으로 장기간에 걸쳐 초기 임상단계에서 발견하지 못한 희귀하거나 또는 장기적 이상반응adverse effects의 추적을 그 목적으로 한다. 이 단계에서 발견한 이상반응으로 인하여 의약품의 판매 철회를 하기도 한다.

인간을 대상으로 한 과학적 실험사례와 의의

기록상 인간을 대상으로 실험을 한 과학적 연구나 조사의 예로서 그 첫 번째는 천연두 백신을 발명한 에드워드 제너Edward Jenner: 1749~1823일 것이다. 제너는 자신과 자신의 아들에게 천연두 예방주사를 직접 주사하여 실험을 하였다.

인간을 대상으로 한 실험에 관한 역사는 윤리적으로 긍정적인 결과를 가져다 준 것보다 과학계의 반성과 자정을 요구하는 사회적 반감을 사는 예가 많았다고 본다. 하지만 다른 한편으로는 이러한 불행한 인간실험은 인간 대상 실험에 대한 새로운 기준이나 규범을 만들어내는 전환점이 되었다.

과거에서 최근에 이르기까지 중요한 사건이 되었던 인체실험의 사례와 이를 계기로 발생한 사회적 변화와 그 의의에 대해 알아보고자 한다.

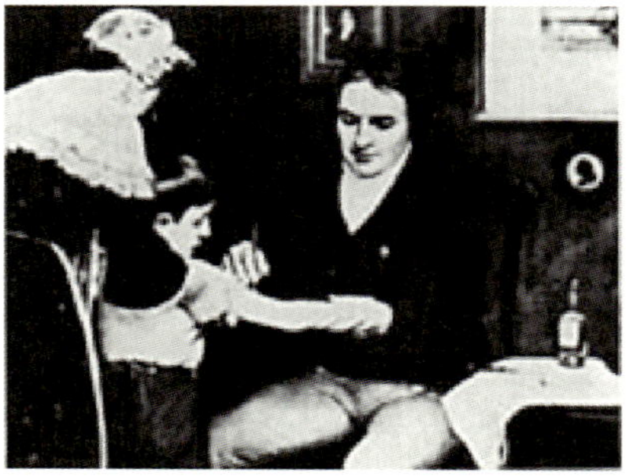

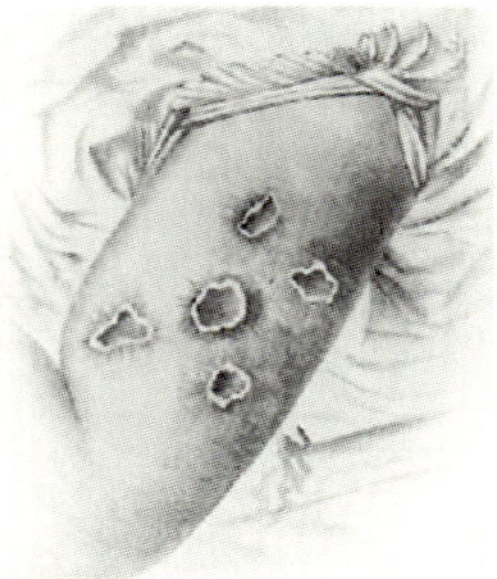

자신의 아들에게 천연두 백신 실험을 하는 제너.
(사진출처: Biotechnology for Beginners-Renneberg-Academic Press)

뉘렌버그 전범재판Nuremberg War Crime Trail

뉘렌버그 전범재판(사진제공: 미국 홀러코스트 기념박물관)

제2차 세계대전 중 독일의 나치는 강제수용소에서 포로를 대상으로 한 각종 인체실험을 수행하였다. 독일군에 의해 강제로 수행된 인체실험은 거의 고문 형태로 진행이 되었고 대부분의 실험대상자는 사망하였다. 따라서 이 실험은 심각한 인권문제는 물론 이거니와 기본적인 윤리의 원칙이 무시된 상황하에서 연구가 진행되었다. 독일의 인체실험에 연구자로 참여한 군의관은 실험방법과 인권유린을 이유로 국제군사재판을 받게 되었고 이 재판은 독일의 작은 도시 뉘렌버그에서 1945년 10월부터 다음 해까지 1년간 진행되었다. 미국의 트루먼 대통령에 의해 지명된 판사들에 의해 피소된 23명 중 15명이 유죄판결을, 7명이 살인, 고문 및 잔혹행위로 사형을 선고 받았다.

뉘렌버그 강령The Nuremberg Code의 의의

독일 군의관과 과학자들에 의해 강제로 집행된 포로에 대한 인체실험에 관한 뉘렌버그 전범재판의 최종 판결문에서 10가지의 중요한 원칙을 발표하였다. 이 원칙을 '뉘렌버그 강령' 이라고 하며, 역사상 최초로 인간에 대한 허용 가능한 의학적 실험의 기준과 원칙, 그리고 그 절차에 관하여 구체적으로 문서의 형태로 제시하였다.

이 강령의 작성은 재판부의 의학전문가로 증인으로 채택된 레오 알렉산더[14] Leo Alexander, M.D.와 앤드류 아이비[15] Andrew Ivy, M.D., Ph.D.에 의해 초안이 작성되었고,

이후 알렉산더가 의학적 실험에 관한 6개 항의 원칙을 재판부에 제출을 하고, 재판부는 4개 항을 추가하여 총 10개의 항목으로 구성된 '뉘렌버그 강령' 이 탄생하게 된다.

이 강령은 미국과 독일의 관련 법률체계에 많은 영향을 미치게 되었고, 헬싱키선언Helsinki Declaration과 미국 보건성의 피험자관련 연구 연방규정45 CFR 46의 탄생에 근간이 되는 지침서 역할을 하게 되었다.

이외에도 뉘렌버그 강령에는 오늘날 많은 법령과 윤리적 기준에 사용되고 있는 '충분한 정보제공에 의한 동의informed consent', '강요의 배제absence of coercion' 등의 원칙이 포함되어 있다.

일본군의 마루타 인체실험

우리가 흔히 '마루타' 실험을 한 것으로 알려진 일본의 731부대는 만주국 헤이룽장성黑龍江省 하얼빈시 근교의 핑팡平房이란 곳에 위치해 있었다. 이 부대의 사령관인 이시이 시로 장군은 1932년 최소 만명 이상의 사람을 대상으로 인체실험을 감행하였다.[16] 이 부대의 인체실험 대상으로 죽은 사람은 중국인, 한국인, 몽고인, 러시아인

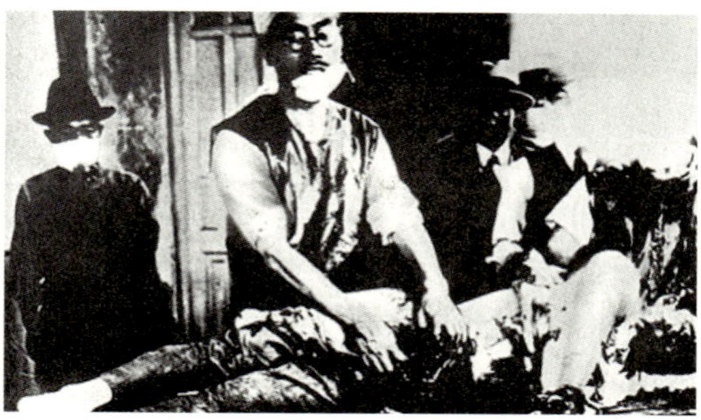

일본 의사가 생체실험을 하기 위해 손을 묶은 채 배를 갈라 내장을 만지고 있다. 마취되지 않은 것으로 보이는 실험 대상자의 눈알이 튀어나와 있다(1936).
(http://cafe.naver.com/dlduddn/187)

불에 탄 731부대의 모습. 세균 전쟁을 위해 생체실험에 희생된 사람 수는 3,000여 명으로, 한국 · 중국 · 러시아인들이 포함되었던 것으로 알려졌다(1948).

이었고, 이들 중 일부는 미군 및 유럽인 전쟁포로도 포함되어 있었다.[17] 이 부대의 생물화학무기 연구를 위해 약 20만 명의 민간 및 군인 희생자가 발생하였다.[18]

미국과 731부대 사건

일본의 패전 이후 1945년 9월, 미 육군 생화학부대 샌더스 중령LtCol Murray Sanders은 731부대가 축적한 실험 데이터를 넘겨주는 조건으로 이시이 부대장과 그 부하들에 대한 사면권을 맥아더 최고사령관에게 요청한다.[19]

이러한 배경에는 당시 소련에 비해 뒤쳐진 생화학전 연구개발을 미국이 따라잡기 위한 목적이 숨어 있었다. 731부대의 인체실험 자료를 인계받아 조사를 한 미 육군 생화학부대의 에드윈 힐Edwin V. Hill 조사관은 보고서에서 "일본의 실험자료는 수년간에 걸쳐 수백만 달러의 비용이 드는 실험으로 미국에서는 이러한 연구가 불가능한 소중한 자료이다. 축적된 실험데이터를 만들기 위한 직접 실험 비용만도 일화 약 25만 엔이 드는 실험이다"[20]라고 기술하였다.

미국의 731부대 실험데이터 접수를 뒤늦게 알게 된 소련이 이 문제를 국제사회에 알리고 일본인 관련자를 전범재판에 회부하겠다는 협박을 하자 미국은 정치적인 난관에 직면하게 된다. 이는 같은 시기에 독일 뉘렌버그에서 미국이 기소한 나치의 인체실험에 관한 전범재판이 진행 중에 있었기 때문이다.

맥아더 사령부와 워싱턴은 많은 회의와 논쟁 끝에 "일본의 실험자료는 일본의 전범기소보다 미국의 국가안보에 중대한 가치를 지닌 자료이므로 전범증거자료로 사용되어서는 안 된다"[21]라고 결론을 내리고 일본의 만행을 스스로 은폐하는 결정을 한다.

731부대장 이시이의 신변과 실험데이터 확보에 실패를 한 소련은 12명의 일본군을 체포하여 1949년 12월 하바로프스크Khabarovsk에서 전범으로 기소하고 이들을 2년에서 25년까지 강제노역을 선고하였다.[22]

터스키기Tuskegee 사건

1932년부터 1972년까지 미국 보건성Public Health Service (PHS)은 알라바마Alabama주의 메이콘군Macon County 터스키기Tuskegee 인근 지역에서 400명 이상의 흑인들을 상대로 당시로는 치료가 불가능하였던 매독syphilis을 조사하기 위한 비치료 연구non-therapeutic study, 즉 관찰연구를 수행하였다.[23, 24, 25]

미국 보건성은 6개의 남부 지역 가운데 매독 감염 비율이 30%로 가장 높았던 알라바마Alabama주의 메이콘군Macon County에서 선택 매독연구를 실시하였다. 이 지역은 그 당시 미국에서도 가장 빈곤한 곳으로 특히 이 지역의 흑인들은 만성적인 실업상태와 비위생, 그리고, 매독, 결핵, 십이지장충, 니코틴산 결핍 증후군, 구루병, 충치 등과 같은 각종 질병에 시달리고 있었다.

연구는 매독 증상을 보인 흑인 남성들만 연구 대상으로 선택하였으며, 실험은 정보를 얻기 위한 주기적인 혈액 검사와 목적을 제대로 밝히지 않은 척수 천자, 그리고 매독으로 인한 사망자들에 대한 부검을 해마다 6개월간 임상 검사를 통해 수행하였다. 연구대상 흑인들이 치료를 받고 있다는 생각이 들도록 "분홍색 약"이라

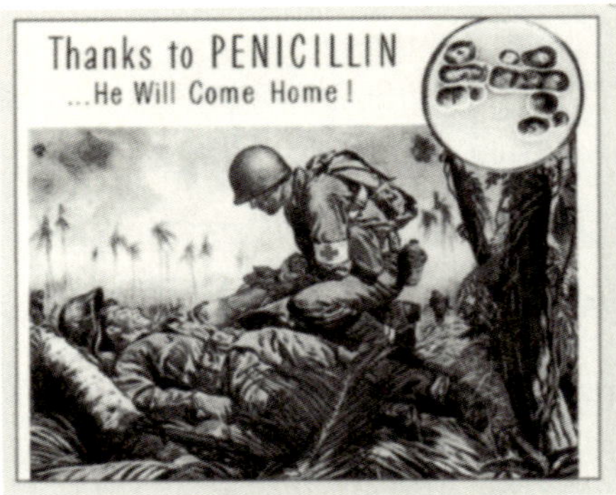

항생제 페니실린의 발명. (사진출처: Biotechnology for Beginners-Renneberg-Academic Press)

불리는 아스피린을 제공하였고, 부검 승락을 받기 위해 소정의 매장 비용을 제공하였다. 제2차 세계대전 중에 개발된 페니실린은 매독에 매우 효과적인 치료제였음에도 불구하고 이 연구를 주관한 미국보건성은 1972년 세상에 알려지기까지 흑인피험자들에게 제공되지 않았다.

40년간 지속되었던 터스키기 연구는 1972년 7월, 대중에게 공개되었다. 이 연구로 인해 28명이 사망하였고, 100여 명이 중증의 장애에 시달렸으며, 19명이 선천성 매독에 감염되었다.

터스키기 사건이 언론에 공개되자 국회는 진상조사위원회를 설치하였고, 위원회는 매독연구는 당장 중지되어야 한다고 주장하면서 피험자 연구의 부주의함과 직무태만으로 인해 부적절했다고 결정내렸다. 또한 위원회는 향후 임상 연구 피험자들을 보호하기 위해 연방 정부 차원의 규제가 마련, 실행되어야 한다고 권고하였다.

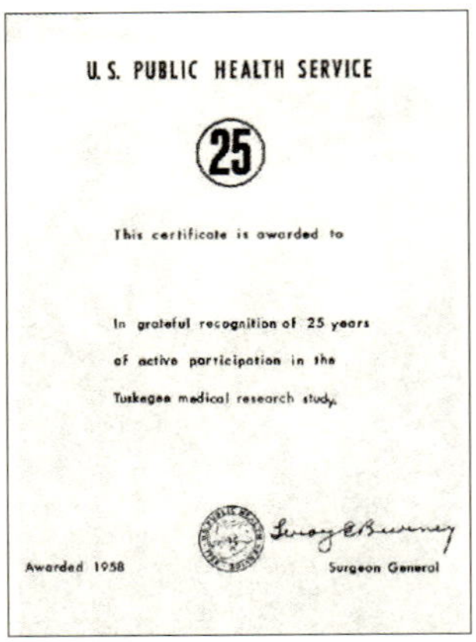
U. S. PUBLIC HEALTH SERVICE

25

This certificate is awarded to

In grateful recognition of 25 years of active participation in the Tuskegee medical research study.

Awarded 1958

Surgeon General

미보건성에서 흑인 피험자에게 발행한 터스키기 의학 연구 참여감사장.[26]

1973년, 케네디Edward Kennedy 상원위원은 터스키기 연구와 다른 인간 실험에 대한 공청회를 열었고, 다음 해에는 의학 연구에서 부적절한 인간의 연구참여를 문제 삼았다. 정부는 미국에서 주 정부의 지원을 받는 연구 프로젝트를 위한 새로운 지침서를 제출하였는데, 이러한 지침에는 미국 전체에 있는 병원과 대학에서 임상시험심사위원회Institutional Review Board: IRB를 설치할 것이 포함되었다. 즉, IRB의 탄생이

바로 이 사건으로부터 유래된 것이다.

그 결과 IRB의 설치에 관한 사안을 입법화한 국가연구법National Research Act과 피험자 권리와 임상연구 절차에 관한 미연방규정 제45조 제46항45 Code of Federal Regulations 46, 그리고 미식품의약품청의 의약품 및 의료기기의 임상시험절차에 관한 연방규정인 '21 Code of Federal Regulation 50'을 포함하는 많은 연방법들이 입법되었다. 그러나 터스키기 사건으로 인해 미국 내 흑인 사회에서는 정부와 의학계에 대한 불신이 팽배하였으며, 이로 인해 추후 HIV 연구와 통제에 있어서 불신으로 인한 많은 어려움을 초래하였다.

윤리적 문제점들

- 충분한 설명에 근거한 동의informed consent의 부재와 속임수
- 필요한 정보의 제한
- 이용 가능한 치료에 대한 접근 제한
- 취약한 피험자 집단에 대한 착취

터스키기 연구는 1972년에 대중들에게 알려진 이래로 오늘날까지도 인간 피험자들의 윤리적 치료에 기초한 모든 실제적인 원칙이 위반되었던 불법적인 연구의 상징으로 남아 있다.

윌로우부룩Willowbrook 사건

미국 뉴욕주 소재 정신지체아 수용시설인 윌로우부룩Willowbrook 주립학교에서 시행한 간염hepatitis 실험은 제2차 세계대전 이후 중대한 연구윤리 위반사건의 하나로 자주 인용된다.[27, 28, 29] 윌로우부룩은 정신지체아들에 대한 관리제도와 수용시설의 환자 환경 개선에 성공한 상징적 사례로 오늘날까지도 알려져 있다.[30]

연구책임자 크루그만Saul Krugman은 정신적으로 결함이 있는 환자들을 위한 기관에서 간염에 대한 역학 조사를 통해, 간염이 학교에서 감염된 것이라기 보다는 아이들이 입학 전에 감염된 결과라는 것과, 윌로우부룩의 간염주hepatitis strain는 보고된 다른 사례에 비해 경증임을 확인하였다.

크루그만은 예측되는 위험을 가능한 최소화할 수 있도록 연구를 설계하였다.

또한 연구에 참여하지 않은 아이들에서도 위험 요소를 고려하였다. 한편, 그는 같은 환경에 처한 다른 아이들과 마찬가지로 연구에 참여한 아이들의 이익도 고려하였다. 그는 연구에 참여한 모든 아이들의 부모들로부터 동의서를 받았으며, 분야의 전문가들로부터 연구 설계에 대한 재검토를 독자적으로 받았다. 윌로우부룩 연구 프로그램의 결과 가운데 하나로 환자들과 고용인들 사이에서 간염 발생이 80~85% 감소하였다.[31] 그러나 이러한 유익한 연구결과가 비윤리적 연구를 정당화할 수는 없다.

이 사례는 연구참여에 대한 정신지체아 부모들의 동의서 획득과정에서 입학을 조건으로 동의를 강요한 사실과 연구를 목적으로 하였지만 인위적인 바이러스의 감염 등 비윤리적인 연구절차와 행위로 인한 비판을 받고 있다.

1966년 비처Beecher은 그의 the New England Journal of Medicine에 게재한 논문과 저서 'Research and the Individual' 에서 실험에 대해 관련된 다음의 7가지 문제점을 제기하였다.[32]

- 연구에 참여한 아이들의 이익을 위한 것이 아니라 다른 사람들을 위한 연구는 허용될 수 없다.
- 연구의 일부분으로 감염 원인체를 사람에게 의도적으로 감염시키는 것은 허용될 수 없다.
- 동의한 부모들이 참여의 위험을 인지하지 못했다.
- 부모들은 학교에 입학을 조건으로 간염연구에 아이들을 등록시킬 것을 강요당했다.
- 크루그만이 언급했던 것처럼, 윌로우부룩 주립학교에 입학한 아이들은 간염의 감염을 피할 수 없었다.
- 실험은 본질적으로 허용될 수 없는 실험이었다.

윤리적 문제점들

- 취약한 피험자 그룹에 대한 착취
- 위험에 대한 정보 억제
- 아이들 연구참여를 위해 부모들에게 가해진 강제적 또는 불합리한 압력

• 연구자들은 면역적 예방을 통해 아이들을 보호하는 방법을 연구했다기 보다 감염 위험의 증가를 야기했던 조건을 고쳐야 했다.

암세포 생체실험Jewish Chronic Disease Hospital

본 사례는 생명의학 연구에서 동시대의 윤리적 규제적 접근을 위한 발전에 역사상 가장 중요한 초석의 하나로 전해짐에도 불구하고, 흥미롭게도 사건은 유사한 다른 사건들, 윌로우부룩 간염실험이나 터스키기 사건만큼 잘 알려지지 않았다.

1963년 여름, 사담Chester M. Southam과 쿠스토디오Deogracias B. Custodio는 배양된 암세포를 뉴욕주 부룩클린의 한 병원Jewish Chronic Disease Hospital에 입원한 22명의 쇠약한 환자들의 체내에 주입하였다. 저명한 내과의사이자 연구자인 사담이 계획한 이 실험에는 의사 면허가 없는 레지던트 쿠스토디오가 참여하였다. 연구의 목적은 이전에 발생한 암 환자들의 면역 결핍이 그들의 암에 의한 것인지 아니면 그 반대로 그들의 쇠약해진 상태 때문인지를 알아보려는 것이었다.

이 같은 연구가 궁극적으로 암에 대해 인간의 면역 체계를 활성화 시킬 수 있는 방법을 제공하고, 장기 이식 면역학 분야에도 적용할 수 있기를 기대하고 있었다.

이 연구는 미국 보건성PHS과 미국 암학회American Cancer Society의 연구비 지원으로 이루어진 실험으로서 비치료적 연구의 형태였고, 사담은 면역학 연구가 자신의 병원에서는 일상적인 일이기 때문에 충분한 정보에 근거한 동의서는 필요없으며 이 환자들에게 "중요하지 않기" 때문에 실험에 대한 정보를 알릴 필요가 없다고 병원 관계자를 확신시켰다. 또한, 살아 있는 암세포를 투여하는 것이 환자들에게 어떠한 위험도 없으며, 투여된 암세포가 암을 야기하지 않는다고 주장했다.

1963년 7월 16일, 만성 질환을 앓고 있는 22명의 환자들

윤리적 문제점들

• 설명에 근거한 동의서의 부재
• 취약한 피험자 집단에 대한 부적절한 연구 참여

이 선정되었고, 조직 배양한 암세포들은 두 번에 나누어 투여되었다. 각 환자들은 실험전에 그들의 면역 능력을 검사하기 위한 것이라고 들었는데, 투여 이후 작은 결절이 암세포 투여 부위에 생겼으나 결국은 사라졌다.[33] 몇 주가 지나고 사담의 이론은 증명되었다.

이 연구는 실험에 협조하기를 거부했던, 병원 내 세 명의 젊은 내과의사Avir Kagan, David Leichter, Perry Fersko들이 이 문제를 법정 소송으로 제기하였다. 이 소송이 Hyman 대 Jewish Chronic Disease Hospital[34] 정확하게 사담의 연구에 대해 중요하게 제기된 법적 또는 윤리적 문제에 관한 것은 아니었지만 법정에 대한 기사를 싣는 뉴스와 대중 매체에 공개되면서 대중에게 알려지게 되었다.

1965년, 본 사건에 대해 '해당 연구의 위험에 대한 평가와 충분한 정보에 근거한 동의서의 질' 이 두 가지 주요 문제에 초점을 맞추었다.

이 문제에 대해 환자에게 질병에 대한 정확한 정보를 제공할 것에 대한 여부를 환자의 정신적, 신체적으로 해 또는 도움이 되는지 전적으로 주치의가 자유롭게 판단하여 결정하였다. 때문에 사담은 투여되는 물질이 무엇인지 정직하게 밝히는 것이 나이들고 쇠약한 환자들에게는 부정적으로 작용하리라는 판단 하에 밝히지 않았다고 주장했다.

다방Tearoom 사건

이 연구는 공공장소인 공중화장실에서 동성애자들의 동성애 행태에 대한 특성과 욕구 패턴조사를 목적으로 하였다. 연구자는 먼저 대도시 공원 주변의 속칭 '다방tearoom' 으로 알려진 화장실에서 관찰을 시작하였으며, 자신의 신분을 속이고 동성애자들에게 접근하여 이들이 공중화장실에서 경찰이나 청소년들로부터 방해 받지 않고 동성애 행위를 할 수 있도록 '망보기watch queen' 역할을 제안하면서 조사활동을 진행하였다.

연구자는 100여 명의 남성들의 동성애에 관한 정보를 얻을 수 있었다. 나아가 이들 동성애자들이 타고 온 자동차의 번호판을 기록한 뒤, 경찰서에 찾아가 다른 이유를 댄 다음 자동차 소유주인 동성애자들의 이름과 주소를 파악하고, 이들을 찾아가 인터뷰하였다.

이 연구의 결과보고서는 '연구 대상자들의 특성은 유사한 다른 대도시의 비교군과 직업, 혼인여부, 사회 · 경제적 특징 등에서 특이한 차이점을 발견할 수 없었을 뿐만 아니라, 동성애 부분을 제외하고는 이들 연구대상이 다른 남성 성인들과의 특이점 또한 발견할 수 없었다' 라고 분석하였다.[35]

제시 겔싱어Jesse Gelsinger 유전자 치료 사망사건

1999년 9월, 18살의 제시 겔싱어Jesse Gelsinger는 펜실베니아 대학교 의과대학에서 유전자이식 임상시험 도중 사망하였다.[36] 이 사건은 임상 연구자들과 이들이 소속된 기관의 윤리 및 그 기준에 대한 부적절성으로 인해 주 정부와 대중들에게 충격을 주었으며, 연구 참여자들의 보호를 개선시키기 위한 노력을 이끌어 내었다.

1993년, 윌슨James M. Wilson은 당시 유전자이식gene transfer 연구의 선두자의 한 명으로 인체유전자치료 연구소Institute of Human Gene Therapy의 책임자이며, 의과대학 교수이고, 학내 창업 벤쳐회사인 제노보Genovo, Inc.의 창업자이기도 하였다.

그러므로 유전자치료연구소, 펜실베니아 대학, 학내 창업 벤처인 제노보사 사이에는 많은 경제적 이익이 연관되어 있었다. 1994년 12월, 펜실바니아 대학의 기술이전센터Center for Technology Transfer는 공식적으로 이를 재검토 하기 위해 이해상충 심의위원회Conflict of Interest Standing Committee를 열고 그가 경영적, 과학적 측면에서 통제하는 것을 줄여 이해의 상충에 대처하라고 권고했다.

1997년과 1999년 사이에 겔싱어와 다른 17명의 피험자들은 "부분적인 대사 이상질환의 하나인 'Ornithine Transcarbamylase deficiency(OTC)' 성인 환자들을 대상으로 하는 recombinent adenovirus 유전자 이식" 연구과제에 참여했다.[37, 38]

유전자 치료 임상시험으로 사망한 제시 겔싱어 (사진출처: Human Genetics 8th-Ricki Lewis-McGraw-Hill)

아데노 바이러스에서 추출된 유전자 벡터는 OTC 유전자를 대체할 수 있는데, 연구의 목적은 부분적으로 OTC 결핍증후군을 겪는 성인들을 위한 치료로서 유전자 벡터의 안전 용량을 확립하는 것으로 유전자 벡터의 용량에 대한 제1단계 임상Phase I 안정성 연구였지 치료 효과를 보기 위한 실험은 아니었다.

1999년 9월 13일, 겔싱어가 두 번째 아데노 바이러스 벡터를 투여 받은 지 18시간 후에 그는 황달, 정신상태 변화, 전신 염증 반응 그리고 다장기 부전과 급성 호흡 곤란 증상을 나타냈다. 겔싱어는 1999년 9월 17일, 유전자 이식을 받은 지 98시간 만에 사망했다. 그의 사망 원인은 유전자 벡터에 대한 강력한 면역반응으로 이후 연구는 중지되었다.

2000년 1월, 미 식약청은 펜실베니아 대학 인체유전자치료연구소의 임상실험을 중단하였다. 펜실베니아 대학은 517,496달러의 벌금을 지불하기로 하였고, 임상 연구에 대해 IRB의 감독을 강화하고 연구자들에 대한 임상연구 윤리 교육을 시행할 것을 지시받았다.

연구참여 동의서에는 아데노 바이러스가 간에 염증을 야기할 수 있는 가능성, 간에 손상을 줄 수 있는 면역반응을 유발할 가능성, 주입된 유전자 벡터가 연구참여자들이 향후 받는 치료에 대한 효과를 부분적으로 저해할 수 있는 가능성, 이 세 가지의 주요 위험이 명시되어 있었다. 아울러, 유전자 벡터의 투여 방법에 있어서도 간동맥으로 직접 주입하는 방식이 간 손상의 위험을 증가시키지 않았느냐는 논쟁을 불러일으켰다.

연구의 성공으로 인한 대학과 연구책임자의 경제적 이해 관계가 피험자의 죽음과 어떤 관계가 있다는 증거는 없다. 그럼에도 불구하고 그들의 경제적 이해관계의 존재는 근본적으로 이 관련 당사자들에 대한 동기에 의심을 불러일으키기에 충분하였다. 심지어 동기가 돈을 버는 것과 아무런 관계가 없고, 그들의 경제적 인센티브가 연구를 수행하는데 있어 아무런 역할을 하지 않았다고 해도, 대학과 연구자가 이 연구로 인해 얻게 될 경제적 이익을 위해 연구를 진행했다는 비방을 모면할 방법은 없었다.

조사 업무가 미 국립보건원에서 상위 기관인 미 보건부DHHS로 이관되고 제출된 보고서에는 IRB의 일부 문제점을 기술하였다. 임상시험심사위원회IRB는 연구계획서를 검토할 전문가가 부족하였으며, 또한 위원회 구성원들과 관련 담당자들을 교육 · 훈련시키는 데 있어 미흡했다는 비평을 담고 있었다.[39]

이 사건으로 미국 유전자치료학회American Society of Gene Therapy는 '이해의 상충'에 대한 정책을 수정하였다.[40] 미 의과대학협회는 인간이 피험자로 참여하는 연구에서 기관과 개인 모두의 경제적 이익을 감시하기 위한 지침서를 발간하였다.[41, 42] 2004년, 여러 해 고심한 후에 미 보건부DHHS는 인간 피험자 보호와 이해관계, 경제적 관계에 대한 지침을 발간하였다.[43]

이 사건에 의해 제기된 문제들은 일반적인 주제이다. 윤리적 문제는 연구 피험자들의 선정, 정보에 근거한 동의서, 연구 계획서의 준수, 그리고 경제적 이해의 상충에 관계되어 있다. 이 사례는 충분한 정보에 근거한 동의서를 획득하고, 연구와 관련된 모든 위험들을 명백하게 공개하며, 연구 계획서를 철저하게 준수하고, 기록을 잘 유지하여, IRB와 다른 심의 기관들과 신속하고 철저하게 의사소통해야 하는 연구자들의 책임감을 강조한다.[44] 이는 또한 IRB와 관련 정부기관들이 연구에 대한 효과적인 감시를 제공하기 위한 책무를 강조한다.

임상시험관련제도의 발전

생명과학의 최종 수혜자는 결국 인간이다. 생명과학은 국가차원에서는 엄청난 국부의 자원이며, 수혜를 받는 개인차원에서는 수명연장이나 삶의 질 향상이라는 '매력적인 이득benefit' 이 존재한다. 따라서 수혜자 입장에 있는 국가와 개인은 이 매력적인 과학을 옹호하고, 은폐하고, 심지어 선전까지 하기도 했다.

반면, 동물실험을 거치거나 과거에는 그 조차도 없이 최종적인 확증 단계인 사람에 대한 시험 즉, 임상시험에 참가하는 사람은 통상 보호받을 권리나 자신의 권익을 주장하지 못하는 '상당한 위험risk' 에 처하게 된다. 이 장에서는 임상시험에 피험자로써 연구에 자발적으로 참가하거나, 전쟁 중에 강제로 시험대상이 되거나, 가난이나 무지로 인해 자신도 모르는 사이 연구의 대상이 되어버린 사람들을 보호할 수 있는 제도가 어떻게 발전하여왔는지 또한 연구의 주체인 연구자와 연구기관, 그리고 국가가 어떻게 윤리적 연구를 수행하기 위해 노력하고 발전해 왔는지를 살펴보고자 한다.

토마스 퍼시발의 윤리강령Percival' s code

'전문직Profession' 은 라틴어로 '선서에 의해 구속된다bound by an oath' 라는 의미이다. AD 100년, 그리스의 의사 라르구스Scribonious Largus는 "히포크라테스의 선서에 의하면 '의사직' 은 의사들이 봉사해야 할 사람들환자에 대한 특별한 의무를 가져야 하는 직종이다." 라고 정의하였다.

역사적으로는 히포크라테스가 "위해 하지 말라primum non nocere" 라는 의사에 관한 윤리적 선언에서 최초의 윤리지침이라는 의미를 찾을 수 있지만 형식을 갖춘 구체적인 전문 윤리강령은 영국의 토마스 퍼시발 경Sir Thomas Percival: 1740~1804의 '윤리강령Percival' s Code' 에서 시작되었다고 볼 수 있다. 그는 1794년 내과 및 외과 의사의 윤리강령을 최초로 발표하였다.[45] 이후 1803년 개정판에서 '전문가의 윤리와 의료윤리professional ethics and medical ethics' 라는 표현을 사용하였다.

'토마스 퍼시발의 윤리강령' 은 미국에 건너가서 그 전성기를 맞게 된다. 1808년 보스턴 의사협회Boston Medical Society는 이 강령을 채택하였고, 점차 미국 전역으로 전파되기 시작하여 1847년 미국의사협회American Medical Association: AMA가 창설되면서 '윤리강령Code of Ethics' 으로 정식 채택하게 된다. 20세기에 접어들면서 이 윤리강령은 미국 전역 모든 전문가 집단의 윤리강령 기준이 되었다.

'토마스 퍼시발의 윤리강령' 은 먼저 그 동안의 주관적이고 특정 개인으로서 선서에 사용되던 선서자를 '1인칭' 단수로 표현하던 것을 '2인칭' , '3인칭' 또는 복수로 표현하였다. 또한 선언적 수행사항을 '의무' 로 표현하고 그 의무들도 일련의 번호로 표기하였다. 이 의무는 아주 구체적으로 '의사의 핵심적이고 공동의 의무는 환자를 돌보는 것이다' 라고 표현하였다.

'토마스 퍼시발의 윤리강령' 의 핵심적 사항은 의사에게 자신의 업무에 대해 평가를 받도록 하는 도덕적 의무를 부여하였다. 이 평가에는 '동료 의사뿐 아니라 병원 관계자들을 포함하여 선배, 고용주 등도 참여하여야 한다' 고 하였다.

이 윤리강령은 오늘날 '동료에 의한 평가peer review' 라는 제도로 발전하여 전문가 및 과학계의 중요한 판단 기준을 제공하게 되었다. 이후 퍼시발의 '윤리강령' 은 미국의사협회AMA가 채택한 윤리강령의 근간이 되기도 하였다.

뉘렌버그 강령Nuremberg Code

제2차 세계대전시 독일 나치 소속 의사들은 비독일인 전쟁포로와 민간인에 대해 인체실험을 자행하여 뉘렌버그 재판을 통해 유죄 판결을 받았다. 인체실험 시행의 적절한 기준에 관한 문제가 뉘렌버그 재판의 주요 쟁점이었다. 이는 나치실험의 죄악성에 초점을 맞췄을 뿐만 아니라 의학 연구에서 발생하는 윤리적 문제들에 대해서도 고민했다. 뉘렌버그 재판관들은 기원전 5세기의 '히포크라테스의 윤리', 1803년 영국 의사인 '토마스 퍼시발의 윤리강령', 1847년 '미국의사협회의 윤리강령', 1833년 미국 의사 '윌리암 뷰몬트의 강령', 1865년 '클로드 베르나르의 인체실험 윤리원칙', 그리고 1930년대까지 '독일의 인체실험에 대한 가이드라인'을 참조하였다.[46]

독일은 1931년 포괄적인 '인체실험의 윤리원칙Reich Circular Guidelines'을 확립하였으나, 나치의사들은 1931년 확립된 이 지침을 모르거나 아예 무시했다. 재판부에서는 전문가 증언을 위해 두 명의 의학 전문가, 알렉산더Leo Alexander [47]와 아이비Andrew C. Ivy [48]를 증인으로 채택했다. 이를 바탕으로 판사들은 최종 판결에 '뉘렌버그 강령'을 발표하였고, 국제적으로 받아들여져 이 같은 상황이 재발하지 못하게 하고자 했다.[49] 뉘렌버그 재판부는 최종 판결문을 통해 '허용되는 의학 실험Permissible Medical Experiments'이라는 10개 조항을 발표했고 '뉘렌버그 강령'으로 알려 지게 된다.[50]

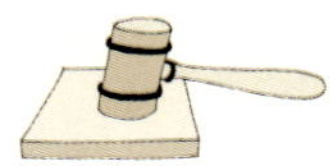

헬싱키 선언Declaration of Helsinki [51]

WMA

헬싱키 선언은 1964년 헬싱키에서 개최된 세계의사협회WMA가 채택한 선언으로 1975년 동경회의, 1983년 베니스 회의, 1989년 홍콩회의에 이어 1996년 남아프리카 회의에서 개정되었다.

'뉘렌버그 강령'이 발표된 이후 세계 의사회는 인체실험의 문제를 전문적으로 다루기 시작하였고 재판을 위해 만든 '뉘렌버그 강령' 의 한계점을 보완, 발전 시킬 지침이 필요하다는 논의로 이어졌다. '헬싱키 선언' 은 실험에 자발적인 동의를 할 수 없는 경우 법적 후견인legal guardian' s consent이 동의를 대리할 수 있게 하였다. 이는 '뉘렌버그 강령' 과 비교했을 때 가장 눈에 띄는 변화 중의 하나로서 소아를 포함한 자발적 동의가 불가능한 피험자들에 관한 연구를 활성화시킬 수 있도록 임상연구의 현실성을 증진시켰다. 또 다른 차이는 '헬싱키 선언' 에서는 치료적 연구therapeutic research와 비치료적 연구non-therapeutic research를 구분하였다. 네 차례에 걸친 개정을 통해 실제 연구수행이 일어나는 국가별 법률에 심사위원회의 기준 준수와 같은 조항들이 세분화 되었다. 가장 주목할 만한 점은 언급한 바와 같이 치료적 연구와 비치료적 연구를 자세히 구분하게 하였다. 최근에 개정된 '헬싱키 선언' 은 내용에 논란의 여지가 있고 논쟁의 대상이 되고 있음에도 불구하고[52] 많은 국가별 법률과 국제법, 그리고 이와 연관된 전문 단체에 적용되고 있다.[53]

벨몬트 보고서Belmont Report [54]

1966년에 미국 보건부The Department of Health, Education and Welfare [55]는 연구에 참여하는 사람에 대한 보호정책을 처음으로 발표하였다. '국가 의 · 과학 연구 피험자 보호위원회The National Commission for the Human Subjects of Biomedical and Behavioral Research' 는 사람이 연구 대상이 되는 임상시험연구의 체계를 제시한 '벨몬트 보고서The Belmont Report' 를 제출하였다.

이 보고서는 우리의 문화적 전통에 일반적으로 수용되는 세 가지 원칙principles; 인간에의 존중respect for persons, 선행beneficent, 그리고 정의justice를 제시하고 있다. 이 세 가지 원칙은 '벨몬트 보고서' 발표 이후에 연구 윤리에서 논의되는 많은 요소들을 포함하고 있다. 예를 들어, 인간의 존중respect for persons은 연구 피험자에게 충분한 정보의 제공과 피험자들의 제공된 정보에 대한 이해수준 및 동의의 자발성과 관련되어 있다. 선행beneficent은 위험과 이익의 평가를 통한 위험요소의 감소를 의미한다. 정의justice는 피험자 선정의 공정성 문제이다.

미 연방규정 제45조 제46항45 CFR 46 [56]

미국 '의 · 과학 연구 피험자 보호 위원회'는 연방정부의 재정 지원을 받는 임상연구를 위한 일반 지침의 주된 내용인 '충분한 설명을 근거로 한 피험자의 동의'와 임상시험심사위원회에 의한 윤리적 심의를 포함하고 있다. 또한 '의 · 과학 연구 피험자 보호 위원회'는 소아, 임산부, 태아, 수형자, 정신장애자 등 역사적으로 약자였던 사람들에 대한 세심한 보호를 제안한다. 이 제안은 1981년 1월에 미국 보건부DHHS의 규정으로 제정되었고, 1983년에 개정되었는데 이는 기본 규정이라 일컬어지며 이후 '연방규정45 Code of Federal Regulations 46'으로 성문화되었다.

이 위원회는 보고서에서 취약한 환경의 사람들을 위한 특별한 보호가 필요하고, 이에 대한 세부조항을 발표하였다. 특별한 보호가 필요한 이런 사람들을 제외하고 DHHS 규칙 A 조항은 '1991년 피험자 보호를 위한 기본 정책The 1991 Basic Policy for the Protection of Human Subjects'의 기초가 되었다. 이는 1981년 규정의 개정판이고 이 규정이 적용되는 연방 정부의 부처들에게 준수의무를 부과하였다.

국제의학기구협회지침CIOMS Guidelines [57]

국제의학기구협회CIOMS는 세계보건기구WHO와 공동연구를 통해 '임상시험을 포함하는 의생명과학 연구에 관한 국제윤리지침서'를 제안하였다. 이 지침은 개발도상국가들의 연구, 특히 인간의 면역결핍 바이러스 또는 후천적 면역결핍증HIV/AIDS에 관한 연구가 증가하고 있는 국가들의 연구에 주목하였다. '뉘렌버그 강령'이나 '헬싱키 선언'을 근간으로 하여 '국제의학기구협회 지침CIOMS Guidelines'은 윤리원칙을 후진국의 특정 사회경제와 정책적 상황에 적용하였다. 현재의 '국제의학기구협회 지침'은 1982년 시작하여 선진국과 후진국의 수많은 피험자와의 상담과 평가를 통한 20년간의 노력의 산물이다. 15개 항목의 최초 지침은 1993년에 발표되었고, 21개 항목의 두 번째 지침은 2002년에 발표되었다.

'국제의학기구협회 지침'은 임상시험을 포함한 의생명과학 연구의 윤리적 타당성 확보에 기본을 둔다. CIOMS는 연구가 반드시 필요하다는 데 동의하고 있다. 그러나 연구의 위험성이 예측되는 만큼 연구대상자의 안전도 보호되어야 한다고 주장한다.

지침 제10조를 보면 '임상시험의 의뢰자와 연구자는 시험을 하고자 하는 제품, 목적으로 하는 새로운 의학적 지식 등의 기대되는 연구결과물이 연구대상이 된 피험자와 해당지역에서 적절하게 제공될 수 있게 하여야 한다'라고 규정하고 있다. 한 가지 논란의 문제로 남게 되는 것 중의 하나는 대조군과 시험군에서의 위약사용에 관한 윤리적 문제이다. 지침 제11조는 위약의 사용에 대해

① 효과적인 중재방법이 없을 경우,
② 확립된 중재술의 일시적 중단이 피험자의 병증을 악화시키지 않으면서 약간의 불편함을 야기하는 경우,
③ 비교군으로써 이미 확립된 중재술의 사용이 과학적으로 유의한 결과를 기대할 수 없을 경우,
④ 위약의 사용이 중대한 위험이나 회복 불가능한 위험이 피험자에게 가중시키지 않을 경우

로 정의하고 있다.

국제임상시험통일화 방안ICH/GCP Guidelines [58]

'국제임상시험통일화방안The International Conference on Harmonization of Technical Requirements for Registration of Pharmaceuticals for Human Use / Good Clinical Practice: ICH/GCP' 은 유럽, 일본, 미국의 정부 기관들의 동의를 얻어 1996년에 발표되었다.

미국, EU, 일본을 중심으로 소위 'ICHInternational Conference on Harmonization' 라는 과정이 1992년부터 시작되면서 신약개발 단계에서 요구되는 전임상 및 임상시험 자료와 임상개발 과정의 개념적 변화가 시작되었다.

'국제임상시험통일화방안ICH-GCP Guidelines' 은 위원회와 연구자 그리고 의뢰기관 평가에 대한 구체적인 기준을 제시하고 있으며 특히 의약품에 대한 연구와 행정적 승인 제도에 대한 지침이 되고 있다. 이 지침서는 '헬싱키 선언' 에 근본을 두고 있지만 타 강령들 보다 훨씬 더 자세하고 세분화 되어 있다. 반면 그만큼 관점이 넓지 못하다는 단점도 있다.

1992년부터 지속되고 있는 절차ICH process는 임상개발단계에서 시행되는 임상시험을 기존의 각상Phase으로 구분된 단계적 개념에서 임상시험의 형태에 따라 ① 인체 약리시험Human Pharmacology ② 치료적 탐색시험Therapeutic Exploratory Trial ③ 치료적 확인시험Therapeutic Confirmatory Trial ④ 치료적 이용시험Therapeutic Use Trial으로 분류하는 것을 추천하고 있다. 그리고 해외에서 개발된(주로 외국인을 대상으로 임상평가가 진행된) 약물의 자료평가 및 추가시험의 요구에 관해서 인종성의 상관관계ethnicity 개념에 따른 가교시험bridging study의 개념을 도입하였으며, 국내에서도 2001년부터 해외개발 의약품의 국내 시판허가를 위한 임상시험의 필요성 여부와 임상시험의 필요 시 요구하는 임상시험의 종류를 이러한 ICH의 가교시험bridging study 개념을 원용하고 있다.[59]

국내 임상시험관련 제도의 도입과정

우리나라의 '생명윤리제도' 는 인체를 대상으로 하는 임상시험Clinical Trial의 규제에 관한 제도가 그 시작이라 할 수 있다. '임상시험의 규제에 관한 보고서' 가 1983년 보건사회부의 내부 문건형태로 검토되었고, 이후 1987년에 '임상시험관리기준GCP' 으로 최초 공시되었으나 시행은 보류되었다. 1992년에 와서 '약사법' 이 개정되면서 '임상시험의 원칙' 이 입법형태로 등장하기 시작한다. 1994년에 '약사법' 이 재개정되어 '임상시험의 절차' 에 관한 내용이 명시되었다. 1995년 '약사법' 시행규칙으로 '의약품 임상시험관리기준KGCP' 이 시행된다. 이 규칙에 의거하여 국내에서 최초로 임상시험을 실시할 수 있는 기관을 식약청이 지정 등록하게 한다. 2001년에 와서 '국제임상시험관리기준 통일화 방안ICH/GCP' 을 도입하는 임상시험관리기준이 개정이 된다.

1983년에 "생명공학연구의 기반을 조성하여 생명공학을 보다 효율적으로 육성 · 발전시키고 그 개발 기술의 산업화를 촉진"(법 제1조)하기 위해 '생명공학육성법' 이 제정되었다. 그러나 이 법은 생명공학을 효율적으로 육성 발전 시킨다는 취지로 제정되었기 때문에, 최근 생명공학이 가지고 있는 윤리적, 사회적, 환경적 문제에 대한 대책을 마련하고 있지 않으며, 다만 윤리 · 안전에 관한 문제는 정부의 지침을 따르도록 되어있다. 1984년에 제정된 '생명공학육성법시행령' 제15조 제1항을 보면 보건복지부 장관이 실험 지침을 작성하였고, 사람을 대상으로 하는 유전자 재조합 등 인간의 존엄성을 해치는 결과를 가져올 수 있는 실험을 금지하는 등 윤리적 문제의 방지에 관한 내용을 제15조 2항에 예시하였다.

이러한 법령이나 정부부처의 지침에는 최근 급속한 속도로 발전하는 생명과학기술의 논제가 되고 있는 인공수정, 인간배아연구 및 관리, 유전자 연구 등에 관련된 윤리 및 안전 관련법제가 존재하지 않았다.

과학기술부는 2000년 11월 생명공학 연구의 윤리성 확보를 위한 입법 사항과 관련하여 '생명 윤리 자문 위원회' 를 발족시켰다. 이 위원회는 2001년 5월, 1년간 공개토론을 통해 얻은 결과를 토대로 '생명윤리기본법(가칭)' 의 공청회를 열었다. '생명윤리기본법(가칭)' 의 주요내용은 다음과 같다.

- 대통령소속 국가 생명 윤리 위원회 설치
- 체세포 핵 이식술을 이용한 인간개체복제와 인간배아복제 금지
- 동물복제 및 동물 유전자변형연구 허용
- 잉여 배아를 대상으로 하는 배아줄기 세포 연구 허용
- 국가 생명윤리 위원회 산하 인간배아관리 특별 위원회 설치
- 국가 배아보관 센터 운영
- 인간과 동물의 종간 교잡행위 금지
- 유전정보를 이용한 고용, 보험 등에서의 차별금지
- 생명윤리기본법이 금지하는 연구로부터 나온 기술 및 제품의 특허 불인정

보건복지부는 2002년 7월에 과학기술부에 비해 일반인의 건강과 인간의 존엄에 비중을 둔 입법안인 '생명윤리 및 안전에 관한 법률(안)' 을 입안하였다. 2002년 9월부터 10월까지 입법 예고한 후 이에 대한 공청회를 거쳐 최종적으로 제정된 법안은 '생명과학기술에 있어서의 생명윤리 및 안전을 확보하고 인간의 존엄과 가치를 침해하거나 인체에 위해를 주는 것을 방지하고, 생명과학기술이 인간의 질병예방 및 치료 등을 위하여 개발 · 이용될 수 있는 여건을 조성함으로써 국민의 건강과 삶의 질 향상에 이바지함을 목적으로' (제1장 제1조) '생명윤리 및 안전에 관한 법률' 로 제정되어 2005년부터 시행되었다.

이 법의 주요 골자는 다음과 같다.

- 생명과학기술에 있어서의 생명윤리 및 안전에 관한 사항을 심의하기 위하여 대통령소속 하에 국가생명윤리심의위원회를 설치하고, 생명과학기술의 연구개발 등을 함에 있어서 생명윤리 및 안전을 확보하도록 하기 위하여 배아연구기관, 유전자은행, 유전자치료기관 등에 기관생명윤리심의위원회를 두도록 함(제6조 내지 제10조).
- 인간을 복제하기 위하여 체세포 복제배아를 자궁에 착상, 유지 또는 출산하는 행위를 금지함(제11조).
- 임신 외의 목적으로 배아를 생성하는 행위, 특정의 성을 선택할 목적으로 정자와 난자를 선별하여 수정시키거나 사망한 자 또는 미성년자의 정자와 난자로 수정시키는 행위 및 매매의 목적으로 정자 또는 난자를 제공하는 행위 등을 금지함(제13조).
- 배아생성의료기관과 배아연구기관은 보건복지부령이 정하는 시설, 인력 등을 갖추고 보건복지부 장관으로부터 지정을 받거나 보건복지부 장관에게 등록하도록 함(제14조 및 제18조).
- 인공수정으로 생성된 배아 중 보존기간이 경과된 잔여배아를 불임치료법 및 피임기술의 개발을 위한 연구 또는 근이영양증 그 밖에 대통령령이 정하는 희귀 난치병의 치료를 위한 연구목적으로 이용할 수 있도록 함(제17조).
- 희귀 난치병 등의 질병치료를 위한 연구목적 외에는 체세포 핵 이식행위를 금지하며, 체세포 핵 이식행위를 이용할 수 있는 연구의 종류, 대상 및 범위는 국가 생명윤리 심의위원회의 심의를 거쳐 대통령령으로 정하도록 함(제22조).
- 유전자검사기관은 보건복지부 장관에게 신고하도록 하여 정도 관리를

받도록 하고, 과학적 입증이 불확실하여 검사대상자를 오도할 우려가 있는 유전자검사를 금지하며, 배아 또는 태아를 대상으로 하는 유전자검사는 대통령령이 정하는 유전질환을 진단하기 위한 목적 외에는 할 수 없도록 함(제24조 및 제25조).

- 유전정보를 이용하여 교육, 고용, 승진, 보험 등 사회활동에 있어서 타인을 차별할 수 없도록 하고, 타인에게 유전자검사를 받도록 강요하거나 유전자검사 결과의 제출을 강요할 수 없도록 하며, 유전자 은행의 장 또는 그 종사자는 직무상 얻거나 알게 된 유전정보 등을 정당한 사유 없이 타인에게 제공하거나 부당한 목적으로 사용할 수 없도록 함(제31조 및 제35조).

국내제도의 현황과 문제점

최근 우리정부는 생명윤리에 관한 각종법률과 제도를 각각 담당 정부 부처별[60]로 제정하여 시행하기 시작하였다. 그러나 각종제도가 비교적 유기적으로 작용할 수 있도록 나름대로 시행 착오적 경험을 토대로 수립된 선진국의 제도와는 달리 사안별, 주무 부처별, 문제해결 중심으로 제도가 생성이 되고 있는 우리나라의 생명윤리 제도는 생명과학Biomedical 또는 생명공학Biotechnology 분야에서 생명윤리Bioethics를 규제 하는 각종 법률 및 제도가 상호간의 갈등을 야기하고 있다.

이러한 각 법제도 간의 갈등내지 상충은 실제로 그 모든 제도와 법률을 적용 받고 수행해야 하는 연구자나 연구기관의 입장에서는 매우 혼란스러운 일이 아닐 수 없다. 생명연구윤리제도는 이를 제대로 수행해야 하는 연구자 중심으로 발전해야 한다. 감독이나 주무 부처 중심의 정책 발전은 비효율과 혼선만 초래할 뿐이라고 본다. 아울러 앞서 기술한 '연구' 와 '실험', '과학' 과 '기술', '치료' 와 '연구' 등 과학자 조차 구분하기 힘든 생명과학의 전통적 구분개념을 생명윤리에 관한 법률과 제도를 입안해야 하는 정부 관리에게는 더욱 힘든 일일 것이다. 이러한 환경에서 입안되고 급속한 사회적 요구에 의해 시행되는 제도들은 상충되거나 일관성을 유지하기 어렵다고 할 것이다.

1983년에 제정된 '생명공학육성법' 은 그 명칭과 입법목적이 말해 주듯이, "생명공학연구의 기반을 조성하여 생명공학을 보다 효율적으로 육성, 발전시키고 그 개발 기술의 산업화를 촉진"(제1조)하기 위한 법이었다. 효율적 생명공학 육성 정책을 펼 수 있도록 한 이 법은 오늘날 이슈가 되고 있는 생명과학기술의 오용이나 안전, 윤리를 위한 대책과는 거리가 있었다.

1995년 사람을 연구대상으로 하는 임상시험 규제에 관한 최초 법률 제도인 '약사법' 시행령 '의약품임상시험관리기준KGCP' 은 이 기준의 모범이 되는 '약사법' 이 그 한계를 미리 정하였듯이 그 적용대상을 의약품에 한정하고 있다.[61] 미국의 법률[62]은 '연구대상으로서 사람이 참여하는 모든 연구를 그 적용대상으로 한다.' 라고 규정하고 있다. 또한 '연구대상으로서의 사람' 즉, 피험자Human Subject에 대한 정의를 더욱 구체적으로 하고 있는데, 피험자라 함은 '침습적이거나 상호작용[63]을 통하여 정보나 자료를 얻는 일체의 행위의 대상이 되는 사람' 로 정의하고 있다.[64] 따라서 우리나라의 법률적인 임상시험에 대한 정의나 적용기준과는 상당한 차이가 있음을 알 수 있다.

2005년 1월부터 시행에 들어간 '생명윤리 및 안전에 관한 법률' 의 제9조 제1항 제4호의 규정에 의하면 '기관생명윤리심의위원회IRB' 를 두어야 한다" 고 정하고 있다. 이는 법률을 임안한 같은 보건복지부 산하의 식약청이 입법하여 시행하고 있는 임상시험관리기준의 '임상시험심사위원회IRB' 와 기능상 동일한 기구를 다른 명칭으로 설치할 것을 의무화 하고 있는 것이다.

결국 임상시험이라는 내용은 같은 것이나 주관하는 부처 또는 연구대상이 사람인지, 의약품인지에 따라 강제하는 법률이 여러 가지로 존재한다. 이러한 경우는 의료기기의 안전성과 유효성을 위한 의료기기 임상시험을 규정하는 '의료기기법 시행규칙' 과 의약품의 생물학적 동등성 시험 등에서 서로 상이한 내용의 법률이 규정되어 있다.

중요한 점은 이 모든 법률들이 시행되는 연구현장은 하나의 기관이라는 것이다. 이러한 각기 다른 법률에 따라 연구자와 의뢰자 및 실시기관은 각기 다른 기준 중 어느 것을 따라야 하는지 혼선이 발생되고 있다.

생명과학의 연구는 그 파급효과가 크기 때문에 이와 같은 다양한 법률이 시행되고 있다고 보아야 할 것이다. 그렇기 때문에 정부의 업무 분장 중심의 부처별 관리보다는 실제 이러한 연구가 시행되는 그리고 그 연구를 주도하고 있는 연구자나 연구기관 중심의 법률과 제도가 입안되고 시행되어야 그 효율성이나 실현성을 구현할 수 있다고 본다.

실제 연구자가 연구하는 내용이나 현실은 매우 다양하고 광범위한 반면에 법률이나 제도는 부처 중심이기 때문에 단편적이고 편협적인 정책 시행이 될 가능성이 매우 높다. 대표적인 예로서 새로운 수술기법이나 치료기법, 정신과학, 사회학 분야 연구 등 현재도 시행되고 있는 많은 생명과학 연구분야가 현행 국내법으로는 아무런 규제없이 시행이 가능한 상태이고 설사 이를 적극적으로 적용을 하고 싶은 연구기관이 있더라도 국내 법제도가 미비한 수준이다. 생명윤리를 근간으로 하는 연구윤리제도는 연구자가 쉽게 이해할 수 있고, 쉽게 관련 기준에 접근할 수 있으며, 행정지도가 가능하도록 구조적이나 제도적으로 단일 창구형인 'one-stop-service형' 의 연구윤리제도 및 부처 및 법 정비가 절실히 필요하다고 본다. 또한 연구윤리의 구현을 위한 연구기관 차원의 인적자원과 제도정비가 수반되어야 한다.

취약한 환경의 피험자Vulnerable Subject 보호

취약한 환경의 피험자는 스스로의 행위능력이나 자율성에 제한을 받고 있거나 그러한 환경에 처해질 가능성이 있는 사람을 의미하며, 피험자가 받게 되는 이익의 정당성과 상관없이 연구 참여로 인하여 상급자로부터 받게 되는 기대이익 또는 연구 불참으로 받게 될 불이익으로 인해 연구참여 의사결정에 부당한 영향을 받을 수 있는 사람을 말한다.

예를 들면, 의과대학, 간호대학, 약대학, 치과대학의 학생들, 병원 또는 연구소 직원, 제약회사 근로자, 군인, 수감자등이 있다. 또한 불치병에 걸린 자, 요양원 환자, 실업자, 빈곤층 시민, 응급상황에 처한 환자, 소수인종, 노숙자, 부랑자, 난민, 미성년자 등 동의 행위능력이 부족한 자를 말한다.[65]

국내 의약품임상시험관리기준에서는 "'취약한 환경에 있는 피험자Vulnerable Subject'라 함은 임상시험 참여와 연관된 이익에 대한 기대 또는 참여를 거부하는 경우 조직 위계의 상급자로부터 받게될 불이익을 우려하여 자발적인 참여 결정에 영향을 받을 가능성이 있는 피험자(예: 의과대학 · 약학대학 · 치과대학 · 간호대학의 학생, 병원 또는 연구소 근무자, 제약회사 직원, 군인, 수감자)나, 불치병에 걸린 사람, 시행규칙에서 정한 집단시설에 수용 중인 자, 실업자, 빈곤자, 응급상황에 처한 환자, 소수인종, 부랑자, 난민, 미성년자, 자유의지에 의해 동의를 할 수 없는 피험자를 말한다."라고 정의만 하고 있다.

반면, 미국의 연방규정에서는 "소아, 수감자, 임산부, 정신지체자, 경제적 또는 교육적 혜택을 받지 못한 자 등과 같이 강압적 환경에 처해 있거나 부당한 영향을 받을 수 있는 환경에 처한 피험자가 있을 경우 이러한 피험자의 권리와 복지를 보호할 수 있도록 해당 연구계획에 부가적인 보호수단을 포함하여야 한다."[66] 라고 규정하고 있어 양국의 기준에 다소 차이가 있음을 보여주고 있다.

우선 '취약한 환경의 피험자'는 연구에 포함이 가능하다. 단지 부가적인 안전장치를 연구자가 강구하도록 정하고 있다. 국내규정은 대상이 어떤 피험자이다라는 정의만 내리고 있는 반면 미국의 연방규정은 대상의 정의와 부가적 보호수단을 요구하고 있다.

부가적 보호수단의 수준은 임상시험심사위원회IRB에서 정하여 연구자에게 권고하지만, 예를 들면, 지도교수가 연구책임자인 연구과제에 지도학생이 피험자로 참여할 경우 피험자인 본인의 동의서 외에 학생의 부모 또는 법정 대리인의 동의서를 추가로 제출하도록 요구하는 것과 같은 방법이 있으며, 소아의 경우 비록 법적인 행위능력은 없지만 소아 본인의 동의여부assent와 법적 대리인의 동의informed consent가 학생일 경우 담당교사의 추가 동의서additional consent를 요구하는 예가 있다.

동의Informed Consent의 개념

연구참여와 관련하여 '충분한 정보를 근거로 한 동의informed consent'의 의미는 두 가지로 볼 수 있다. 동의의 첫 번째 의미는 '자율적 행위autonomous action'라는 것으로 환자 또는 피험자의 자율적인 권한 행사로 보는 것이다. 두 번째 의미는 일정한 규칙이나 기준으로서 분석이 가능하다는 것이다. 이때 기준이나 규칙 관점에서 동의를 이해할 때는 동의하는 사람의 '행위능력competence'의 보유 여부에 대한 유의가 필요하다. 따라서 자율적 행위와 자율적 인간autonomous person은 구분되는 의미이다.[67]

행위능력의 유무에 관한 판단은 동의를 얻고자 하는 사람의 자율적 행위가 자율적 행위를 할 수 있는 능력을 갖춘 자율적인 인간 인가에 따라 달라질 수 있다. 동의에 대한 개념적 분석을 할 때 동의를 구성하는 기본요소는 다음 다섯 가지를 들 수 있다.

- 공개disclosure
- 이해comprehension
- 자발성voluntariness
- 행위능력competence
- 동의consent

이 다섯 가지의 구성요소를 실제 동의라는 행동으로 적용 또는 변환해 보면 다음과 같이 각 구성요소가 작용함을 알 수 있다.

- 동의 예정자가 하는 행위: X
- 동의하는 사람: P
- 동의의 대상이 되는 연구행위: I

- P는 I에 대해 충분한 정보의 공개disclosure를 받는다
- P는 공개된 정보에 대해 충분히 이해comprehended를 하고 있다.
- P는 X를 수행함에 있어 자발적voluntarily으로 행동한다.
- P는 X를 수행할 수 있는 행위능력competence를 갖추고 있다.
- P는 I에 동의consent한다.

동의서 구성요건과 작성방법

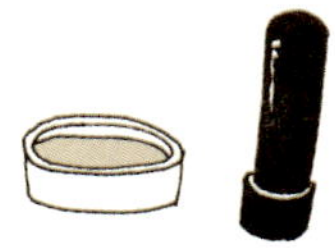

임상시험에서 피험자에 대한 동의를 구하는 것은 단순히 '동의서의 작성' 이 아니라 연구진행의 한 과정이며 또한 이러한 과정은 법적인 행위이기도 하기 때문에 주의깊게 진행해야 하는 절차이다.

임상시험에서 동의를 구하는 과정은 '충분한 설명을 근거로 하는 동의 informed consent' 를 의미한다. 따라서 동의를 구하고자 하는 피험자는 연구자가 제공하고자 하는 설명을 충분히 이해할 수 있는 능력을 갖추어야 한다. 이러한 이유로 인하여 동의서는 일반인이 읽어서 이해하기 쉬운 평이한 용어를 사용해야 하며 어려운 전문 의학용어는 쉽게 설명하도록 규정하고 있다. 동의서 작성과 이를 피험자에게 설명하는 주요한 사항들을 살펴보면 다음과 같다.

첫째, 동의서의 기본적인 기능을 법률적인 서류절차가 아니라 피험자에 대한 교육과 이해를 위한 도구로 작용 가능하도록 작성한다.

둘째, 피험자가 연구에 참여 함으로서 겪게 될 일련의 과정을 경험적으로 기술한다. 피험자가 참여하게 되는 연구의 개요나 목적, 그리고 예상 가능한 이득과 위해요소 등에 대해 설명을 한다.

셋째, 피험자가 연구에 참여하지 않았을 경우에 선택할 수 있는 진료의 절차나 방법들에 대하여 설명해야 피험자로 하여금 충분한 정보를 가지고 선택할 수 있도록 한다.

넷째, 연구와 관련하여 취득하게 되는 피험자의 개인정보 보호에 대하여 비밀로 관리, 유지한다는 사실에 대하여 설명을 한다.

다섯째, 임상시험에 참여하면서 발생할 수 있는 신체적 피해에 대한 보상과 그 절차에 대하여 설명을 한다.

여섯째, 연구가 진행되면서 궁금한 사항이나 의학적 도움이 필요할 때 연락이 가능한 사람의 연락처를 명기해 둔다.

마지막으로 연구는 피험자가 자발적 동의에 의해 참여하고, 언제든지 연구 참여 동의를 철회할 수 있으며, 피험자가 이로 인한 어떠한 불이익을 받지 않는다는 사실에 대해 설명한다.

식약청의 의약품임상시험관리기준에는 서면동의서에 반드시 포함되어야 할 사항들을 다음과 같이 규정하고 있다.[68]

- 임상시험은 연구 목적으로 수행된다는 사실
- 임상시험의 목적
- 임상시험에 사용되는 의약품에 관한 정보 및 시험군 또는 대조군에 무작위 배정될 확률
- 관혈적 시술invasive procedure을 포함하여 임상시험에서 피험자가 받게 될 각종 검사나 절차
- 피험자가 준수하여 할 사항
- 검증되지 않은 임상시험의 실험적인 측면
- 피험자(임산부를 대상으로 한 경우에는 태아, 수유부를 대상으로 한 경우에는 영유아를 포함한다)에게 미칠 것으로 예견되는 위험이나 불편
- 기대되는 이익 또는 피험자에게 기대되는 이익이 없을 경우 해당 사실
- 피험자가 선택할 수 있는 다른 치료방법이나 종류 및 이러한 치료의 잠재적 위험과 이익
- 임상시험과 관련된 손상이 발생하였을 경우 피험자에게 주어질 보상이나 치료방법
- 피험자가 임상시험에 참여함으로써 받게 될 금전적 보상이 있는 경우 예상 금액 및 이 금액이 임상시험 참여의 정도나 기간에 따라 조정될 것이라고 하는 것
- 임상시험에 참여함으로써 피험자에게 발생이 예상되는 비용
- 피험자의 임상시험 참여 여부 결정은 자발적인 것이며, 피험자가 원래 받을 수 있는 이익에 대한 손실이 없이도 임상시험에의 참여를 거부하거나 임상시험 도중 언제라도 중도에 참여를 포기할 수 있다는 사실
- 모니터요원, 점검을 실시하는 자, 심사위원회 및 식품의약품안전청장은 피험자의 비밀보장을 침해하지 않고 관련규정이 정하는 범위 안에서 임상

시험의 실시 절차와 자료의 신뢰성을 검증하기 위해 피험자의 의무기록을 직접 열람할 수 있다는 사실과 동의서 서식에 서명함으로써 피험자 또는 대리인이 이러한 자료의 직접열람을 허용함을 의미한다는 사실

- 피험자의 신원을 파악할 수 있는 기록은 비밀로 보장될 것이며, 임상시험의 결과가 출판될 경우 피험자의 신원은 비밀 상태로 유지될 것이라는 사실
- 피험자의 임상시험 지속 참여의지에 영향을 줄 수 있는 새로운 정보가 수집되면 적시에 피험자 또는 대리인에게 알려질 것이라는 사실
- 임상시험과 피험자의 권익에 관해 추가적인 정보를 얻고자 하거나 임상시험과 관련이 있는 손상이 발생한 경우에 접촉해야 하는 사람
- 임상시험 도중 피험자의 임상시험 참여가 중지되는 경우 및 해당 사유
- 피험자의 임상시험 예상 참여 기간
- 임상시험에 참여하는 대략의 피험자 수

또한 임상시험에서 동의서는 반드시 피험자의 자필서명을 포함하는 문서로서 그 기록을 유지하도록 규정하고 있는데, 맹인이나 문자를 해독하거나 서명하기 힘든 경우에는 녹음테이프로 서면 동의서를 대신할 수도 있다. 또한 소아, 정신장애자, 치매 환자 등 연구자가 임상시험에 관한 설명을 이해할 수 없는 환경에 있는 피험자이거나 법률적으로 그 행위능력이 인정을 받을 수 없는 사람을 연구대상자로 포함할 경우 부가적인 보호장치와 아울러 피험자의 법적 대리인이 반드시 동의해야 한다.

아울러 연구가 진행됨에 따라 예산되는 피험자의 이득이나 위험의 정도가 변화하거나 연구와 관련한 새로운 지식의 추가 또는 변경이 필요하여 동의서의 변경이 불가피한 경우가 있다. 이때는 변경된 동의서를 사용하기 전에 임상시험 심사위원회IRB의 사전 심의와 승인을 반드시 받아야하므로 유의해야 한다.

임상시험심사위원회의 운영과 심의

Institutional Review Board: IRB

우리나라에서는 소관 부처 또는 관련 법률에 따라 식약청의 임상시험관리기준에서는 '임상시험심사위원회' 라 하고, 복지부의 생명윤리안전에 관한 법률에서는 '기관윤리심의위원회' 라고 명칭을은 달리하지만, 영어로는 'Institutional Review Board' 즉 IRB라고 공히 명명하고 있으며, 유럽권 국가에서는 'Independent Ethics Committee IEC' 라고 칭하고 있다.

이 위원회 IRB는 앞서 언급한 터스키기 매독 연구사건이 1972년 대중에게 알려지면서 이것이 계기가 되어 피험자의 권리와 복지를 보호할 수 있는 제도적 보완이 요구되었다. 나아가 1974년 '국가연구에 관한 법 National Research Act' 이 제정되고 이 법률에 IRB 설치가 의무화되면서 사람이 연구대상으로 포함되는 연구에 대한 심의제도가 법률제도로 만들어졌다.

미국의 연방규정 제45조 제46항 45 CFR 46은 두 가지를 명확하게 정의하고 있다.

> "연구 research란 "일반화할 수 있는 지식 generalizable knowledge의 개발이나 이에 기여하는 체계적인 조사행위 systematic investigation 일체를 말한다."[69]

또한, 이 규정은 피험자의 정의[70]를 다음과 같이 정하고 있다.

"피험자human subject란 연구자가 다음 각 호의 데이터를 얻고자 하는 대상인 살아있는 사람을 말한다.

① 사람과의 상호작용interaction이나 중재작용intervention을 통하여 얻어지는 데이터

② (특정인임을) 확인identifiable이 가능한 사적인 정보

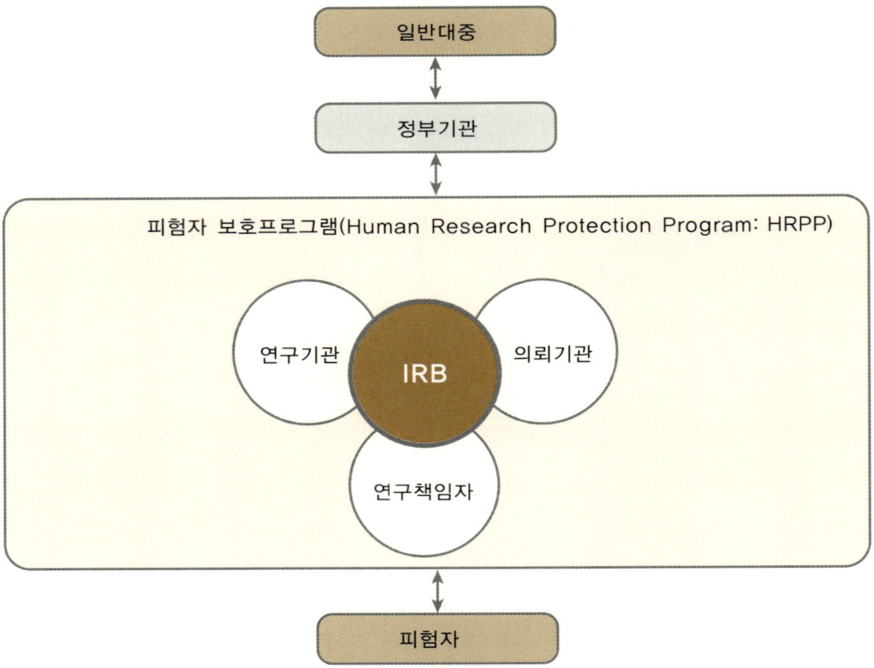

피험자 보호 프로그램과 관련 기구의 관계

따라서 연방규정에서 정의하는 '연구research' 이면서 '피험자human subject' 가 포함되면 IRB의 심의와 승인이 필요하다는 명확한 결론을 내리고 있다.

아래의 그림은 피험자의 권익보호와 관련하여 직접적인 연관과 영향을 주는 연구자, 의뢰기관 그리고 연구기관의 중심에 IRB가 있음을 알 수 있다. 이 4개의 연구와 관련된 주체들이 모여서 실제 피험자보호프로그램에 직접적으로 영향을 주고 있다.

연구책임자는 피험자와 직접 상호작용을 하면서 이득과 위험요소를 생산한다. 그러나 연구책임자는 의뢰기관의 연구과제를 수행하거나, 소속된 연구기관의 연구과제를 수행하면서 간접적 영향권 안에 있지만, 연구과제의 변경요구나 최종승인은 IRB가 하게 되는 것이다.

이에 비해 정부기관은 피험자보호프로그램의 직접적 영향권에서 벗어나 있으며 이러한 보호 프로그램이 비정상적으로 작동하거나 문제를 야기하게 되면 규제나 감독이라는 형태로 피험자 보호프로그램에 관여하게 되고 정부기관의 감독은 정책 또는 법률제도의 수정이나 보완으로 일반대중에게 연결된다. 따라서 피험자의 권익보호는 IRB의 핵심 책무이자, 심의의 최종목표인 것이다.

이러한 IRB에 대해 좀더 자세히 알아보기로 하자.

IRB의 역할과 기능

IRB는 '피험자의 권리와 복지 보호' 를 그 목표로 삼고 있다. 연구의 과학적 설계는 피험자에게 가해질 수 있는 위해요소를 최소화하거나 연구에서 사람을 포함시키지 않을 수 있도록 하기 위함이다. 따라서 과학적으로 문제가 있는 연구계획은 '비윤리적이다' 라는 견해를 가지고 있다. IRB의 설치 이유나 운영상의 각종 준수사항은 모두 피험자의 권익보호에 그 초점이 맞추어져 있다.

이러한 목적을 전제로 하여 IRB는 연구계획서의 심사를 통하여 다음과 같은 권한과 기능을 수행한다.

- 연구계획에 대한 승인approval
- 연구계획에 대한 부결/반려disapproval
- 연구계획의 수정 또는 보완요구
- 진행중인 연구에 대한 지속적 심사continued review
- 승인된 연구계획의 중지 또는 보류
- 피험자 동의 획득과 연구절차에 대한 감독

또한 미국의 연방규정은 'IRB에서 승인된 연구과제에 대하여 소속 기관장이 별도로 심의하여 승인 또는 부결할 수 있다. 다만, IRB에서 부결된 과제에 대하여 소속기관장이 이를 승인할 수는 없다.'[71] 라고 IRB의 피험자 보호 권한을 기관장보다 상위로 두어 규정하고 있다.

임상시험에 관해 절대적인 권한을 가진 IRB의 이러한 권한과 역할을 수행하기 위해서는 IRB를 구성하는 위원들에 대해 연구와 윤리에 관한 적절한 교육과 평가가 동반될 때 조화로운 피험자 보호가 가능하다.

그러나 현실은 IRB의 권한과 기능은 법률로서 강제하고 있지만, IRB위원에 대한 교육의 의무를 부과하지는 않고 있어 문제점으로 남아 있으며, 실제 임상시험계획서를 심사하는 일은 상당한 시간과 전문성을 요구하고 있기 때문에 IRB 위원에 대한 적절한 보상이 어느 정도 이루어져야 하지만 아직 사회적인 합의점을 찾지 못하고 있는 것 또한 현실이다.

IRB의 구성

IRB의 위원구성은 국가별로 주무부처의 감독 대상에 따라 조금씩 달리하지만 크게 볼 때 그 기준은 동일하다고 볼 수 있다.

- 위원의 구성은 최소 5인 이상으로 하되,
- 위원은 전원 남성 또는 여성으로 구성하지 않는다.
- 최소 1인 이상은 비非 과학계 위원을 두어야 하며,
- 소속된 기관과 관계가 없는 '기관 외부 위원' 1인 이상을 두어야 한다.

여기서 '비과학계 위원'이라 함은 해당 위원의 대학전공에 얽매이는 것이 아니라, 현재 주 관심사나 업무가 과학 분야가 아닌 업무를 현업으로 하거나 과학계업무를 현재 주로 수행하지 않는 사람을 말한다. 예를 들어 의과대학을 졸업하고 의사 면허를 소지하고 있지만 변호사 자격을 따서 현재 변호사를 업으로 하고 있는 사람의 경우 비과학계 의원으로 볼 수 있다는 뜻이다.

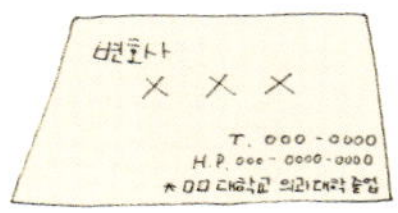

또한 '기관 외부 위원'은 IRB를 두고 있는 소속 기관과 피고용 관계에 있는 사람과 직계관계가 아니어야 함을 별도로 명시[72]하고 있어 외부 위원이 기관의 이해관계로부터 독립적으로 그리고 자유롭게 피험자의 권익 보호를 위해 심의할 수 있도록 보장하기 위함이다. 또한 심사 대상인 과제와 이해상충conflict of interest의 관계에 있는 IRB위원은 해당과제에 심사위원이 될 수 없도록 규정하고 있다.[73]

IRB위원의 임명은 통상 연구기관장이 한다. 그러나 위원장은 기관장이 임명하는 것이 아니라 위원간에 호선하도록 규정하고 있다.[74] 위원장의 호선은 기관차원의 이해의 상충문제를 피하기 위함이고 궁극적으로는 피험자의 권익보호를 위한 한 방법으로 정립된 제도이다. 앞서 언급한 IRB의 권한 중 부결과제에 대한 기관장의 승인 번복을 법률로 막아둔 것과 유사한 제도이다.

의결정족수Quorum

의결정족수란 위원회가 안건을 심의하고, 이를 결정하는 과정에서 합의에 의해 의사를 결정하는데, 의사결정의 효력을 발휘하는 데 필요한 구성원의 출석수를 말한다.

의결정족수는 합의체의 성격과 의사진행 내용에 따라 달라지는데, 통상의 경우 재적위원 과반수의 출석과 출석위원 과반수의 찬성이 필요하다. 현행 국내 임상시험관리기준KGCP이나 생명윤리안전에 관한 법률도 이 방법을 준용하고 있다. IRB의 목적인 피험자의 권리와 복지의 보호를 위한 임상시험과제를 심의하기 위하여 위원회는 과학계, 비과학계 그리고 기관외부 위원을 포함하여 구성하도록 정하고 있다. 따라서 현행 국내 관련법률상 의결정족수인 전체 재적위원의 과반수만 참석하면 비과학계 위원과 기관외부 위원의 참여나 심의 없이도 과제의 심의가 가능할 수 있다. 한편, 미국의 연방규정은 의결정족수의 구성요건에 비과학계 위원과 기관외부 위원은 최소 각 1명 이상 반드시 참석하여야 의결정족수가 성립되도록 규정하고 있다.[75]

IRB의 승인기준

IRB는 의결정족수를 구성한 뒤 표결에 의해 임상시험과제를 승인할 수 있도록 국내법이 규정하고 있지만, 미국의 연방규정은 IRB가 표결을 하기 전에 먼저 승인기준criteria for IRB approval [76]을 법률로서 정하고 있기 때문에 IRB는 승인기준을 먼저 충족하는지를 확인한 다음 표결을 할 수 있도록 규정하고 있다. 그 승인 기준은 다음과 같다.

- 위험이 최소화 될 수 있도록 고려된 연구과제
- 과학 발전이나 피험자에게 예상되는 이득에 비해 예상되는 위험의 수준이 적정한 연구과제
- 피험자 선정이 공정하게 이루어진 과제
- 피험자에게 충분한 정보를 제공하고 동의를 얻는 과정이 반영된 과제
- 피험자 동의 과정이 문서화된 과제
- 피험자의 안전을 확보하기 위하여 필요 시 피험자로부터 획득한 데이터를 적절하게 모니터링 할 수 있는 연구계획이 수립된 과제
- 피험자의 사생활을 보호하고, 확보된 연구데이터의 보안이 유지될 수 있도록 관리체계가 수립된 과제
- 피험자가 부당한 영향이나 강압적 환경에 처하여 연구에 참여할 가능성이 있는 경우, 피험자 보호를 위하여 부가적인 피험자 보호수단이 수립된 과제

IRB 보고 및 심의 사항

연구자가 임상시험의 계획, 수행, 종료 및 결과발표에 이르는 전과정에서 IRB와의 커뮤니케이션은 필수적이며 IRB에 보고를 하거나 심의를 받아야 하는 사안들을 정리하면 다음과 같다.

■ 신규과제의 심사initial review

연구자는 연구계획을 수립하고 그 계획서를 IRB에 제출하여 심의를 의뢰하면서 IRB와 최초로 접촉하게 된다. 신규 임상시험계획서는 연구의 종류나 피험자 및 피험자에게 가해지는 위험의 정도에 따라 '정식심사full committee review' 또는 '신속심사expedited review' 로 나누어진다.

■ **지속심사(중간보고)** continuing review

임상시험과 관련된 모든 법 제도는 IRB에서 승인한 과제라 하더라도 최소 년 1회 이상의 지속심사를 하도록 규정하고 있다.[77] IRB는 피험자에게 예상되는 위험정도에 따라 지속심사를 년 1회보다 자주 요구할 수도 있다. 지속심사에서 IRB는 다음의 사항을 점검하므로 연구자는 지속심사를 위한 중간보고를 대비하여 미리 준비해 두는 것이 좋다.

① 총 등록 피험자의 수

② 각종 이상반응 및 예상치 못한 문제, 피험자의 중도탈락 및 연구와 관련되어 발견된 새로운 지식이나 정보

③ 현재 사용중인 동의서의 내용

지속심사와 관련하여 미 보건부DHHS산하 '임상연구피험자안전국Office of Human Research Protection: OHRP'에서 발간한 '지속심사 지침서Guidance Continuing Review'[78]를 참조하면 유익하다. 지속심사를 위한 중간보고 의무는 연구책임자에게 있다. 그러나 연구자가 최초 신규과제의 심사승인일자로부터 1년을 기억하여 보고하게 의무를 부과하는 것보다 IRB에서 중간보고의 시점을 충분한 시간을 두고 사전에 공지하고 무엇을 준비하여야 하는지 등을 알려주면 보다 효율적일 뿐 아니라 연구자와 IRB가 공히 피험자의 보호를 위해 긍정적으로 접근할 수 있을 것이다.

■ **연구계획서(동의서 포함)의 보완 또는 변경** amendments and modification

IRB에서 승인한 임상시험 연구과제에서 연구와 관련된 모든 내용은 원칙적으로 변경 또는 보완 이전에 IRB의 사전 심의와 승인을 받아야 한다. 변경의 내용은 많이 있겠지만 대표적인 예를 들면, 피험자 모집방법의 변경, 연구자의 변경,

피험자 선정 및 제외 기준의 변경, 동의서의 내용이나 동의절차의 변경 등이 있다. 예외적으로 미국의 식약청 기준[79]은 피험자의 안전을 위하여 필요한 응급조치일 경우 연구자는 이를 우선 시행하고 그 내용을 IRB에 보고하도록 규정하고 있다.

■ **이상반응의 보고**Adverse Events: AE, Serious Adverse Events: SAE

의약품 임상시험관리기준KGCP은 이상반응 등에 관하여 다음과 같이 정의하고 있다.

- 이상반응Adverse Event, AE이라 함은 임상시험에 사용되는 의약품을 투여 받은 피험자에게서 발생한 바람직하지 않고 의도되지 않은 증후sign(예: 실험실적 검사치의 이상), 증상symptom, 질병을 말하며, 해당 임상시험에 사용된 의약품과 반드시 인과관계를 가져야 하는 것은 아니다.
- 이상약물반응Adverse Drug Reaction, ADR이라 함은 임상시험에 사용되는 의약품의 임의의 용량에서 발생한 모든 유해하고 의도되지 않은 반응으로 임상시험에 사용되는 의약품과의 인과관계를 배제할 수 없는 경우를 말한다.
- 중대한 이상반응/이상약물반응Serious AE/ADR이라 함은 임상시험에 사용되는 의약품의 임의의 용량에서 발생한 이상반응 또는 이상약물반응 중에서 다음 각 항목에 해당하는 경우를 말한다.

  ① 사망을 초래하거나 생명을 위협하는 경우

  ② 입원 또는 입원 기간의 연장이 필요한 경우

  ③ 지속적 또는 의미있는 불구나 기능 저하를 초래하는 경우

  ④ 선천적 기형 또는 이상을 초래하는 경우

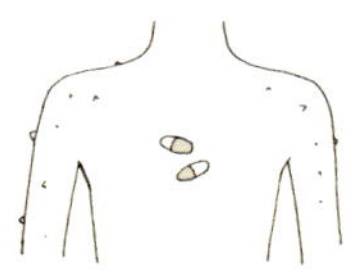

"예상하지 못한 이상약물반응Unexpected Adverse Drug Reaction" 이라 함은 이용 가능한 의약품 관련 정보(예를 들어, 임상시험자 자료집 또는 의약품의 첨부문서)에 비추어

이상약물반응 양상이나 위해의 정도에서 차이가 나는 것을 말한다.

아울러 임상시험관리기준KGCP는 보고의 주체와 대상에 관해 '시험책임자는 계획서나 임상시험자자료집 등에서 즉시 보고하지 않아도 된다고 명기한 것을 제외한 모든 중대한 이상반응을 즉시 의뢰자에게 알려야 한다.' 라고 정하고 있으며, '사망 예를 보고한 경우 시험책임자는 의뢰자와 심사위원회에게 부검보고서(부검을 실시한 경우에 한함)와 사망진단서 등의 추가적인 정보를 제공하여야 한다.' 라고 규정하고 있다.

'이상반응' 과 '중대한 이상반응' 등과 같은 보고의 의무를 연구책임자에게 부과하고, 그 보고의 대상도 의뢰기관으로 정하고 있으며 의뢰기관이 다시 식약청과 IRB에게 보고토록 하고 있어 모든 이상보고는 IRB와 의뢰기관에게 동시에 하도록 하고 있는 미국의 기준과 상이하다.

IRB 심사용 제출서류와 기록의 보관

임상시험관리기준KGCP에 의하면 IRB는 해당 임상시험에 대한 관리 및 심의 등을 위해 다음의 문서를 확보하여야 한다고 정하고 있다.

- 임상시험(변경) 계획서
- 피험자 서면동의서 서식
- 피험자에게 제공되는 서면정보(피험자설명서를 포함한다)
- 임상시험자 자료집investigator brochure
- 안전성 정보
- 피험자에게 제공되는 보상에 대한 정보
- 시험책임자의 최근 이력 또는 기타 경력에 관한 문서

아울러 임상시험과 관련된 문서의 보관은 임상시험실시기관장이 지정한

문서보관 책임자가 지정된 임상시험문서보관소에 5년간 보존하도록 정하고 있다.

최근의 현실은 일부 다국적 제약사를 중심으로 10년에서 15년간 문서의 보관을 요구하고 있으며, 일부 유럽계 의뢰기관은 영구보존을 요구하고 있다. 제한적인 임상시험실시기관의 공간을 감안할 때 외부 문서보관소의 확보가 단기적으로는 관건이지만, 이를 해결할 수 있는 근본적인 해결책은 문서의 디지털화일 것이다. 일부 제약회사에서는 전자증례기록지e-CRF와 같은 전자화된 문서로 임상시험을 진행하는 경우가 증가하고 있는 추세이다.

IRB의 종류와 기능

사람을 대상으로 하는 임상연구에서 피험자의 권익보호를 위하여 IRB의 설치와 심의는 국가별로 법률로서 그 의무와 기능을 정하고 있다. 그러나 실제 임상시험의 내용이나 방법, 임상시험실시기관의 사정 또는 심의의 효율성 등의 이유로 IRB의 종류와 기능이 여러 가지 형태로 운영되고 있다. 이러한 IRB의 종류와 기능에 대해 살펴보면 다음과 같다.

중앙집중형 IRB[Central IRB]

여러 캠퍼스를 운영하고 있는 대형 대학이나 의료원체제하의 여러 의료기관 등과 같이 산하에 여러 임상시험 실시기관을 두고 있어 산하기관들간의 심의기준 또는 피험자 보호에 관한 정책의 일관성을 유지하거나, 산하기관이 미흡할 수도 있는 특수한 분야의 임상연구에 대한 전문적 지식이나 심의를 제공하고, 동시에 심의에 필요한 각종 행정 인력과 자원의 효율성을 제고하기 위하여 설치 운영한다. 이 경우 산하기관간의 다기관 임상시험인 경우 심사에 필요한 시간을 단축할 수 있을 뿐 아니라, 연구책임자도 여러 기관의 IRB에 중복하여 연구계획서의 제출이나 각종 보고의무 등과 관련한 업무를 줄여줄 수 있는 장점이 있다. IRB위원의 구성은 주로 본부기관 역할을 하는 기관에서 중심이 되어 구성을 하며 산하기관의 임직원을 위원으로 구성하기도 한다. 다만, 이러한 유형의 IRB는 해당 연구과제에 대한 의사결정 창구가 일원화되어 있기 때문에 자칫 관료적이거나 권력화 될 수도 있기도 하고 '기관차원의 이해상충institutional conflict of interest' 문제에 직면할 경우 의사결정에 영향을 받을 수도 있음을 유의해야 한다.

중앙집중형 IRB의 종류로는 '상업 IRBcomercial IRB' 와 '지역 IRB community IRB' 이다. 상업 IRB는 미국에서 현재 약 30~40개 정도가 성업 중이다. 이 두 가지 종류의 IRB는 IRB 심사를 대가로 서비스요금의 징수 유무가 그 대표적인 차이이다 상업 IRB의 대표적인 기관으로는 미국의 워싱턴 주에 있는 Western IRB가 있다. 상업 IRB는 심사비로 운영되는 기관이므로 주로 심사의 기간을 단축하는데 매력을 느끼는 '의뢰자주도형 임상시험Sponsor Initated Tial: SIT' 을 시행하는 제약회사 또는 의료기기회사 등이 이용을 한다. 그 이유로는 신약이나 신의료기기를 개발한 회사입장에서는 해당 신문들이나 의료기기가 20년이라는 제한된 특허유효기간 내에 가능한 판매허가를 받기 위한 IRB심사를 포함한 임상시험의 소요 기간을 최대한 줄이고 판매기간을 늘일수록 이익이 늘어나기 때문이다. 한편, 상업 IRB는 심사위원에 대한 심사비 지급 규모의 적정성에 대한 논란이 IRB위원의 이해상충COI문제로 남아 있으며, 의사직과 같은 고임금의 과학계위원의 확보와 심사의 일관성 유지를 위한 이들의 지속적인 심사참여가 관건이 되기도 한다. 반면, 지역 IRB는 지역사회에서 행동과학이나 사회학 등의 분야연구를 하는 시민단체 소규모 대학, 사설연구소 등과 같이 기관 내에 자체적으로 IRB를 운영하기 어려운 기관들이 이용을 하며 이러한 특성 때문에 비상설기구로서 비영리 형태로 운영된다.

공동 IRBJoint IRB

공동 IRB는 운영이나 조직체계상 상이한 여러 기관이 공동으로 IRB를 구성하여 심사기능을 수행하는 것이다. 효율성 면에서는 중앙집중형 IRB의 장점을 제공하는 반면, 연구 수행 중에 발생하는 각종 이상반응Adverse Event에 대한 처리와 기관별 입장 그리고 피험자 보상 등과 같은 기관의 이익과 관련된 문제가 발생할 경우 각 기관별로 정책이나 입장이 다를 경우 이를 강제하거나 집행할 수 있는 권한의 한계가 문제로 대두될 수 있다. 또한 위원의 구성에서도 기관의 이익이 상충하는 문제가 발생할 수도 있다. 공동 IRB에 참여하는 각 기관의 위원이 특정사안에 대해 찬반을 결정할 수 있는 권한의 위임과 그 한계에 대한 모호성 때문에 위원은 상당한 부담을 가질 수도 있다. 또한, 공동 IRB가 상시운영 기구로 설치, 운영되지 않는 경우 지속심사continuing review 또는 이상보고 같이 연구 진행중에 보고사항이 발생할 때 최초심사initial review에 참여하지 않은 다른 위원이 최초심의 결과와 상이한 의견을 개진하거나 결정될 경우 어려움이 발생하기도 한다.

IRB상호인증제

공동 IRB의 문제점들을 보완할 수 있는 보완적인 제도로서 각 기관별 IRB의 상호인증제도가 있을 수 있다. 이 제도는 다기관 임상시험에 참여하는 기관별로 IRB는 각자 운영을 하되, 해당 임상시험과제의 대표 연구책임자가 소속된 기관의 IRB에서 본 심의를 수행하고 그 결과를 다른 참여기관 IRB가 인증하는 제도이다. 이렇게 할 경우 여러 기관에서 같은 연구과제를 여러 번 심의하거나 각 기관별로 다른 심의결과를 조율하거나 수정해야 하는 불편을 경감할 수 있다는 장점이 있다. 이 제도는 기관별로 피험자보호나 정책의 기조가 다를 경우 사전에 상호인증제에 대한 기관간 협약이 필요하다. 그러나 상호인증제 참여기관의 심의 수준이나 기관별 정책 차이가 있고, 이를 상호인정하기 어려울 경우 문제가 되기도 한다. 이러한 문제를 극복할 수 있는 방법으로는 정책이나 심사의 기준, IRB 업무처리 방식이 유사한 기관끼리 충분한 검토와 협의를 통하여 표준작업지침서SOP의 공동 개발, IRB위원에 대한 공동교육 등과 같은 사전 업무조율을 하고 난 이후에 시행할 수 있을 것이다.

1 The National Commission for the Protection of Human Subjects of Biomedical and Behavioral Research, 1979, The Belmont Report: Ethical Principles and Guidelines for the Protection of Human Subjects of Research, Washington DC: DHEW

2 임상시험관리기준 제17조(피험자동의), 2007, 식품의약품안전청고시 제2007-4호.

3 45 CFR 46. 102(definition), "Human subject" means a living individual about whom an investigator (whether professional or student) conducting research obtains
(1) data through intervention or interaction with the individual, or
(2) identifiable private information.

4 Blumgart, H.I., 1970, The Medical Framework for Viewing the Problem of Human Experimentation, Experimentation with Human Subjects, pp.39-65, P.A. Freund, George Braziller, New York.

5 45 Code of Federal Regulations 46. 102.(definition)

6 Levine, R.J., 1988, Ethics and Regulations of Clinical Research, 2nd Ed., Yale University Press.

7 Rang, H.P., Dale, M.M., Ritter, J.M., Moore, P.K., 2003. Pharmacology 5 ed. Edinburgh: Churchill Livingstone.

8 전우택, 1999, 사회의학 연구방법론. 연세대학교 출판부. 95쪽

9 Congressional Budget Office based on R.W. Hansen, "The Pharmaceutical Development Process: Estimates of Current Development Costs and Times and the Effects of Regulatory Changes," in R.I. Chien, ed., Issues in Pharmaceutical Economics (Lexington, Mass.: Lexington Books, 1979), pp. 151-187; Joseph A. DiMasi and others, "Cost of Innovation in the Pharmaceutical Industry," Journal of Health Economics, vol. 10, no. 2 (July 1991), pp. 107-142; U.S. Congress, Office of Technology Assessment, Pharmaceutical R&D: Costs, Risks, and Rewards, OTA-H-522 (February 1993); and Joseph A. DiMasi, Ronald W. Hansen, and Henry G. Grabowski, "The Price of Innovation: New Estimates of Drug Development Costs," Journal of Health Economics, vol. 22, no. 2 (March 2003), pp. 151-185.

10 Joseph A. DiMasi, Ronald W. Hansen, and Henry G. Grabowski, "The Price of Innovation: New Estimates of Drug Development Costs," Journal of Health Economics, vol. 22, no. 2 (March 2003), pp. 151-185.

11 The estimate for the duration of the preclinical phase is based on the comprehensive drug database maintained by the Tufts University Center for the Study of Drug Development

12 주요국가의 의약품허가기관은 한국과 미국은 식품의약품안전청(FDA), 호주는 Therapeutic Goods Administration (TGA), 유럽연합은 European Medicines Agency (EMA)이 있다.

13 이를 '시판후시장조사 (PMS: Post-Marketing Surveillance)라고도 한다

14 레오 알렉산더(Leo Alexander, M.D.)는 정신과 및 신경과 교수이며 당시 미국 전쟁성 장관(the Secretary of War)의 자문역과 전범재판부의 자문역을 수행하였다.

15 앤드류 아이비(Andrew Ivy, M.D., Ph.D.)는 생리학과 약학과 교수로써 일리노이대학교 부총장과 미국의 전범 재판부 자문역을 수행하였다.

16 'Book on Japan's germ warfare crimes published', 중국차이나 데일리 신문, 2003년10월 17일(인터넷영자판), http://www.chinadaily.com.cn/en/doc/2003-10/17/content_273165.htm

17 'Archives give up secrets of Japan's Unit 731', 중국인민일보, 2005년 8월3일자, 인터넷영자판, http://english.people.com.cn/200508/03/eng20050803_200004.html -

18 http://www.globalsecurity.org/wmd/world/japan/bw.htm-Biological Weapons Program.

19 Tsuchiya, T., The Imperial Japanese Experiments in China, Emmanuel, E., et al, 2008, The Oxford Textbook of Clinical Research Ethics, pp.41.
20 Hill, E.V., Summary Report on B.W. Investigations, Dec. 12, 1947, Japanese Biological Warfare; Unit 731; Official Declasified Records, CD-ROM, 8 Discs, Dugway, Utah.
21 State-War-Navy Coordinating Subcommittee for the Far East, Interogation of Certain Japanese by Russian Prosecutor, Emclosure, SFE 188/2, 1 August 1947. SWNCC 351/2/D. NARA Record Group 165, Entry 468, Box 428.
22 Materials on the Trial of Former Servicemen of the Japanese Army Charged with Manufacturing and Employing Bacteriological Weapons, Moscow, U.S.S.R., Foreign Languages Publishing House;1950.
23 James H. Jones, Bad Blood: The Tuskegee Syphilis Experiment, expanded ed. New York, N. Y.: The Free Press; 1993 [1981].
24 Susan M. Reverby, ed. Tuskegee's Truths: Rethinking the Tuskegee Syphilis Study. Chapel Hill, N. C.: University of North Carolina Press; 2000.
25 Fred D. Gray. The Tuskegee Syphilis Study: The Real Story and Boyond. Montgomery, Ala.: NewSouth books; 1998.
26 사진출처 : http://www.blairpub.com/history/tuskegeesyphilisstudy.htm
27 Godin MA. Glantz LH, eds. Children as Research Subjects: Science, Ethics, and Law. New York, N.YI,: Oxford University Press; 1994.
28 Guerrini A. Experimeting With Humans and Animal; From Galen to Animal Rights. Baltimore, Md: Johns Hopkins University Press; 2003:140.
29 Rothman DJ. Were Tuskegee and Willowbrook "Studies in nature"? Hastings Center Report 1982; 12(2):5-7
30 Rothman DJ, Rothman SM. The Willowbrook Wars. New York, N. Y.: Harper & Row; 1984.
31 Charges focus on ethics in institutional setting. Medical Tribune Feb. 15, 1967; 8:24
32 Beecher, H. K., Research and Individual: Human Studies, Little, Brown(Boston), 1970. ISBN 0-7000-0168-9.
33 Lear J. Do we need new rules for experiments on people? Saturday Review Feb 5. 1966;49:68.
34 Katz J, with Capron AM, Glass ES, eds. Experimentation with human beings. New York, N.Y.: Rusell Sage Foundation; 1972.
35 Reynolds, P. D. (1982). Ethics and Social Science Research. Englewood Cliffs, NJ: Prentice-Hall
36 Raper SE, Chirmule N, Lee FS, et al. Fatal systemic inflammatory response syndrome in a ornithine transcarbamylase deficient patient following adenoviral gene transfer. Molecular Genetics and Metabolism. 2003; 80:148-58.
37 Batshaw ML, Wilson JM, Raper S, et al. Clinical protocol: Recombinant adenovirus gene transfer in adults with partial ornithine transcarbamylase deficiency (OTCD). Human Gene Therapy 1999;10: 2419-37.
38 Raper SE, Yudkoff M, Chirmule N, et al. A pilot study of in-vivo liver-directed gene transfer with an adenoviral vector in partial ornithine transcarbamylase deficiency. Human Gene Therapy 2002;13:163-75.
39 Steinbrook R. improving protection for research subjects. New England Journal of MEdcine.

2000;346:1425–30. [Erratum: NEJM 2002;346:1838.]
40 American Society of Gene Therapy. Policy of the American Society of Gene Therapy on Financial Conflict of Interest in Clinical Research. Molecular Therapy 2000;1–384.
41 Association of American Medical Colleges, Task Force on Financial Conflicts of Interest in Clinical Research. Protecting Subjects, Preserving Trust, Promoting Progress: Policy and Guidelines for the Oversight of December 2001. Available: http://www.aamc.org/members/coif/firstreport.pdf.
42 Association of American Medical Colleges, Task Force on Financial Conflicts Interest in clinical Research. Protecting Subjects, Preserving Trust, Promoting Progress II: Principles and recommendations for oversight of an Institution's Financial Interests in Human Subjects Research. [Online] October 2002. Available: http://www.aamc.org/members/coitf/2002coireport.pdf.
43 Department of Health and Human Services. Financial Relationships and Interests in Research Involving Human Subjects: Guidance for Human Subject Protection. Federal Register 2004; 69(92):26393–7.
44 Friedmann T. Principles for human gene therapy studies. Science 2000;287:2163–5.
45 Baker, R., 1999, Codes of Ethics: Some History, Perspectives on the Professions, Vol. 19, No. 1, http://ethics.iit.edu/perspective/pers19_1fall99_2.html
46 Annas, G.J., Grodin, M.A., 1992, The Nazi Doctors and the Nuremberg Code; Human Rights in Human Experimentation, Oxford University Press
47 Alexander discusses the Unremberg trials and their implication for American Medicine in his 'Medical Science under Dictatorship.' New England Journal of Medicine 241 (1949): 33–47
48 Ivy discusses the history of research with humans and offers an analysis of the use of prisoners and those with mental disabilities in research in his 'The history and Ethics of Use of Human Subjects in Medical Experiments.' Science 108(1948): 1–5. For Ivy's views on the Nazi war crimes, see his 'Nazi War Crimes of a Medical Nature.' JAMA 139 (1949): 131–35
49 김옥주. '뉘른베르그 강령과 인체실험의 윤리', 의료.윤리.교육 제5권 제1호 (2002.6)
50 Judgment and aftermath," George J. Annas, and M.A. Grodin ed. Nazi Doctors and the Nuremberg Code, 102–103.
51 The Declaration of Helsinki: Ethical Principles for Medical Research Involving Human Subjects/The World Medical Association (1964, 1975, 1983, 1989, 1996)
52 Robert J. Levine, 'the Need to Revise the Declaration of Helsinki.' New England Journal of Medicine 341 (1999): 531–34, and Troyen A. Brennan, 'Proposed Revisions to the Declaration of Helsinki–Will They Weaken the Ethical Principles Underlying Human Research?' New England Journal of Medicine 341 (1999): 527–31. Heidi P. Forster, Ezekiel, and Christine Grady. ' The 2000 Revision of the Declaration of Helsinki: A Step Forward or More Confusion?' The Lancet 358 (2001): 1449–53, Stephen M. Tollman, Hilda Bastian, Richard Doll, Laurnece J. Hirsch, and Harry A. Guess, 'What Are the Effects of fifth Revision of Declaration of Helsinki?' British Medical Journal 323(2001): 1417–23
53 Emanuel.E.J. et al, 2003, Ethical Regulatory Aspects of Clinical Research Reading and Commentary, The Johns Hopkins University Press. pp.26–27.
54 3.1.7 Belmont Report: Ethical Principle and Guidelines for the Protection of Human Subjects

of Research/The National Commission for the Protection of Human Subjects of Biomedical and Behavioral Research (1979)

55 현재의 'the Department of Health and Human Services'

56 Title 45(Public Welfare), Code of Federal Regulations, Part 46 (Protection of Human Subjects), Subparts A-D / U.S Department of Health and Human Services, National Institutes of Health, and Office for Human Research Protections (1991)

57 The International Ethical Guidelines for Biomedical Research Involving Human Subjects / The Council for International Organizations of Medical Sciences (CIOMS) in collaboration with the World Health Organization (WHO)

58 The ICH Harmonized Tripartite Guideline-Guideline for Good Practice (ICH-GCP Guideline) / The International Conference on Harmonization of Technical Requirements for Registration of Pharmaceuticals for Human Use

59 신상구, 2003, 신약의 임상개발과정과 국내 여건의 변화, 생명공학정책연구센터, 바이오 매거진 (2003. 4.)

60 보건복지부, 과학기술부, 식약청, 농림부 등

61 의약품 임상시험관리기준 제2조(정의) 제 1항에서 " '임상시험(Clinical Trial/Study)' 이라 함은 임상시험에 사용되는 의약품의 안전성과 유효성을 증명할 목적으로, 해당 약물의 약동 · 약력 · 약리 · 임상적 효과를 확인하고 이상반응을 조사하기 위하여 사람을 대상으로 실시하는 시험 또는 연구를 말한다."라고 정의하여 의약품 이외의 임상시험은 이 규칙의 적용 대상이 되지 않음을 명시하고 있다.

62 45 CFR(Code of Federal Regulations) 46; 101.

63 인터뷰, 설문 등의 비 침습적 형태의 행위, 저자 주)

64 45 CFR 46; 102 . (f).

65 ICH guideline 1.61. Vulnerable Subject.

66 §45 CFR 46.111. (b) Criteria for IRB approval of research

67 Faden, R.R., Beauchamp, T.L., 1986, A History and Theory of Informed Consent, Oxford University Press., pp. 274-275.

68 의약품 임상시험관리기준 제17조(피험자동의), 식품의약품안전청고시 제2007-4호

69 45 CFR 46. 102.(d) research

70 45 CFR 46. 102(definition), "Human subject" means a living individual about whom an investigator (whether professional or student) conducting research obtains (1) data through intervention or interaction with the individual, or (2) identifiable private information.

71 §45 CFR 46.112. Review by institution

72 §46.107 (d) IRB membership

73 §46.107 (e) IRB membership

74 제8조(심사위원회의 구성, 기능 및 운영방법) 제2항 및

75 §45 CFR 46.107 (d), (e). IRB membership

76 §45 CFR 46. 111., 21 CFR 56. 111.

77 KGCP 제19조(진행상황 보고) 및 §45 CFR (e) 46.109 IRB review of research

78 http://www.hhs.gov/ohrp/humansubjects/guidance/contrev0107.htm

79 21 CFR 56. 108(a)(4) 내지는 56. 115(a)(1)

4

동물을 대상Animal Subject으로 하는 연구윤리

최종적 수혜자로서 인간에게 적용되기 전에 생명과학이 거쳐야 할 핵심적 연구단계는 동물의 희생을 통한 안전성과 유효성에 관한 실험과 검증이다. 국제사회는 살아있는 생명체인 동물을 대상으로 하는 연구의 기준과 절차에 관해 제도적 발전과 변화를 가속화하고 있다. 이러한 실험동물의 이용과 관련제도는 동물복지에 관한 국제적인 연구윤리 규범 차원뿐만 아니라 국가별 법률제정으로 이어지고, 나아가 국제적 통상의 조건으로서 생명과학 연구환경을 급속히 변화시키고 있다. 2008년 1월부터 시행된 우리 나라의 동물보호법은 그 단적인 예라고 할 수 있다. 생명과학계는 이러한 국내외의 실험동물 연구환경에 대하여 적절한 대응과 관련기준의 준수를 위한 대비가 필요하다. 이 장에서는 동물복지와 실험동물 연구환경의 역사와 제도적 변화 및 그 기준에 대하여 기술하였다.

"한 나라의 위대성과 그 도덕성은 동물을 다루는 태도로 판단할 수 있다. 나는 나약한 동물일수록, 인간의 잔인함으로부터 더욱 철저히 보호되어야만 한다고 생각한다"

– 마하트마 간디 (Mohandas Karamchand Gandhi)

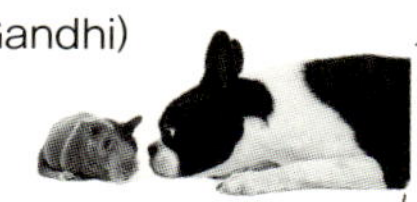

동물실험과 연구윤리

생명과학 연구의 궁극적인 목표는 질병치료와 예방을 통한 인간의 수명연장과 삶의 질Quality of Life 향상에 있다고 본다. 대부분 생명과학연구의 결과는 실험실에서 밝혀진 실험결과의 효용을 실제로 사람에게 적용하기 전에 그 안전성과 유효성에 관한 실험을 동물을 대상으로 하여 선행연구하고, 동물실험에서 안전성과 유효성이 입증되고 나면 비로소 사람에게 사용하기 위한 임상시험단계에 들어간다. 이러한 생명과학 연구의 전개방향을 고려할 때 동물을 대상으로 하는 실험은 필수적인 과정이다. 이 과정에서 사용되는 동물에 대한 복지 및 윤리적 처우에 관한 기준과 지침은 대부분의 국가에서 법제화되어 시행되고 있다. 법제도의 준수 이전에 생명의 고귀함과 과학발전에 절대적 기여를 하는 동물에 대한 인도적 배려는 생명과학을 연구하는 과학자로서 당연하고도 기본적인 자질이라 할 것이다.

1995년 AP통신의 조사에 의하면 70%의 미국인이 동물을 이용한 생명과학 연구를 찬성한다고 밝혔다.[1] 한편, 미국은 동물복지에 대한 대중의 높은 관심과 참여로 인하여 실험동물의 사용에 관한 법률과 규제들이 연방, 주, 그리고 지방 정부 차원에서 상당히 통합적으로 발전하기 시작했다.[2] 그러나 대부분의 일반 시민들은 이러한 법적 규제 등에 관한 내용은 제대로 인지하지 못하고, 실험동물의 사용을 전면적으로 반대하는 동물보호 및 권리단체에서 주장하는 각종 동물학대 등에 대한 극단적인 장면이나 내용만이 전부 사실인 양 받아들이는 경향이 상당히 있다.

그러나 이렇게 조성된 여론은 오히려 전화위복의 기회를 만들어 동물복지를 향해 한발 앞서갈 수 있는 계기를 마련하기도 한다.

'반수치사량LD50실험', '드레이즈 테스트Draize Test', 그리고 개나 영장류를 대상으로 한 '심리학적 실험' 등 이 그 대표적인 사례라고 할 수 있다.

반수치사량LD50 실험은 균일하다고 생각되는 모집단 동물의 반수100마리 중 50마리를 사망하게 하는 공기 중의 가스농도 및 액체 중의 물질 농도LC50 반수치사농도로 사망율을 관찰하는 실험으로, 1927년 영국의 트레반Trevan에 의해 처음으로 개발, 사용되었다. 그러나 과학자 및 동물보호단체들의 반발로 1980년도에 국제 협약에서 LD_{50} 사용금지가 주장되었고, 그 후 1991년 유럽연합, 미국, 일본 정부는 정식으로 LD_{50} 실험을 급성독성실험의 법적 의무 규정에서 제외하기로 동의했다.[3]

그 후 점차 시행이 줄어 1970년대 초에 비하여 90%나 감소하였고, 대부분 LD_{10} 100마리 중 10마리의 동물이 사망하게 되는 용량의 측정법[4]이나 OECD에서 인정한 다른 방법으로 대체방법을 사용하고 있다. 피부자극성시험에 대한 대체방법은 '동물에 대한 피부자극 시험 대체법Alternatives to Skin Irritation & Corrosion Testing in Animals' 이라는 전문 사이트에서 자료를 찾아볼 수 있다.[5]

드레이즈 테스트Draize Test는 어떤 제품이 인간의 눈을 얼마나 자극하는 가를 측정할 목적으로 특히 감수성이 예민한 토끼의 눈에 제품의 농축액을 떨어뜨려 제품의 농도와 접촉시간 별로 강도를 관찰하는 실험방법이다. 동물보호론자들은 그 잔인성으로 인해 실험금지를 주장해 왔다. 그 결과, 외국에서는 이미 국가적인 차원에서 대체실험법 체계를 갖춰나가고 있다.

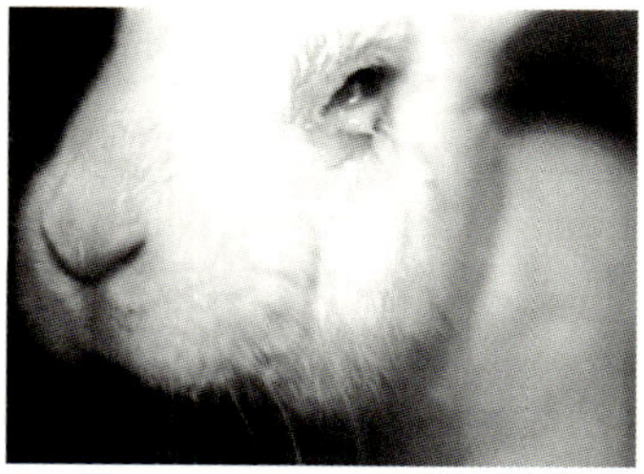
드레이즈 테스트 중인 토끼(사진출처 : http://en.wikipedia.org/wiki/Image:DraizeTest-PETA.jpg)

1991년 유럽은 '유럽대체법 평가학회European Center for the Validation of Alternative Methods : ECVAM' [6]를 설립하여 새로 개발된 대체방법에 대해 평가, 검증 및 인증과정을 실시하고 있으며, 미국에서는 1994년 '대체법 평가를 위한 연구기관협의체Interagency Coordinating Committee on the Validation of Alternative Methods : ICCVAM'[7]를, 일본에서는 2005년 일본 대체법평가센터Japanese Center for the validation of alternative methods : JaCVAM'[8]를 설립하였다. 한국 동물실험 대체법 학회[9]는 경제협력개발기구OECD 가이드라인에서 인증한 다양한 대체실험방법에 대해 식약청 산하 국립독성원[10]과 함께 검증작업을 실시하고 있다.

동물보호론자들로부터 가장 심한 비판을 받아온 심리학 실험의 대표적인 것으로는 모성과 격리시킨 아기 원숭이를 이용한 할로우Harlow의 연구와 전기충격을 받은 개의 '학습된 무력감Learned Helplessness' 에 대한 셀리그만Eligman의 연구[11]가 있다. 동물 보호론자들이 이러한 실험은 단지 과도한 고통과 스트레스를 주는 것일뿐 별 성과가 없는 실험결과라고 비난한 반면, 많은 심리학자들은 할로우나 셀리그만의 연구를 획기적인 것으로 평가하고 있다.

이번 장에서는 동물실험의 역사와 생명과학의 발전, 동물복지와 관련된 외국의 법률적 · 제도적 발전 과정, 그리고 실험동물의 이용과 관련하여 생명과학자들이 준수해야 하는 현행제도에 관하여 살펴보고자 한다.

동물실험의 역사와 과학의 발전

동물실험의 역사는 서양의학의 시작인 고대 그리스로부터 찾아볼 수 있다. 동물실험의 역사와 의학발전의 역사는 그 맥락을 같이한다. 19세기 까지의 이러한 동물실험과 의학발전을 살펴보면 다음의 표와 같다.

19세기까지의 동물 실험 연대기[12, 13]

연대	인물	내용
300 B.C. 그리스	히포크라테스 Hippocratic 	돼지 목을 절개해서 물을 마시고 삼키는 과정 관찰, 가슴절개 후 동맥과 정맥 흐름을 관찰하는 생체 실험
그리스	에라시스트라투스 Erasistratus	동물을 이용한 체액 연구
A.D. 129~200 그리스	클라우디우스 갈렌 Claudius Galen 	살아 있는 돼지를 이용해 다양한 신경 분리의 영향을 조사, 요관의 위치 확인, 로마에서 생체 해부기술 정립[14] 영장류해부과정에서 발생하는 비참한 상황을 피하기 위해 돼지나 염소를 이용할 것을 주장, 의사가 동물실험을 통해 피를 보는 것에 대한 정당성 및 당위성 강조

연대	인물	내용
1514~1564 벨기에	안드레아스 베살리우스 Andreas Vesalius 	수술시술훈련을 위해 생체해부 필요성 강조 혈액 순환 및 임파체계구명에 획기적인 역할로 생명과학을 위한 동물이용 당위성 입증 인체에 대한 자세한 해부학적 묘사로 생물학과 의학의 연구에 혁명을 일으킴 원숭이, 돼지,염소를 사용하여 갈렌의 이론에 도전
1578~1657 영국	윌리엄 하비 William Harvey 	최초로 혈액의 전신 순환 발견 심장의 펌프 기능 발견
1596~1650 프랑스	르네 데카르트 Rene Descaretes 	인간은 말을 하고 정신적, 이성적 판단을 할 수 있는 영혼을 가짐으로 고통이나 감정을 느낄 수 없는 동물과는 차이가 있으며, 동물은 단지 기계beast machine에 불과하다고 주장,
1632~1723 네덜란드	안토니 반 레벤후크 Anthony van Leeuwenhoek 	현미경을 개선시켜 미생물, 근육 섬유, 정자, 그리고 최초로 혈관에서의 혈액 흐름을 관찰

연대	인물	내용
1677~1711 영국	스테판 헤일스 Stephen Hales 	다양한 동물에서 혈액의 역학적 작용과 힘, 흐름, 비율, 이동 속도 등을 연구, 최초로 혈압계의 전신 장치를 발명[15]
1688~1744 영국	알렉산더 폽 Alexander Pope 	동물의 생체해부학실험을 반대, 동물은 정신적인 세계도 있고 고통을 느낄 수 있다는 데카르트의 이론에 반박, 동물학대는 곧 인간학대와 연결된다고 주장
1708~1777 스위스	알버트 폰 할러 Albrecht von Haller 	인간의 감각 및 자극신경에 대해 공헌 오스트리아 출신의사 안톤Anton de Haen이 주장한 고차원적인 인간의 신경계를 단순한 동물실험을 통해 유효성 입증을 반박, 557개의 실험 중 9개만 인체를 이용하고 그 나머지는 동물을 이용하여 실험으로 인간과 동물의 체계는 근본적으로 다름을 반박
1748~1832 영국	제레미 벤담 Jeremy Bentham 	'도덕과 법제의 원칙 입문Introduction to the Principles of Morals and Legistration에서 모든 생명체, 즉 동물에게도 이성적인 사고 능력과 고통을 느낄 수 있는 감각이 있음을 주장, 그러나 동물실험에 대한 당위성 인정, 인간의 동물을 대하는 방법 및 실험 연관성을 다른 입장에서 접근

연대	인물	내용
1783~1855 프랑스	프란시스코 매건디 Francois Magendie 	약물작용에 대한 연구를 통해 생리학, 약리학의 초석을 다지는데 큰 공헌, 이 모든 과정은 동물실험을 통해서만이 가능하다고 주장 제자 클라우드 버나드Claude Bernard[16]는 살아있는 동물을 대상으로 행한 잔인한 신경생리학 실험으로 인해 대중의 분노를 폭발 야기.
1813~1878 프랑스	클라우드 버나드 Claude Bernard 	1865년 발간된 '실험의학연구입문An Introduction to the Study of Experimental Medicine' 에서 의술 및 신약의 과학적 발전은 동물의 생체실험 없이는 기대할 수 없다고 기술, 생명과학의 발전을 위해 동물실험의 중요성을 부각 췌장샘, 췌장액이 소화에 중요한 역할을 한다는 것을 밝혀냈으며, 간에서의 글리코겐 기능을 밝혀 당뇨병에 대한 기틀을 마련 간에서 담즙액의 분비, 혈액 이동, 다양한 온도에서의 신경 분비에 대해 연구 이 당시는 마취제가 개발되기 이전이고, 영국의 동물복지와 생체해부반대운동의 움직임이 시작될 무렵이어서 그의 실험은 큰 반향을 일으킴 프랑스와 영국에서 동물 산 채로 해부하는 것을 반대하는 운동이 확산되는 계기가 됨 그의 부인과 두 딸도 아버지의 잔인한 생체실험에 반발 동물해부반대운동에 앞장섬
1876	영국에서 동물복지에 관한 최초의 법률인 '동물학대방지법British Cruelty to Animal Act' 이 제정, 내무부에서 인가한 자격증 소지자만이 동물실험 가능하게 법제화 함.	

연대	인물	내용
1822~1895 프랑스	루이 파스퇴르 Louis Pasteur 	광견병 치료제 백신을 발견, 동물실험을 통해 병마와 고통을 줄일 수 있는 백신 등의 개발로 국민들의 호응을 받기 시작, 이 때부터 세균 및 면역학에 대한 연구 급증
1854~1917 독일	에밀 베링 Emil Adolf von Behring 	키타사토와 함께 기니피그guinea pigs을 통해 디프테리아를 치료할 수 있는 항독성 혈청 발견하여 디프테리아 예방에 공헌, 말을 이용 다량의 공급 충족 가능해지면서 동물실험에 대한 긍정적인 면 부각
1853~1931 일본	키타사토 시바사브로 Kitasato Shibasabro 	1894년 페스트균 공동 발견자

동물복지와 시민단체NGO 활동

미국에서 동물을 둘러싼 생명과학 단체와 동물보호 단체 간의 최초의 갈등은 유기동물을 연구목적으로 사용하는 것을 둘러싼 논쟁이었다. 이를 위해 1945년 '미국의과대학협회AAMC'[17]가 '의학연구협회NSMR'[18]라는 단체를 조직하였다. 이 단체의 주 목적은 유기동물을 연구목적으로 사용할 수 있도록 허용하는 법안 통과를 위한 활동을 하는 것이었으며, 미국의사협회AMA[19]의 후원을 받고 있었다. 1948년 미네소타주법으로 이 법안은 통과되었고, 1949년에는 위스콘신, 그리고 1950년에는 로스엔젤레스시와 볼티모어 시에서 이 법안을 통과시켰다.

1952년 '동물복지연구소Animal Welfare Institute: AWI'[20]에 이어서 자매 단체인 '동물보호입법협회Society for Animal Protective Legislation'[21]가 창설되었다. 이 협회는 가축의 인도적 도축, 멸종위기 동물의 보호, 해양포유류동물의 보호 및 동물의 항공운송 기준수립 등의 동물복지와 관련된 연구와 입법활동을 주로 하였다. 1954년 '미국동물보호협회Humane Society of the United States'가 탄생하였고, 1950년대 후반에는 '동물과 동물의 친구 연대United Action for Animals and Friends of Animals'가 결성되었다. 이들 단체가 주축이 되어 '실험용 동물의 관리와 사용에 관한 연방법' 입법활동이 전개되었고, 이러한 노력은 이후 1966년 '동물복지법Animal Welfare Act'을 탄생시키는 계기가 되었다.

1960년대 미국은 인권운동의 르네상스시대라 부를 수 있을 만큼 소수민족, 저소득층, 여성인권, 반전 운동 등 각종 해방운동이 절정기에 이른 시대이다. 동물복지에 관한 각종 시민단체의 운동도 이때를 기하여 활발하였고, 다양한 입법활동도 이때 이루어졌다.

1979년 새로운 단체인 '국가생명과학연구협회National Association for Biomedical Research: NABR'[22]가 탄생한다. 이 단체는 유기동물의 실험목적 사용 허가를 주장하는 '전국의학연구협회NSMR'와 정책적으로 갈등관계에 있었다. 이 단체는 실험동물 공급 업체인 찰스 리버Charles River사의 후원을 받고 있는 단체이기도 했는데, 실험동물 공급 업계는 유기동물이 연구에 사용될 경우 받게 될 심각한 영향을 고려하여 실험동물에 관한 규제입법을 강력히 반대해 왔다.

■ **민간단체NGO의 동물실험시설에 대한 물리적 습격**

미국에서 발생한 동물 실험과 관련된 최초의 실험실 습격사건은 1981년 9월

11일에 발생했다. 메릴랜드주 실버 스프링silver spring의 '행동학 연구를 위한 행동생물학 센터Behaviroal Biology Center' 에서 실버 스프링 원숭이silver spring monkey라고 알려진 연구용 원숭이 7마리를 경찰이 압수하였는데, 당시 이 연구소의 직원이었던 알렉스 파체코Alex Pacheco와 연구시설에 몰래 잠입한 다섯 명의 다른 과학자들은 미리 설치된 텔레비전 장비를 통해 습격의 전 과정이 보도되도록 했다. 이들의 주장에 의하면 미 국립보건원NIH에서 연구비를 지원받고 있는 이 실험실이 메릴랜드주의 동물학대방지법anti-cruelty을 위반했다고 했다는 것이다. 이 사건은 많은 대중이 동물권리운동에 동참하게 되는 계기를 마련하였으며, 기습이 있은 후 일주일 후에 국립보건원은 연구비 지원을 중단하였다.

두 번째 기습은 1984년, 급진 동물권리단체인 '동물자유전선Animal Liberation Front: ALF' 이 불법적으로 펜실베니아 대학 원숭이baboon의 두부 외상 연구 실험실에 침입하여 연구 과정을 녹음한 테이프를 훔쳐 공개하였는데, 차 사고 등에서 나타나는 두부 손상과 유사한 상황을 원숭이에게 재현하는 장면이 기록되어 있었다. 이 연구 역시 1년 후 국립보건원의 연구비 지원이 중단되었다.

1984년, 캘리포니아주 듀라테California, Duarte 소재, '희망의 병원City of Hope Medical Cente' 내 연구센터에서 실험에 사용 중이던 100마리 이상의 동물을 도난 당한다. 시민단체에서는 병원 연구실에서 동물복지법을 위반했다고 주장했다. 국립보건원은 감사를 통해 5백만 달러의 연구비 지원을 보류하였으며, 미 농무부USDA 역시 동물복지법 위반과 관련하여 11,000달러의 벌금을 부과하였다.

1985년, 캘리포니아 대학 리버사이드 캠퍼스UC Riverside에서는 시력이 상실되었을 때 청각이 강화되는 효과를 관찰하기 위해 눈꺼풀을 봉합한 어린 원숭이 한 마리를 포함한 260여 마리의 동물을 도난 당했다. 그러나 국립보건원은 이 문제를 조사하였으나 눈꺼풀을 봉합한 것이 너무 깊어서 각막에 손상을 줄 수 있음을 제외하고는 위반 사항을 찾아 내지 못했다.

다음은 동물실험에 반대하는 미국 시민단체들의 연구시설물 훼손 사건을 연대별로 정리한 내용이다.

시민단체의 실험동물 연구 시설 훼손 사례

연도	대상	사건 내용
1981	메릴랜드주 실버스프링, 행동생물학센터	연구용 원숭이 7마리 압수, 과정을 대중매체를 통해 공개
1984	펜실베니아대학교, 두부 외상 실험실	원숭이 연구 과정을 녹음한 비디오 테이프 도난
1984	캘리포니아주, 희망의 병원 연구소	연구 중이던 100여 마리의 실험동물 도난
1985	캘리포니아대학교, 리버사이드 캠퍼스	눈꺼풀이 봉합된 어린 원숭이를 포함한 260여 마리의 실험동물 도난
1986	오레곤대학교	38,000달러의 손해, 125마리의 동물 도난
1986	메릴랜드주, SEMA Inc.	B형 간염 보균 침팬치 4마리 도난
1987	캘리포니아대학교, 데이비스 캠퍼스, 수의 진단 실험실	5백만 달러에 이르는 기구, 장비 훼손
1988	캘리포니아대학교, 어바인 캠퍼스 공기 오염 효과 연구실	13마리의 비글견 도난
1988	아리조나 대학교	1,200마리 이상의 동물 도난, 설사를 일으킬수 있는 감염성 병원체 유출, 폭동을 진압하기 위해 50명 이상의 소방요원 투입
1990	펜실베니아대학교, 모리슨Adrin R. Morrison 연구실	연구자료 도난, 실험 중인 쥐들 도난

동물복지와 권리Animal Welfare and Animal Right

호주의 철학자인 피터 싱어Peter Albert David Singer는 1975년에 출판된 그의 책 '동물 해방Animal Liberation' 을 통해 근대 동물권리운동animal right movement을 형성하는 데 주요한 영향을 미쳤다. 비록 그 자신은 동물 권리를 지지하지 않았지만, 이 책에서 그는 어떠한 존재에 또 다른 종주로 사람 외의 종들이 단지 종속되어 있다는 '종 차별speciesism' 을 반대하였다.

그는 '고통을 느끼는 모든 존재는 이해관계가 동등하게 고려worthy of equal consideration of interests되어야 하며, 불필요한 고통이 생겨나기 때문에 동물을 식용으로 이용하는 것은 이치에 맞지 않다' 고 주장했다. 그러므로 그는 윤리적으로 정당한 식이는 채식주의veganism뿐이라고 생각했다.[23]

또한 그는 대부분의 생체해부vivisection를 강하게 비난하였으나 사용된 실험동물의 고통harm보다 이익benefit이 크다면 실험동물 연구는 받아들여져야 한다고 주장하기도 했다. 그러나 '이익benefit' 이라는 용어의 주관성으로 인해 공리주의의 관점에 관한 논의가 계속되고 있다.

동물 권리와 복지를 주장하는 많은 사람들은 '권리' 와 '복지' 를 분명히 구분하고 있다. 동물권리론자들은 권리에 기반을 둔 일반적인 메타윤리학적 관점에서 있고, 동물복지 옹호자들은 결과론자consequentialist 선악은 결과에 의해 판단되어야 한다는 이론을 지지인 경우가 많다.

피터 싱어Peter Singer[24]는 동물의 복지를 옹호한 반면, 미국의 철학자인 톰 리건Tom Regan은 동물은 인간과 마찬가지로 삶의 주체로서 동물의 이성적 능력의 차이와 무관하게 존중받아야 한다는 동물의 권리를 주장했다.

대부분의 동물 복지론자들은 모든 실험 동물 연구를 배제할 수 없음을 주장하는 반면, 게리 프랑시온Gary L. Francione [25]과 같은 동물권리론자들은 동물 실험을 폐지하지 않은 채 상황 개선만을 논하는 것은 논리적으로 모순될 뿐만 아니라 윤리적으로도 정당하지 않다고 주장한다. 그러나 '동물에 대한 윤리적 처우를 위한 사람들People for the Ethical Treatment of Animals : PETA' 과 같은 동물 권리를 옹호하는 몇몇 단체들도 연구에서 실험동물 사용이 중단될 때까지는 실험동물의 고통을 완화하는 동물 복지를 위한 방법들의 필요성을 지지하고 있다.[26]

동물의 산업적 활용을 적극 주장하는 단체에서 어떤 이유로도 동물의 권리를 침해하여서는 안된다는 입장의 단체에 이르기까지 다양한 이익단체별 동물에 대한 입장과 견해를 정리하여보면 다음의 표와 같다.

집단별 동물에 대한

동물의 산업적 활용 ANIMAL EXPLOITATION	동물이용 ANIMAL USE	동물복지
1. 인간은 동물에 대한 절대적인 지배권을 가지고 있다. 동물은 스포츠나 영리 등 어떠한 목적으로도 제약없이 사용 혹은 남용될 수 있다.	1. 동물은 음식, 생명과학연구, 오락, 무기철거, 노동, 의복 등 인간의 필요에 의해 이용될 수 있다. 그들 스스로의 통제가 가능하고 법이 필요하지 않다.	1. 위해로 부터 동물을 과 단체에 있다. 인간 필요에 의한 있어야 하며 사회적 을 위해 이러한 활동 하다.
2. 동물을 포함 또한 대상으로 활동과 선전을 하는 단체는 대부분 불법임. 과거에 이러한 활동은 대부분 금지되지 않았으며 현재에도 몇몇 국가에서는 그렇다.	2a. 동물실험, 사냥, 수렵과 모피 산업, 축산업과 가금(양계)산업, 로데오, 열대동물의 사육과 상업적 애완동물 분양업자, 모피상인과 가축생산업자를 포함한다.	2. 연방정부와 지방정 호소, 야생동물 보존 가장 중요한 활동은 대중에게 교육시키 몇몇 그룹들은 애완 잉을 조절하는 임무
	2b. 수의	
3. 투우, 투견, 투계(몇몇 주에서는 합법) 살아있는 비둘기 사격 멸종위기 종들의 밀렵 및 매매	2c. 이러한 단체는 대부분 행동지침서를 가지고 있다. 일부는 법에 의해 규제되고 있다. 동물이용 연구를 찬성하는 단체는 모든 규제에 전반적으로 반대한다. 하지만 수용소의 개와 고양이를 실험에 사용하는 대안법에는 반대하기도 한다. 3. 연구, 테스트, 교육을 위한 실습 실험, 사냥, 육식, 로데오, 모피, 동물수렵을 위한 덫과 번식	3. 이권단체들의 광범 다. 애완동물은 반 만이 키울수 있다. 동물의 식량사용에 에서의 사육반대. 일부 제한적인 동물 키우던 동물들을 실 동물실험 대안법을 영장류의 사용감소 포츠에 동물이용 야생동물의 보호에
4. 도축방법에 고통이 있거나 장시간 동안 이루어져도 개의치 않음	4. 이상적인 도축은 빠르고 고통이 없어야 하지만 이것이 항상 가능한 것은 아니다.	4. 도축은 신속하고 고
5. 위법행위를 감행할 수도 있음.	5. 현재 법이 강화되는 것을 원하지 않음. 주로 새로운 규정과 대립함.	5. 동물보호법의 강화를 감시하고 단속 강화

1. 신조　2. 대표 집단　3. 활동내용　4. 동물 살상에 대한 인식　5. 법률에 대한 입장

해에 따른 분류와 비교[27]

ANIMAL WELFARE	동물권리 ANIMAL RIGHTS	동물해방 ANIMAL LIBERATION
보호해야 할 책임이 개인 동물 이용에는 제약이 으로 받아들여지는 기준 은 법에 의한 규제가 필요	1. 동물들은 사람과 마찬가지로 천부적인 권리를 가지고 있다. 이런 권리들은 게임이나 실험에 사용되지 않을 권리. 학대받지 않을 권리 또는 도살 당하지 않을 권리를 포함한다.	1. 어떤 방법으로도 사람의 이익을 위해서 동물들이 작업에 이용되거나 생산되어서는 안 된다. 우리는 동물의 학대 뿐만 아니라 모든 종류의 동물이용을 없애려고 노력해야 한다. 몇몇 사람들은 동물들을 노예화 하는 것을 고려해 애완동물을 키우지 않는다.
부의 동물복지단체와 보 과 환경보존단체. 동물에 대한 책임감을 는 것이다 . 용 개와 고양이들 수의 과 를 하고 있다.	2. 연방정부와 지방정부의 동물권리 단체와 생체실험반대 단체	2. 공개적으로 동물해방을 주장하는 단체. 일부는 사회전체의 기초 및 소유물의 권리를 재정립해야 동물해방이 완수될 수 있다고 생각한다. 동물이용자 괴롭히기. 재산의 파괴, 실험실의 동물이나 도는 고통받고 있다고 생각하는 동물들, 상처입었거나 폭력에 노출된 동물들을 탈출시키는 것과 같은 비합법적 행위를 포함한 전술을 구사하는 비밀 또는 지하단체.
체		
위한 규약을 가지고 있 드시 책임감있는 사람들 대한 찬성, 공장형 농장 의 실험 찬성, 가축으로 험에 사용하는 것은 반대. 지지. 를 지지. 출혈이 있는 스 반대. 찬성.	3a. 동물을 실험에 이용하는 것. 사냥, 대량사육, 로데오, 서커스 그리고 야생동물을 동물원에 전시하는 것 등을 반대한다. 대중들의 데모, 평화적인 대결 그리고 시민 불복종운동을 장려한다.	
	3b. 실험, 로데오 등과 같은 활동의 규정을 위하여 작업하는 사람들과 전면적인 금지를 외치는 노예해방론자들로 나뉜다. 노예 해방론자들은 명예를 훼손시킨다는 이유로 동물복지단체를 비난하거나 심지어는 공격한다.	
	3c. 사안의 민감성과 우선순위에 따라 이들 단체 회원은 사냥, 도는 동물과 관련된 즐거움이나 스포츠를 위해서 동물을 키우지 않고 의학실험의 결과를 거부한다. 또한 백신, 모피, 고기, 우유, 그밖의 동물과 관련된 상품들을 거부한다.	
통없이 이루어져야 한다.	4. 동물의 고통감소 목적을 제외하고 도축하는 것에 반대.	4. 동물을 죽이는 것에 반대.
주장함. 동물의 이용을 를 주장함.	5. 활동의 일부는 군중시위 및 법적소송, 시민 불복종운동 등이 있고 일부는 대가없이 동물을 구조하는 동물학대반대 운동가도 있다.	5. 주장하는 정신이 너무 숭고하기 때문에 위법이 정당화됨.

동물복지 관련 법률과 제도의 발전

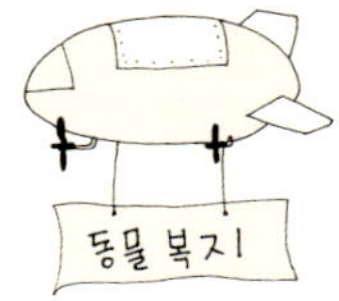

최초로 동물의 복리에 대한 철학적 접근을 한 것은 기원전 2,800~1,800년 사이의 인도 인더스 문명에서 찾아볼 수 있다. 인더스 문명은 조상이 동물로 환생하므로 동물을 대함에 있어 사람에게 하듯이 해야 한다는 종교적 믿음을 갖고 있었다.[28] 이러한 믿음은 현재의 불교에서도 찾아볼 수 있다.

근대적 의미의 동물 권리에 관한 정책이나 운동은 영국이 그 발상지라고 할 수 있다. 영국의 산업혁명은 동력원으로서의 동물이 기계로 대체되면서 동물 사육이라는 분야의 개념을 열었고 동시에 동물에 대한 애정을 표현할 수 있는 사회적 계기가 되었다.

동물복지는 사회적, 생리적 욕구에 부합하는 공간적 환경, 영양 등을 제공, 유지하는 것으로 정의할 수 있다. 동물복지는 '다섯 가지 자유five freedom' 를 준수하는 좋은 사육환경에서 가장 잘 실현된다. 영국의 '리틀우드위원회Littlewood Committee' [29]는 동물의 사육이란 '경험을 바탕으로 개선하고 연구를 통한 지식을 이용해 동물을 관리하는 구체적인 방법의 일상적 적용' 이라고 정의하고 있다. 간단히 말해서 '선량한 목동정신stockmanship' 이다. 적절한 동물복지의 달성은 다음 다섯 가지 자유의 실제적인 실현을 통해 가능할 수 있다.[30]

- 갈증, 허기 및 영양부족으로부터의 자유Freedom from thirst, hunger and malnutrition
- 불쾌감으로부터의 자유Freedom from discomfort
- 통증, 상해 및 질병으로부터의 자유Freedom from pain, injury and disease
- 일상적 행동표현의 자유Freedom to express normal behavior
- 공포와 스트레스로부터의 자유Freedom from fear and distress

다음의 표는 국가별로 실험동물과 관련된 입법현황을 보여주는 자료이다.

국가별 실험동물 관리에 관한 법률제도 현황[31]

적용 법률	영국	벨기에	덴마크	에이레	프랑스	그리스	독일	이태리	스페인	네덜란드	미국
연구 및 사육시설 감사제도	●	●	●	●	●		●	●		●	●
사육의무 제도	●	●					●		●	●	●
통증과 고통 관리	●		●	●	●	●	●	●	●	●	●
실험동물 면허제도	●		●	●	●		●	●	●	●	
독립적 심의기구에 의한 감시활동 의무	●	●	●		●		●			●	●
실험동물 대체연구 의무	●	●	●	●	●		●			●	●
의사결정의 윤리적 기준수립	●						●			●	

영국의 동물복지 법률제도

동물학대방지법The Cruelty to Animals Act

19세기 영국에서는 실험동물을 보호하는 법률을 제정하자는 요구가 점점 증가하였다. 1822년 리차드 마틴Richard Martin은 '소, 말 양에 대한 학대금지법안' 을 영국 의회에 제출하여 인간의 도덕과 인도적 행동에 호소하면서 동물의 복지를 주장하였다. 1824년에 '동물학대방지협회The Society for the Prevention of Cruelty to Animals' 가 등장하였고 1880년대에 '생체해부반대협회the Anti-Vivisection Society' 가 설립되었다. 당시 지도적인 과학자들 역시 관심을 보였는데 왕립의대 내과의사, 왕립의과대학 학장들과 다윈Darwin을 포함한 그 밖의 저명한 과학자들이 동물 실험의 규제를 요구하는 탄원서에 서명하였다.

1875년 왕립위원회가 설립되었고 이는 다음 해인 1876년 '동물 학대 방지법The Cruelty to Animals Act' 의 제정으로 이어진다. 이는 동물 보호 관련분야 최초의 법으로 특정 목적이나 상황에 놓인 동물 연구에서 '고통스러운 실험painful experiments' 을 규제하였다.[32]

1876년 '동물학대방지법' 에 대상이되는 동물의 사용은 20세기초부터 1973년까지 한 해에 5백 50만 마리씩 꾸준히 늘어났다. 이런 실험에 사용되는 동물의 급격한 증가는 논쟁을 불러일으켰고, 관심을 가진 몇몇 정당은 동물실험을 관리하는 1876년 법의 효력에 대한 의문을 가졌다.

유럽의회는 1992년 2월 12일 동물을 실험에 이용한 성분을 포함하고 있는 화장품의 EU내 시장판매를 금지하는 내용을 담고 있는 '화장품에 관한 훈령Cosmetic Directive 76/768의 수정안' 을 통과시켰다. 이 훈령은 2001년 4월부터 원안에서 다소 수정된 내용으로 시행되고 있다. EU는 세계에서 가장 큰 무역 그룹이고 12개국이 참여하고 있다. 따라서 이러한 유럽의 결정은 앞으로도 유럽 이외의 지역에 상당한 영향을 미칠 것이다. 왜냐하면 동물실험에 의해 제조된 제품이나 동물실험을 한 성분을 포함하고 있는 제품을 유럽시장에서는 판매할 수 없기 때문이다.[33]

동물이용에 관한 과학적 절차법The Animals(Scientific Procedures) Act

'동물 학대 방지법The Cruelty to Animals Act, 1876' 에 이어서 '동물이용에 대한 과학적 절차법' 은 실험 동물의 번식 관리와 사육에 관한 규정과 지침을 제시하고 동물관리와 건강과 복지의 감독을 의무적으로 수행하도록 하는 것으로[34], 1991년 영국의 '동물이용절차심의위원회 보고서Report of Animal Procedure Committee' 를 보면 그 내용은 다음과 같다.[35]

이 법은 고통과 통증, 스트레스를 주거나 또는 지속되는 위해를 가하는 경우에 실험과 보호 대상 동물들에게 행하는 다른 과학적 절차수행을 할 수 있는 면허를 발급한다. 법에서 언급된 작업은 주요 수술에서부터 채혈을 하는 것과 같이 마취가 필요없는 아주 사소한 수천 가지의 많은 절차들까지 규정되어 있다.

보호대상 동물은 사람을 제외한 살아있는 척추동물[36]로 정의되며 이는 특정 단계까지 발달한 태아, 미숙아 또는 배아기의 상태도 포함된다. 살아 있는 것으로 간주되는 동물은 순환기가 영구히 중단되거나 완전한 뇌기능의 중단 때까지를 의미한다. 뇌가 제거된 동물 실험도 법의 규제를 받는다.

이 법은 이전 법안에 포함되지 않는 과학연구까지 포함한다. 과학 연구에는 특별히 유전학적 결점을 가진 동물을 사육하는 것, 항혈청antisera과 다른 혈액 물질을 생산하는 것, 종양을 키우고 유지하는 것과 신경을 마비시키기 위해서 진정제나 다른 약물을 사용하는 것 등을 포함한다. 과학적 목적을 위해서 동물을 고통 없이 도살할 때에도 특정 환경에서는 허가당국의 면허가 필요하다.

확립된 수의학적 처치, 농축산업, 과학목적의 동물확인절차 등에 대해서는 이법의 적용을 받지 않는다. 그러나 이러한 경우라 하더라도 고통을 적게 주고, 스트레스를 주지 않으며 지속되는 위해를 가하지 않아야 한다. 1968년 '의료법에 의한 동물실험 자격제Animal Test Certificate under the Medicines Act' 상 인정된 동물에 대한 임상 실험일 경우 법 적용이 된다.

동물 수송 복지법The Welfare of Animals (Transport) Order

올바른 동물의 수송은 동물 복지에서 중요한 요소이다. 실험동물 대부분은 태어난 곳을 떠나지 않으며, 떠난다해도 이동 시간은 동물의 삶에 있어서 매우 작은 부분을 차지할 것이다. 그럼에도 불구하고 이동을 위한 차량 등의 선적이나 하적 시 동물은 엄청난 충격과 정신적 피해를 입는 것으로 알려져 있다. 1997년 제정된 영국의 동물수송에 관련된 법은 아마도 가장 복잡하고 광범위하면서도 자세한 영역일 것이다.[36]

이 법에서 정하는 음식과 물 그리고 휴식의 필수조건은 다음의 표에서 제시하고 있다. 동물들이 누울 수 있고 자연스러운 자세로 설 수 있는 충분한 공간을 제공할 것을 명시하는 등 동물의 적재방법과 항공수송 시 관련규정에 대해서도 자세히 명시하고 있다. 또한 임신이나 부상 등 특별한 주의가 필요한 동물들에 대해서는 수의사의 감독을 받거나 수송을 금지하고 있다.

이외에도 동물의 수송과 관련된 운송수단과 컨테이너 환경조건을 제시하고 있고, 운송계획을 포함한 수송책임자의 책무에 대해서도 정하고 있다. 영국의 농림수산식품부MAFF소속 검사관들은 법을 강제집행 할 권한을 부여받고 있으며, 아울러 상황의 심각성에 따라 검사관들은 기소권을 가진다.

영국 동물 수송 복지법의 급식, 급수 및 휴식 조건

동물	급식	급수	휴식시간(일반차량)	휴식시간(전용차량)
돼지	매 8시간	지속공급	매 24시간 마다 (최초 8시간 이동 이후부터)	무 휴식상태에서 최대 24시간 초과할 수 없음
소, 양, 염소	매 8시간 (탈수방지를 위한 예방조치 필요)	매 8시간	상동	14시간 이동 후 1시간 휴식, 이후 14시간이상 이동금지
말	매 8시간	매 8시간	상동	무 휴식상태에서 최대 24시간 초과할 수 없음
송아지, 새끼양, 망아지	금식권고	전해질 용액 공급	상동	최대 9시간 이동 후 1시간 휴식, 이후 9시간 이상 이동 금지
가금류, 애완조류, 토끼	매 8시간	매 8시간	상동	해당 무

독일의 동물보호법

독일의 동물보호법German Law for Protection of Animals, 1972에서는 제5장 제 7조~제9조a까지 동물실험에 관한 내용을 규정하고 있다. 이 가운데 동물실험을 할 수 있는 경우를 아래와 같이 제한(제7조 제2항)하고 있다.

- 질병, 질환 및 신체 장애 또는 신체적 장애의 예방, 진단 또는 처치, 인간 및 동물의 심리적 상태 및 기능에 대한 이해 및 영향을 위해 필요한 경우
- 환경 위험성에 대한 인식을 위해 필요한 경우
- 원료 또는 생산물의 인간 및 동물의 건강에 대한 불확실성에 대한 실험 또는 동물적 침해에 대한 효과와 관련된 실험인 경우
- 기초 연구에 필요한 경우

또한 척추동물을 대상으로 하는 연구에서는 그 실험에서 기대되는 고통, 질환 또는 상해가 실험의 목적에 비추어볼 때 윤리적으로 수용될 경우에만 가능하다(제7조 제3항).

무기, 탄약 또는 그에 속하는 기구의 발전 및 시험을 위한 경우나 엽연초 생산물, 세탁물 및 화장품 류의 발전을 위한 동물 실험은 금지되어 있다. 다만 후자의 경우 구체적인 건강위험을 방지하기 위한 경우 및 필수적인 새로운 이해가

다른 방법으로 얻어질 수 없거나, 유럽 공동체의 법규를 시행하기 위한 경우에는 관련 부처가 연방상원의 동의를 얻은 법규명령을 통해 예외를 규정하는 것이 가능하다(제7조 제5항).

동물실험은 전문 지식을 가진 자에 의해서만 수행될 수 있도록 불가피한 범위 내로 제한하고 있다. 온혈동물에 대한 실험의 경우는 감각 생리학적으로 발전이 덜 된 동물에 대한 실험으로는 목적 달성이 어려운 경우에 수행되어야 하고, 필요 이상으로 동물의 수를 사용해서는 안 되며, 동물에게 고통, 질환 또는 상해를 가하는 것이 목적달성에서 불가피한 범위 내에서만 수행되어야 한다.

척추동물에 대한 실험은 마취 상태에서만 수행하고, 만약 동물실험으로 인해 실험동물이 사망하는 사태가 되거나 고통과 질환 속에서만 계속 생존할 수 있다면 살처분해야 한다.[38] 척추동물을 대상으로 실험하기 위해서는 실험계획과 관련하여 서면으로 관할 행정 기관에 동물실험이 필수적인지, 사용되는 동물의 복지 상태는 어떠한지 심사를 받은 후 인가 받을 수 있다.

그 밖의 동물(인가를 요하지 않는 척추동물, 두족류, 십각류 등)에 대한 실험은 실험 개시 2주 전까지 행정기관에 신고한다. 동물실험에 대한 기록을 작성, 보관해야 하는데 기록은 실험계획이 수행된 후 3년 동안 보관하고 관할 행정기관이 열람을 요구하면 제출할 수 있어야 한다.

일본의 동물애호법

일본의 동물애호 및 관리에 관한 법률(동물애호법)은 '국민의 생명존중, 우애 및 평화정서의 함양'을 실현하는 데 그 목적이 있다. 이에 대해 동물학대 방지, 동물의 적절한 취급 및 동물애호사항에 관한 사항을 규정하고 있는데, 가장 최근에는 2006년 6월 2일 법률 제50호로 개정되었다.

이 법에서는 '동물 취급업자의 시행'에 대해 규정하고 있는데, 동물 취급업을 신고제에서 등록제로 변경, 규제를 강화하고 있다. 일본은 동물 취급업(동물의 판매, 보관, 대출, 훈련, 전시 등)에 대하여 도도부현지사 등에 의한 '등록제'를 시행하고 있다.

동물취급업에 해당되는 '시설을 갖지 않은 인터넷 등에 의한 통신판매업자' 등도 동물취급업에 해당될 수 있다. 현재 신고한 업자 및 개정법으로 새로이 동물취급업에 해당하게 된 업자에 대해서는 1년 간의 유예기간을 두어 2007년 5월 31일부터 등록하도록 하고 있다.

도도부현지사는 도도부현 직원에게 동물 취급 업자의 사업소 등에 입회하여 검사할 수 있는 권한을 부여한다(제24조). 동법이나 동법에 근거한 기준에 위반한 자는 처벌할 수 았다(제46~49조). 예를 들면, 사육시설의 구조가 환경성이 정한 기준을 충족하지 못한 동물 취급업 등을 배제(등록, 갱신 거절 등 제12, 13조, 등록 취소 제19조)하여 동물 취급업의 질을 보장한다.

또한 이 법은 실험동물의 취급업에 등록제를 적용하는 것은 제외하는데,

동물실험을 직접 실시하는 자는 물론, 번식자, 공급자, 보관자도 등록할 필요가 없고 도도부현 직원의 입회검사도 불가능하다.

일본에서는 '3R 원칙'을 법으로 규정하고 있다.

① 동물을 교육, 시험연구, 또는 생물학적 제제의 제조용 기타 과학상의 이용에 제공하는 경우에는 과학상의 이용 목적을 달성하는 것이 가능한 범위에 있어서 가능한 한 동물을 이용하는 방법에 대신할 수 있는 것을 이용하는 것, 가능한 한 이용하는 동물의 수를 적게 하는 것 등에 대하여 배려해야 한다(제41조 제1항).

② 동물의 과학상의 이용에 제공하는 경우에는 그 이용에 필요한 한도에서 가능한 한 그 동물에게 고통을 주지 않는 방법으로 수행하여야 한다(제41조 제2항).

③ 동물이 과학적 목적으로 이용된 후 회복의 기미가 보이지 않는 상태에 도달하는 경우에는 과학적으로 이용한 자는 즉시 가능한 한 고통을 주지 않는 방법으로 동물을 처분해야 한다(제41조 제3항).

환경성은 기존의 '실험동물의 사육 및 보관 등에 관한 기준'을 보완하기 위해 동물애호법 제41조 제4항에 근거하여 환경성령 '실험동물의 사육 및 보관과 고통의 경감에 관한 기준'을 2006년 4월 28일 환경성 고시 제88호로 제정하였다. 보안 내용으로는 시설 구조의 기준에 관한 규정, 관리자의 의무규정이 포함되어 있다.

실험동물 시설은 실험동물의 생리, 생태, 습성 등에 대해 실험 등의 목적 달성에 지장을 주지 않는 범위 내에서 적절한 사료 및 물을 공급할 수 있어야 한다(제3-1(1)(ア)).

또한, 실험 등의 목적달성에 지장을 주지 않는 범위 내에서 실험동물 각각이 자연적인 자세로 위로 서거나 옆으로 눕거나 날거나 수영하는 등 일상적인 동작을 용이하게 행할 수 있는 공간을 마련해 주는 것도 규정한다(제3-1 (2)(ア)). 한편 관리자의 의무 규정은 동물의 사육 및 보관과 과학상 이용의 객관성 및 필요에 대한 투명성을 확보하고, 동물의 애호 및 관리의 관점에서도 적절한 방법으로 행해지도록 관리자의 의무를 명시한다(제1-3).

또한, 위의 기준을 엄수하고 관련 지도를 행하기 위한 위원회의 설치, 기준상의 기능 확보, 기준을 즉시 정책에 반영하는 등의 조치를 강구, 시설 내에 있어서 이 기준의 적절한 주지에 대한 노력 등을 규정한다.

일본 각 성에서는 2006년 동물실험에 관한 지침을 제정하였는데, 여기에는 문부과학성의 '연구기관 등에서의 동물실험 등의 실시에 관한 기본지침', 후생노동성 '후생노동성 소관기관에 대한 동물실험 등의 실시에 관한 기본지침', 농림수산성 '농림수산성 소관 연구기관 등에 대한 동물실험 등의 실시에 관한 기본지침' 등이 있다.

그 주요 내용에는 동물실험 계획의 입안 및 실시과정에서 과학적 합리성의 확보, 안전 관리, 동물실험 등의 실시에 관한 최종적인 책임을 각 연구, 실험 기관 등의 기관장에게 부담 등이 있다. 기관 내 규정의 책정, 동물실험위원회의 설치, 동물실험계획의 승인 및 비승인, 동물실험계획의 실시와 결과 파악, 동물실험 실시자 등에 대한 교육 훈련 등의 실시, 동물실험 등의 지침 적합성에 관한 자체 점검 평가, 동물실험 등에 관한 정보의 공개 등은 기관장의 책무에 소속되어 있다.

미국의 동물복지 관련 제도

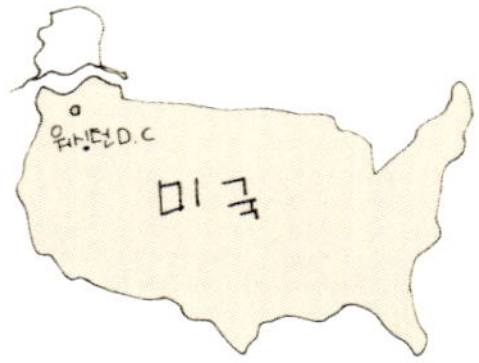

실험동물복지법Laboratory Animal Welfare Act과 동물복지법Animal Welfare Act

'실험동물복지법Laboratory Animal Welfare Act' 이 통과된 것은 1966년 8월 24일의 일이다.[39] 이 법안의 주요 골자는 유기동물의 실험목적 사용에 대한 보호와 개 판매자 및 실험동물 연구시설의 미 농무부 등록의무제 실시이다.

이 법에 의하면 '실험동물 연구시설은 개와 고양이의 구매처를 면허를 가진 판매자로 제한한다' 고 규정하고 있다. 이 법은 연구목적으로 사용되는 동물을 개, 고양이, 인간을 제외한 영장류, 토끼, 햄스터 및 기니피그로 나눈 6개 군으로 구분하고 있다. 그러나, 많은 종류의 동물이 이 법에서는 누락되었고 이후 연방차원의 입안이 이루어지기도 하였다. 이러한 문제점으로 이 법은 1970년, 1976년 그리고 1985년까지 지속적으로 개정되어 법이 규정하는 범위가 확대되었다.

개정된 법에 의해 추가된 주요 사안은 실험동물 연구 시 통증 완화제의 사용 의무, '동물실험윤리위원회Institutional Animal Care & Use Committee: IACUC' [40]의 설치 그리고 법안의 명칭을 '동물복지법Animal Welfare Act' 으로의 개칭이었다. 1966년 제정된 '실험동물복지법' 이 1985년에 '동물복지법' 으로 명칭과 내용이 개정된 가장 획기적인 부분이라면 과거에는 통제를 받지 않던 실제 실험의 세부 절차가 법률의 통제를 받게 되었다는 것이다.

세 가지 새로운 개념이 이 법률에 도입되었다.

① 인도적 실험동물의 사용과 관리를 위해 실험동물관련 종사자들에 대한 교육훈련의 의무 부과

② 영장류 동물 사육시설은 동물의 심리적 복지를 증진할 수 있는 환경을 제공, 개의 경우, 운동의 기회를 제공

③ 실험동물을 연구하는 연구기관 내에 '동물실험윤리위원회IACUC' 의 설치

'동물복지법' 의 주무부처는 미 농무부USDA 산하의 '동식물검역원Animal & Plant Health Inspection Service' 의 소관 업무로 법의 개정 및 관리를 맞고 있다. 또한 미 국립보건원과 보건부의 실험동물에 관한 정책사안은 국립보건원내 '실험동물복지국Office of Laboratory Animal Welfare: OLAW' 이 맡고 있다.

미국에서는 연간 1억 마리 이상의 래트와 마우스가 연구에 사용되며 매년 그 수는 증가하는 추세이다. 미국 농무부는 30년간 실험에 사용되는 동물들의 사용을 규제하는 법을 만들 것을 촉구한 끝에 1966년 '동물복지법' 을 제정하였다.[41] 일명 '실험동물복지법The Laboratory Animal Welfare Act' 으로 불린 이 법은 개, 고양이, 영장류, 토끼, 햄스터, 기니피그 등 그 밖의 다른 동물들의 보호, 유치, 판매와 이동을 하는 과정에서 동물 중개인이나 연구소가 지켜야할 최소의 기준을 제시하였다. 이 법은 개나 고양이 중개인과 연구기관에 자격증과 도난 방지를 위해 개나 고양이의 명찰패용을 갖출 것을 의무화하고 있다.

1970년 '실험동물복지법The Laboratory Animal Welfare Act' 은 농무부 장관에 의해 모든 온혈동물의 '실험동물' 을 관할할 수 있는 '동물 복지법The Animal Welfare Act of 1970' 으로 개정되었다. 이 개정안은 모든 동물 중개인들의 자격증을 의무화하고 '마취제, 진통제, 안정제' 를 적절히 사용하도록 했다. 이 법을 통해 애완용으로 판매되는 동물(애완동물 가게 제외)과 전시회에 이용되는 동물들도 보호받게 되었다.

1972년 농무부 장관은 '동물' 의 정의에 새, 마우스, 래트, 말 그리고 농장 동물을 제외시킨 법안을 발의했다. 당시에 이러한 종들은 농림부장관이 '동물' 로 지정하지 않은 바, 법에 의해 규제되지 않았다. 이 새로운 법은 '동물' 이라는 용어의 정의에 포함되는 동물들을 좀더 명확히 구별하여 제외시켰다.

1976년 동 법은 연구기관의 연구자들을 전시업자, 중개인 등과 같은 범주로 구분하여 동물들에게 가하는 잔혹행위는 벌금을 부과하도록 개정되었다. 이전의 연구기관들은 벌금이 부과되기 전에 동물들에게 가하는 가혹행위를 중단할 것을 촉구 받는 대상들이었다. 이 개정안은 또한 민간연구소뿐만 아니라 정부에 소속된 연구기관들까지 이 규정을 따르게 하였다.

다음 그림에서 나타나는 바와 같이 미국정부는 동물복지법의 시행을 위해 매년 예산집행을 해오고 있으며 그 결과를 연차보고서에서 보고하고 있다.[42]

연도별 동물복지법 집행을 위한 미국 정부 지출예산 현황

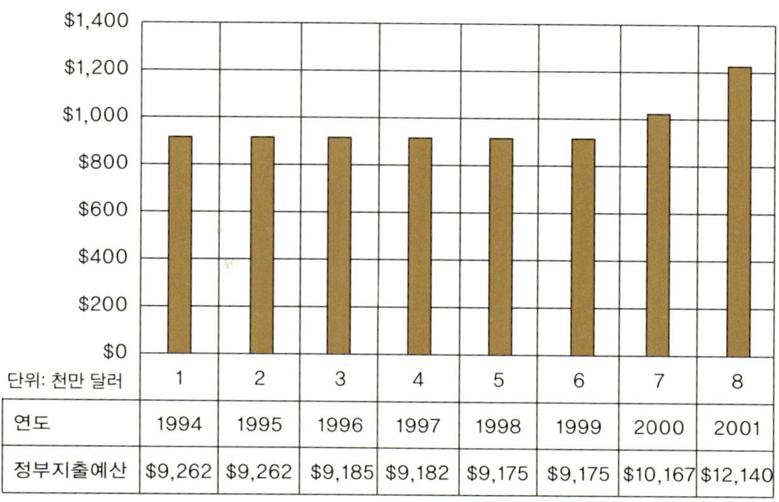

연도	1994	1995	1996	1997	1998	1999	2000	2001
정부지출예산	$9,262	$9,262	$9,185	$9,182	$9,175	$9,175	$10,167	$12,140

식품안전법The Food Security Act/3차 개정 동물복지법[43]

1985년 '식품안전법The Food Security Act'의 제정은 '실험동물법 개선안Improved Standards for Laboratory Animals Act'이라는 개정안을 포함하고 있다. 이 법률은 전문에서 법률의 목적을 전제하고 있다.

- 인간 및 동물의 질병치료 목적이나 고도의 학술적 지식을 구하기 위한 수단으로서 동물의 이용이 제한적으로 인정된다.
- 이러한 목적을 위해서라 하더라도 동물이용이 필요하지 않는 연구방법의 개발은 지속되어야 한다. 또한 현재의 동물을 이용하는 실험방법도 대체할 수 있는 방법을 모색하여야 한다. 특히 연방정부의 예산으로 연구를 하는 경우 중복되거나 불필요한 동물이용 연구방법을 최소화하거나 제거되어야 한다
- 실험동물의 관리나 처우에 관한 대중의 관심에 부응할 수 있도록 보장하면서도 연구발전에 동시에 기여할 수 있어야 한다.

이 개정안은 '동물복지법상 실험동물의 관리 기준AWA standards for laboratory animal care'을 강화하고 법률의 집행을 강화하고, 동물을 다루는 사람에 대한 교육을 의무화하며, 규제된 동물을 사용하는 각 기관들이 '동물실험윤리위원회Institutional Animal Care and Use Committees: IACUC'를 설치 운영해야 한다는 것이다.

이러한 위원회들은 연구소에서의 동물 관리를 감독하고 통증이나 고통이 수반되는 실험에 대한 대안을 고려한 것인지 보장할 수 있도록 실험동물의 이용 및 관리상태를 감시한다. 더욱이 1985년의 개정안은 '개의 운동'과 '물리적으로 영장류의 복지를 촉진하는' 물리적 환경을 의무화하였다.

실험동물 연구시설 및 동물 취급자의 등록 의무 및 면허제

■ 동물취급자의 면허제

미국 '동물복지법' 은 동물의 중개, 전시, 경매를 하는 자는 면허를 받도록 규정하고 있다.[44] 농무부 장관은 동물의 중개인이나 전시를 하는 자에 대해 면허를 발급하도록 하였다. 면허를 신청하는 자는 법 제 13조에 명시한 기준시설을 갖추어야 한다. 그러나 애완동물가게나 사설로 개나 고양이를 동물 중개인 또는 연구시설에 판매를 하는 자의 경우 신청자가 주 소득보다 낮은 경우(장관이 정하는 별도의 기준)는 면허를 받을 필요가 없다. 이 법에서 정하는 용어정의의 일부를 살펴보면,

'연구시설' [45]이라 함은 초 · 중등 학교를 제외한 학교, 기관, 단체 또는 개인으로써 살아있는 동물을 연구, 실험 또는 시험에 사용하거나 사용하고자 하는 자로서 ① 살아 있는 동물을 상업용으로 구매 또는 수송하는 자, ② 미 정부기관으로부터 연구목적의 연구계약, 차관 또는 계약에 의해 자금을 지원받는 자를 말한다.

'중개인' [46]이라 함은 '이익을 목적으로 ① 개 또는 다른 동물생사와 상관없이을 연구, 교육, 전시 또는 애완용으로 ② 사냥, 경비 또는 육종 목적으로 수송 또는 이송을 하는 자' 를 말한다. 단, 운송, 매매 또는 매매를 목적으로 협상하는 경우는 제외한다. 또한 연구시설, 전시자 또는 중개인에게 판매하지 않는 애완동물 소매상 또는 동물 매매로 인간 연간 소득이 500달러를 넘지 않는 개인은 제외한다. 다음 그림은 미 농무부에 등록된 동물 이용 시설 등록 현황을 보여주고 있다.

미국의 동물 이용 시설 현황 2006년 미 농무부 연차보고서

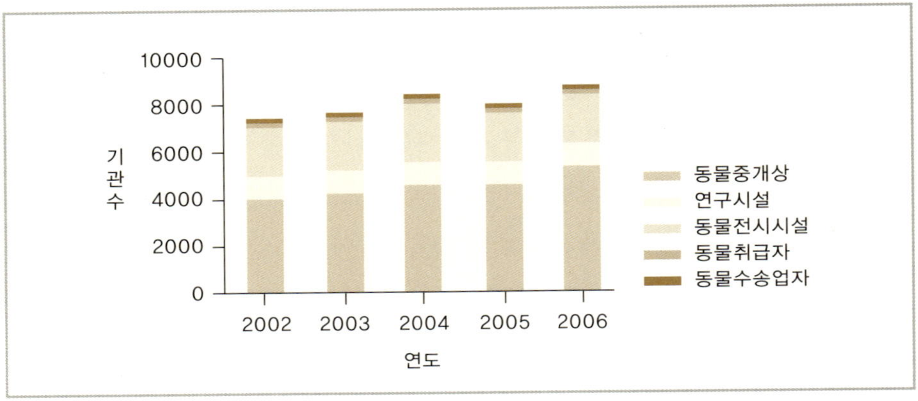

■ 동물이용 연구시설의 등록제

미국 내 모든 실험동물연구시설은 반드시 '동물복지법' 에 의거 농무부 동식물검역원Animal and Plant Health Inspection Service: APHIS에 등록을 해야 한다.[47] 이 법률에 의거하여 농무부에 등록된 실험동물 연구시설로는 2007년 8월 현재 1,072개 연구기관이 있다.[48] 다음은 미 농무부에 등록된 실험동물연구시설 등록 현황을 보여주고 있다.

2007년 동식물검역소가 '동물복지법' 에 의한 감사를 시행한 내역을 살펴보면 감사 대상기관은 동물중개소 5,197개소, 연구시설 1,072개소, 동물전시장 2,373개소, 동물취급자 253명, 동물 수송업자 180명 등 총 9,075개 기관을 대상으로 관련법 준수에 관한 감사 건수는 총 17,980건에 이르렀다. 위의 그림은 미 농무부에 등록된 동물 종류별 사용 현황을 보여주고 있다.

전체 실험동물 수는 1984~1985년과 1993년에 일시적으로 증가하였으나, 1973년 이래 약간의 변동은 있어도 지속적으로 감소하였다. 1984~5년 증가의 특성은 기니피그, 햄스터, 그리고 기타 동물의 수가 급격히 증가한 것에 그 원인이 있

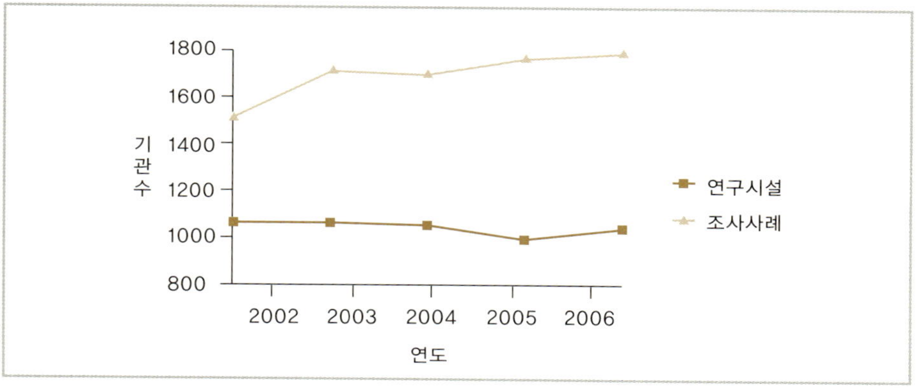

미국의 동물 연구 시설과 조사 사례 현황(2006년 미 농무부 연차보고서)

다. 1993년에는 농장동물, 햄스터, 그리고 기타 동물의 수가 급격히 증가한 것이 특이한 점이다.

동물별로 살펴보면 개의 경우는 일시적인 증감을 보였으나 지속적으로 감소하고 있는데, 특히 1980년대 후반을 기점으로 1993년까지 급격히 감소하여 2000년 이후로 일정 수가 유지되고 있다. 한편, 고양이는 개에서와 유사하게 일시적인 증감이 있으나 꾸준히 감소하는 추세를 보이고 있는데, 특정하게 급감하는 시기는 없다. 이는 개와는 달리 고양이는 사용되는 연구의 폭이 제한되어 있기 때문일 것으로 추측된다.

기니피그를 비롯한 토끼, 햄스터 등은 비슷하게 꾸준히 감소하였는데, 개와 마찬가지로 일시적으로 1985년 수가 증가하였다가 1990년 초반까지 사용 수가 급감하였고 이후로 지속적으로 감소하였다. 대부분의 실험동물 수는 1973년 이래로 꾸준히 감소되고 있는 반면, 영장류의 경우는 증감의 변화만 있을 뿐 사용되는 동물 수 자체는 오히려 증가하였다. 1973년에는 42,000여 마리였는데 반해 2006년에는 62,000여 마리가 되었고, 다른 실험동물의 수가 크게 감소한 1980년대 후반과

미국의 동물 종류별 사용 현황1973~2006

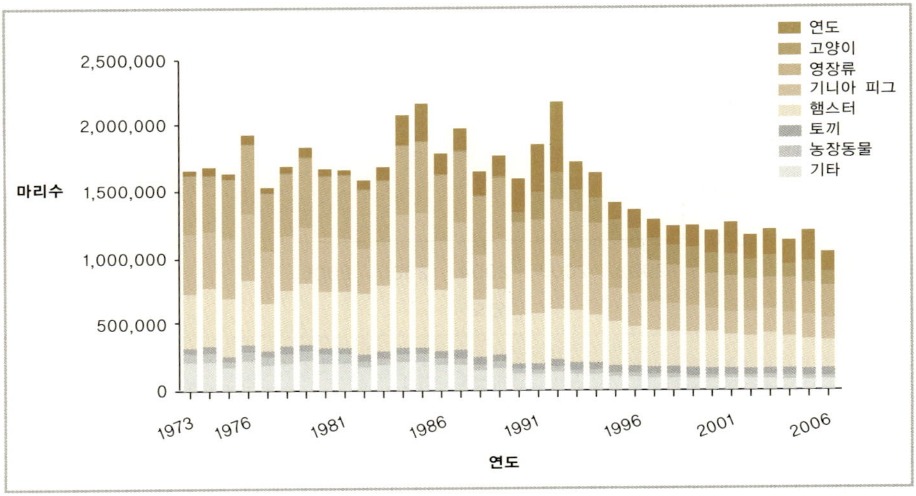

1990년대 초반까지는 유사하게 감소하였으나 이후 점차 증가하였다. 그러나 다른 동물에 비해 총 사용 수 자체가 적기 때문에 영장류가 사용되는 전체 실험동물 수의 변동에 큰 영향을 주지는 못하고 있다.

또한 동 보고서의 통계에 의하면 2006년 1년 동안 사용한 연구시설에서 사용한 동물의 현황은 고양이 21,637마리, 개 66,314마리, 기니피그 204,809마리, 햄스터 167,571마리, 영장류 62,315마리, 기타 축산동물 34,632마리, 돼지 57,571마리, 토끼 239,720마리, 양 13,577마리, 기타 144,567마리 등 총 1,012,713마리를 사용하였다고 보고 되었다. 또한 동물 마리 수로 볼 때 가장 많은 동물을 이용한 주는 캘리포니아주로 미국 전체 연구시설에서 사용한 동물의 10.4%인 105,473마리를 사용하여 실험동물을 가장 많이 사용하는 주로 기록되었다.[49]

실험동물사용 및 관리에 관한 지침The Guide for the Care and Use of Laboratory Animals 50

미 국립보건원NIH은 1946년부터 동물실험에 연방정부 연구비를 지원해왔다. 1963년에 와서 '실험동물 관리 및 사용에 관한 지침the Guide for the Care and Use of Laboratory Animals' 51을 제정하여 의무사항이 아닌 권고 지침으로 최초 발간하였다.

초기의 지침은 동물사육 케이지의 최소규모, 위생 및 영양 등 동물의 사육 기준을 중심으로 규정하였다. 이 지침이 점차 개정이 되면서 실험의 방법과 절차에 이르는 기준에 대한 규정을 발전시키기 시작하였다. 최초의 권고 사항에서 이 지침은 1985년 연방법에 의해 규제사항으로 정립된다. 지침의 주요 내용을 살펴보면,

- **연구기관의 정책과 의무 사항**

  동물의 관리 및 사용에 관한 감시를 위하여 각 기관에서는 동물실험윤리위원회(IACUC) 설치를 의무화 하고 있다. 실험동물 사용은 연구계획서에 근거하고 이를 사전에 위원회의 심의로 규정하고 있다. 또한 동물의 건강상태와 복지를 평가할 수 있는 적절한 수의학적 관리를 모든 동물에게 제공토록 하고 있다. 아울러 실험동물 연구시설에 근무하는 모든 직원에 대한 자격과 관련 교육의무를 기관장에게 부과하고 있다. 또한 직원의 보건과 안전에 관한 사항을 규정함으로써 관련 인력의 안전에 대한 규정을 두고 있다.

- **동물의 환경, 주거 및 관리**

  동물복지를 포함한 동물실험 데이터 및 동물을 이용한 교육, 실험계획의 질을 유지하고, 직원의 안전위생을 확보하기 위하여 동물을 적절한 사육시설에 수용하여 관리해야 하고, 동물의 성장, 성숙, 번식, 건강 유지에 필요한 환경, 주거 관리를 해야 한다는 사항을 규정하고 있다.

- **수의학적 관리**

동물의 관리 및 사용에 있어 수의학적 관리는 중요한 부분으로 충분한 수의학적 관리를 위해 다양한 프로그램의 필요성을 규제하고 있는데, 여기서는 동물의 구매와 수송에서부터 검역을 포함한 순화 및 격리 등에 관한 예방의학적 관리, 질병의 감시나 치료, 통증관리와 안락사의 방법과 그 규제 내용 등에 대해 구체적으로 설명하고 있다.

- **시설에 관한 사항**

동물시설은 양질의 동물관리와 연구의 효율성 및 실험자 및 사육 직원들의 안전을 고려하여 필요한 각종 기능별 필요시설뿐만 아니라 각 시설부분에 조명, 배수, 환기 등 다양한 시설물의 기준에 관한 사항들을 규정하고 있다.

실험동물 복지국Office of Laboratory Animal Welfare: OLAW 52

미국에서 연방차원의 실험동물 복지와 관련된 업무를 주관하는 부처로서 이 부서는 미 국립보건원 산하 기구로 설치되었으며 직속으로 두 개 부서를 두고 있다.

이 부처의 임무는 다음과 같다.

① 보건부 산하 전 부처와 보건부 연구비로 지원되는 연구 수행에서 실험동물의 사용과 인도적 관리에 관한 보건부의 정책 개발, 지침의 준수 그리고 관련기관의 감독

② 보건부의 규정, 정책사안 등에 관한 각 연방정부 부처와의 업무 조정 그리고 실험동물의 사용과 관리에 관한 지침업무의 협의 창구 역할

③ 정부 및 민간 부분에서 연구용 실험동물 사용과 관련한 업무지도 및 관련 지침 준수를 위한 교육 훈련 프로그램의 개발업무 감독

④ 실험동물의 인도적 관리 및 사용과 관련한 보건부 정책의 유효성 평가

⑤ 연구에서 실험동물 관리 및 사용과 관련된 현안 과제의 심의 및 대통령을 포함한 의회, 연방정부 및 관련 단체들과의 연락업무 수행

한국의 동물복지 제도의 도입

가축 전염병 예방법

'가축 전염병 예방법1961' 은 가축의 전염성질병이 발생하거나 퍼지는 것을 막음으로써 축산업 발전과 공중위생의 향상에 기여함을 목적으로 한다. 동 법률 제5조가축의 소요자 등 방역의무 "가축의 소유자 또는 관리자는 축사 및 그 주변을 청결히 하고 주기적인 소독을 실시함으로써 가축전염성 질병이 발생하는 것을 예방하여야 하며" 라고 하여 동물의 사육시설에 관한 위생과 질병감염 예방활동을 적시하고 있어 직접적으로는 아니지만 동물의 복지에 간접적으로 접근하는 법률로서 의미를 가진다.

조수보호 및 수렵에 관한 법률

1961년 제정된 '수렵법' 을 보완하여 1967년 3월 30일 '조수보호 및 수렵에 관한 법률법률 제1931호' 이 제정되었다. 이는 야생조수의 보호와 수렵에 관한 사항을 규정함으로써 야생조수를 보호 · 번식시키고 자연생태계의 균형을 유지하도록 하여 국민의 쾌적한 자연환경과 생활환경을 보호하는 한편, 수렵으로 인한 국민의 생명 · 신체 · 재산에 대한 위해 발생을 미리 방지하기 위함이었다. 조수보호계획, 조수보호구, 수렵면허, 수렵조수, 금렵구의 설정 및 해제, 조수의 학대행위 금지, 특별한 목적을 위한 포획허가, 박제업자의 등록, 조수의 수출입 등 전문 30조와 부칙으로 이루어져 있다.

이 법률은 무분별한 동물의 수렵을 방지하고 야생조수의 보호를 위한 수렵 구역의 설정은 물론 특히 조수에 대한 학대금지[53]를 규정하여 동물복지의 정신을 일부 반영하고 있다. 1983년 전문 개정한 뒤 2004년 2월 9일 '야생동식물보호법'을 제정 공포하면서 이 법은 폐지되었으나 '야생동식물보호법' 이 본격 시행되는 2005년 2월까지 적용되었다.

야생동식물보호법

2004년 2월 9일에 야생동식물의 멸종을 예방하고, 생물의 다양성을 증진시켜 생태계의 균형을 유지함과 아울러 사람과 야생동식물이 공존하는 건전한 자연환경을 확보하기 위해 '야생동식물보호법' 이 법률로 제정되었다.

'자연환경 보전법' 과 '조수보호 및 수렵에 관한 법률' 이 야생동물과 야생식물의 보호 · 관리 규정을 통합하고 미비점을 보완하여 제정하였다. '국가는 야생동식물의 서식실태 등을 파악하여 종합적인 보호시책을 세워 시행해야 한다' 고 정하고, 환경부 장관은 5년 마다 멸종위기 야생동식물보호 기본계획을 세우고, 시 · 도지사는 이에 따라 세부계획을 세우도록 하고 있다.[54]

이 법률 제8조에서는 '야생동물의 학대방지' 를 다음과 같이 정하고 있다. 누구든지 정당한 사유 없이 야생동물에 대하여 다음 각 호의 학대행위를 하여서는 아니된다.

① 독극물 사용 등 잔인한 방법이나 다른 사람에게 혐오감을 주는 방법으로 죽이는 행위
② 포획 · 감금하여 고통을 주거나 상처를 입히는 행위
③ 살아있는 상태에서 혈액 · 쓸개 · 내장 그 밖에 생체의 일부를 채취하거나 채취하는 장치 등을 설치하는 행위

이 법을 위반하여 포획, 수입 또는 반입한 야생동물을 사용하여 만든 음식물 또는 가공품인 사실을 알면서 먹거나 취득 · 양도 · 운반 · 보관하는 행위는 처벌대상이며[55] 덫, 창애, 올무 등 야생동물을 포획할 수 있는 도구를 제작 · 판매 · 보관하는 행위도 처벌 하도록 하고 있다.

이 밖에 야생동식물의 서식지 외 보전기관 지정, 야생동물로 인한 피해예방 및 보상, 유해야생동물의 포획허가, 생태계를 교란하는 야생동식물 관리, 불법포획 신고자 등에 대한 포상금, 벌칙 등에 관한 규정이 있다. 국제적 멸종위기 종의 국제거래 등에 대한 규제가 법률 제16, 17, 18조 등에 명시하고 있어 국제적인 동물보호 운동과 국제사회의 환경 및 생태계에 관한 추세에 맞추는 정책을 반영하고 있다.

개정 동물보호법2008

개정 동물보호법은 동물의 생명과 안전을 보호하여 생명존중 등 국민의 정서함양을 목적으로 1991년 5월 31일 법률 제4379호로 제정된 후 2008년 1월까지 5차례 개정되었다.

개정 법은 동물보호에 관한 국가, 지방자치단체 및 국민의 책무를 강화하고, 동물 학대행위에 대한 처벌 및 유기동물과 실험동물의 보호를 강화하기 위하여 관련규정을 보완하며, 반려동물 사육 증가 등 여건변화를 감안하여 동물판매업자 등에 대한 등록제를 도입하는 등 제도 운영과정에서 나타난 일부 미비점을 개선, 보완하려는 의지가 반영되었다.

법률 제3조 동물보호의 기본원칙에서 "누구든지 동물을 사육 · 관리 또는 보호함에 있어서는 그 동물이 가급적 본래의 습성을 유지하면서 정상적으로 살 수 있도록 노력하여야 한다."는 동물복지의 구체적인 개념을 법률에 반영하여 조문으로 명시한 법률이다.

또한 제4조는 '동물보호 운동' 에 대한 조항을 두어 '농림부 장관은 국민의 동물보호의식을 높이기 위해 공공단체 또는 민간단체에 대해 동물보호 운동이나 그와 관련된 활동을 권장하고, 이에 필요한 지원을 할 수 있다.' 라고 법률이 동물보호 운동을 정하는 최초의 법률이 되었다.

이외에 제6조에서는 동물의 적정한 사육 · 관리에 대해 규정하고 있고, 특히 제7조 동물학대 등의 금지에서는 '누구든지 동물을 합리적인 이유없이 죽이거나, 잔인하게 죽이거나, 타인에게 혐오감을 주는 방법으로 죽여서는 아니된다' 라고 동물학대의 구체적인 사례와 법 적용을 명시하고 있다.

이외에 이 법률에서는 '유기동물 등에 대한 조치', '동물의 도살방법', 동물의 수술' 등에 대한 구체적인 동물보호의 법률적 근거를 마련하였다.

연구윤리와 관련하여 특기할 만한 부분은 이 법 제13조동물실험의 원칙에 다음과 같이 정하고 있다. 이 조항에서는 동물실험에서의 "3R의 원칙"을 법률로서 정하여 고시하고 있어 매우 고무적인 발전이라 할 수 있다.

① 동물실험은 인류의 복지의 증진과 동물 생명의 존엄성을 고려하여 실시하여야 한다.

② 동물실험을 실시하고자 하는 때에는 이를 대체할 수 있는 방법을 우선적으로 고려하여야 한다대체의 원칙: Replacement.

동물실험은 실험에 사용하는 동물이하 "실험동물"이라 한다의 윤리적 취급과 과학적 사용에 관한 지식과 경험을 보유한 자가 시행하여야 하며, 필요한 최소한의 동물을 사용하여야 한다감소의 원칙: Reduction.

④ 실험동물의 고통이 수반되는 실험은 감각능력이 낮은 동물을 사용하고, 진통 · 진정 · 마취제의 사용 등 수의학적 방법에 따라 고통을 덜어주기 위한 적절한 조치를 취하여야 한다정제의 원칙: Refinement.

⑤ 동물실험을 행한 자는 그 실험이 종료된 후 지체 없이 당해 동물을 검사

하여야 한다. 이 경우 당해 동물이 회복될 수 없거나 지속적으로 고통을 받으며 살아야 할 것으로 인정되는 경우에는 가능한한 빨리 고통을 주지 아니하는 방법으로 처리하여야 한다.

이번 개정안은 미국의 동물보호법 상당 부분을 준용한 것으로 보이며 반려동물이라는 용어의 개정과 반려동물의 소유자 및 판매업자 등에 대한 등록제 도입과 동물학대 방지 및 실험동물 보호를 강화하기 위한 동물실험윤리위원회IACUC의 설치의무가 큰 의미를 가진다고 보여진다. 주요 내용은 다음과 같다.

① 국가 등의 동물보호 시책 수립 의무화제4조 관련: 반려동물 사육 증가 등 여건변화를 감안하여 동물보호에 관한 국가, 지방자치단체 및 국민의 책무를 강화하기 위해 국가와 지방자치단체는 종합적인 동물보호시책을 수립, 시행하고, 국민은 이에 협조하도록 의무규정을 신설하였다. 이를 통해 동물보호가 강화되고 국가 이미지 개선에도 기여할 것으로 기대되고 있다.

② 반려동물 등록제 시행근거 신설제5조 관련: 반려동물 사육이 증가하면서 유기동물이 급증함에 따라 반려동물에 대한 관리체계를 확립하려는 것으로 농림부령이 정하는 동물은 시장, 군수에게 등록하되, 시행시기, 등록대상 등은 지방자치단체 조례로 정하도록 하고 있다. 등록제의 시행은 분실에 따른 소유자 확인 등이 체계적으로 이루어져 유기동물 발생이 감소할 것으로 기대된다. 무엇보다 의미 있는 것은 우리나라의 법률에서 '애완 동물' 이란 용어 대신 '반려동물' [56]이라는 용어를 공식적으로 사용하기 시작함으로써 장난감의 의미에서 반려동물의 지위에 대한 국가의 입장을 정리한 것이다.

③ 반려동물 소유자의 관리의무 강화제6조 관련: 반려동물 관리소홀로 개에 물리거나 개 회충증 등으로 인한 피해가 발생함에 따라 반려동물 관리를 강화하기 위해 주기적으로 예방접종을 실시하고, 동반 외출 시 목줄을 부착하는 등 공공의 안전을 위한 조치를 하도록 하였다.

④ 동물에 대한 금지행위의 범위 구체화, 확대제7조 관련: 현재 금지행위는 "합리적인 이유 없이 고통을 주는 행위" 등으로 규정되어 위반 시 처벌이 어려우므로 이를 보완하기 위해 금지행위를 구체적으로 열거하고, 도박, 영리, 오락 등을 위하여 동물에게 고통, 상해를 입히는 행위도 금지하되, 그 범위는 대통령령으로 정하도록 하고 있다.

⑤ 동물 운송에 따른 보호규정 신설제8조 관련: 동물 운송 시 적합한 사료 공급, 난폭운전 금지 및 상해를 방지할 수 있는 구조로 된 차량 사용 등 준수사항을 정하여 동물 운송에 따른 운전자 등의 준수사항을 정함으로써 동물 보호수준이 향상될 것으로 기대된다.

⑥ 동물실험의 원칙을 구체적으로 명시제13조 관련: 동물실험은 인류의 복지 증진을 위하여 필요하고 다른 방법으로 목적을 달성할 수 없는 경우에, 동물의 고통을 최소화하는 방법으로 시행하도록 하는 등 동물실험에서 "3R 원칙"을 정하였다.

⑦ 동물실험윤리위원회IACUC 설치근거 등 신설제14조 관련: 동물의 고통이 수반되는 실험은 윤리위원회 사전심의를 거치도록 하는 등 실험동물 보호를 강화하기 위해 실험시설에는 외부전문가가 포함된 윤리위원회를 설치하고 특정 실험은 동 위원회 심의를 거쳐 시행하며, 관계 중앙행정기관의 장은 실험절차 등 세부사항을 정할 수 있도록 하였다. 동물의 고통이 수반되는 실험은 윤리위원회의 심의를 거치도록 함으로써 무분별한 동물실험이 억제될 것으로 기대된다. 이는 이미 국내 4개 실험동물연구기관

에서 수행중인 국제기준의 동물실험윤리위원회IACUC 제도를 도입하는 근거가 된다.

⑧ 반려동물 등 판매업, 장묘업 제도화제15조 관련: 반려동물판매업자 및 실험동물생산업자는 시장, 군수에게 등록을, 반려동물 장묘업자는 시장, 군수에게 신고를 하도록 하고, 일정 연령 미만의 동물은 판매를 금지하도록 하고 있어 동물 판매업, 장묘업 등을 제도적으로 관리할 경우 유기동물 발생억제, 인수공통질병 예방 등에 기여할 것으로 기대된다.

⑨ 동물판매업자 등에 대한 교육 이수 의무화제17조 관련: 동물판매 등 관련업종 종사자에게 관계법령, 안전관리 등에 대한 교육이수를 의무화하여 동물판매업자, 장묘업자와 그 종업원은 동물의 보호 및 공중위생상의 위해 방지 등에 관한 교육을 받도록 한다.

'3R' 의 이해

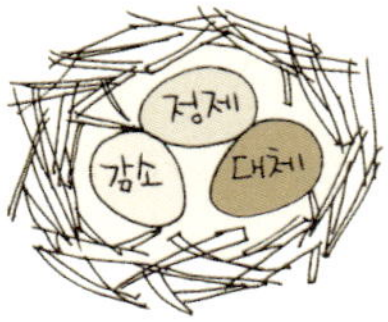

동물실험과 관련 있는 연구자들은 '3R' 이라고 하면 아마 대부분 러셀William M.S. Russell과 버크Rex Leonard Burch의 대체Replacement, 감소Reduction 그리고 정제Refinement를 떠올릴 거라고 생각한다. 그러나 3R이 세상에 잉태할 수 있게 한 챨스 흄Charles Hume에 대해서는 '그 사람이 누구지?' 하고 반문하는 사람들이 대부분이라 본다. 지금부터 3R의 기원 및 그 배경에 대해 구체적으로 소개해보고자 한다.

영국 동물 복지 연맹UFAW 창시자 챨스 흄Charles Hume

'3R' 의 탄생

1926년 영국의 동물복지연맹The Universities Federation of Animal Welfare, UFAW 창시자 찰스 흄Charles Humn은 "과학연구를 위해 동물을 이용할 경우 인도적인 방법으로 진행되어야 한다."[57]라는 창설 이념 아래 '실험동물의 사육과 관리지침서The UFAW Handbook on the Care and Management of Laboratory Animals' 라는 세계 최초의 실험동물 복지 관리지침서[58]를 1947년에 발간하는 등 생명과학에 이용되는 실험동물의 인도적인 연구방법과 동물복지를 추구하고 있었다.

러셀[59]에 의하면, 그는 '항상 눈을 깜박거리면서, 끊임없는 노력과 번뜩이는 아이디어로 실제로 실험에 활용할 수 있는 방법을 모색' 하였다고 한다. 1954년 어느 날, 좀더 과학적이면서 인도적인 방법으로 동물실험 현장에 적용할 수 있는 방법을 공모하였고, 러셀W.M.S. Russell과

3R의 창시자 버크Rex Leonord Burch와 러셀William M. S. Russell
(사진출처: http://www.ufaw.org.uk)

버크R.L. Burch가 연구원으로 발탁되었다.

이를 위해 동물복지연맹 특별위원회Committee of UFAW가 구성되었고, 위원장은 찰스 흄의 수석 보좌관이며, 노벨상 수상 면역학자인 피터 메디워 경Sir Peter Medawar이, 그리고 윌리엄 레인 페터William Lane-Petter가 자문위원으로 두 명의 연구원과 함께 작업하게 되었다. 윌리엄은 실험동물국 국장The Laboratory Animals Bureau겸, '실험동물의 사육와 관리지침서The UFAW Handbook on the Care and Management of Laboratory Animals'의 공동편집자로, 과학연구협회 사무총장Secretary of the Research Defence Society으로서 두 연구자에게 많은 도움을 주었다고 한다. 그리고 UFAW가 지원하는 버밍햄Birmingham에 있는 마이클 찬스Michael Chance 포유류 연구소를 통해 감소와 정제의 원칙을 실현해 내는데 많은 도움을 받았으며, 연구의 재정적인 지원은 미국의 동물복지연구소The Animal Welfare Institute: AWI에서 해주었다. 그로부터 5년 후인 1959년 드디어 '인도적인 실험방법의 원칙The Principles of Humane Experimental Technique'이라는 책이 출간되면서 3R이 세상에 알려지기 시작하였다.

3R 용어의 시작은, 1957년 UFAW심포지움을 통해 처음으로 발표했다고 기술하고 있다. 하지만 러셀의 표현에 의하면, '1955년 여름에 그 동안 작업한 내용을 처음으로 보고서에 싣고, 계속 실험을 통해 방법을 모색하고, 1957년 UFAW심포지움을 통해 공식발표하고, 또 다시 방법을 연구하고, 그러다 보니 주변에서 어느새 3R이라는 용어가 익숙하게 사용되고 있었다' 라고 설명을 하면서 톰아저씨의 오두막Uncle Tom's Cabin [60]에 나오는 Topsy처럼 '어느새 자랐네they just growed' 라는 표현을 인용하였다. 이로서 3RsReplacement, Reduction, Refinement은 점차 국제적인 통용어가 되었고, 세계 각 나라에서 동물실험의 지침서로서 법률로 규정하게 되었다.

국내에도 2008년 1월 27일부터 법률적 효력을 발휘하고 있다. 개정 동물

보호법의 〈제13조〉 동물실험의 원칙과 〈제14조〉 동물실험윤리위원회의 설치에 관한 법률적인 근거를 토대로 무분별한 동물실험을 억제, 보호하고, 윤리적으로 취급될 수 있도록 제제가 강화되었다. 또한 '실험동물에 관한 법률'이 실험동물 및 동물실험의 적절한 관리를 통하여 동물실험에 대한 윤리성 및 신뢰성을 높여 생명과학 발전과 국민보건 향상에 이바지 함을 목적으로 2008년 3월 28일에 제정되었고, 2009년 3월 29일 법률적 시행을 앞두고 있다.

대안방법Alternatives과 '3R'

대안방법Alternatives과 3R은 흔히 구분하지 않고 사용되고 있지만, 둘의 관계는 무엇이고, 왜 혼동해서 사용하는지, 그 배경에 대해서 마이클 볼즈Michael Balls[61]는 다음과 같이 기술했다.

1959년 러셀과 버크의 '인도적인 실험방법의 원칙The Principles of Humane Experimental Technique' 책 발간 이후 10년 동안, 동물실험에 대한 기존의 사고 방식이나 틀을 깨기에는 역부족이었고 뚜렷한 변화를 발견할 수 없었다. 1960년대 대학을 다니고 강의까지 맡아서 했고, 동물 복지 연맹UFAW의 일원이었지만 그 뿐만 아니라 많은 사람들이 이 책에 대해서 전혀 알지 못했다.

한편, 1960년대 말, '의학실험용 동물 대체기금Fund for the Replacement of Animals in Medical Experiments: FRAME'의 창시자 도로시 허가티Dorothy Hegarty의 지시에 의해 동물실험의 대체방법Alternatives에 대한 연구 및 방법들이 개발, 발표되면서 생체실험을 반대하는 동물보호단체들의 지지를 받을 수 있었다.

1970년대에는 생명과학 및 제약사업의 발전으로 왕성한 동물실험이 진행되고 있었다. 마침 동물보호단체들은 영국의 동물학대방지Cruelty to Animals Act, 1876년 시행 100주년을 맞아 개정요구 캠페인 운동을 벌이고 있는 상황이어서 의학실험용 동물대체기구FRAME의 입지는 더욱 부각되었고, 정부의 지원을 받아 동물실험을

대안방법과 3R의 관계

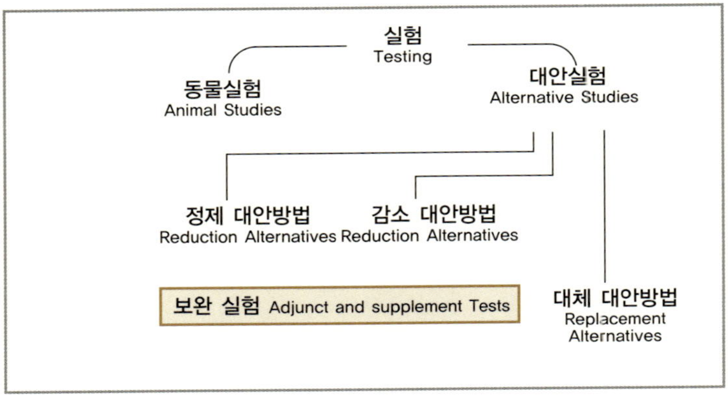

줄일 수 있는 대체 대안방법Replacement Alternatives 연구에 박차를 가할 수 있었다. 1971년, 도로시 허가티Dorothy Hegarty의 저서 'Alternatives' 에서 대안방법Alternative에 대한 개념이 발표되고, 1978년 스미스D.H. Smith의 '동물실험의 대체방법Alternatives to Animal Experiments' 책 제목에서도 나타나 있듯이 3R보다는 대안방법의 개념이 두각 되었다.

1980년대, 동물학대방지법Cruelty to Animals Act, 1876년이 동물보호법the Animals (Scientific Procedures) Act, 1986년으로 개정되면서 동물실험은 면허를 소지한 자에 한해서 가능하게 법률로 규정하게 되었다

1990년대, FRAME의 참여로 개정된 동물보호과학절차법은 동물실험의 대체 대안방법Replacement Alternatives을 부각시켰다. 동물복지연맹UFAW에서도 러셀과 버크의 3R개념에 대해 지지입지를 밝히기 시작했는데, 논쟁도 있었으나, 결국 동물복지를 향한 목표는 동일하므로 서로 각자의 방향에서 보완적으로 실험동물의 복지를 위한 사업을 추진하고 있다. 위의 그림은 대안방법과 3R의 개념에 대한 관계를 나타내고 있다.[62]

'3R'의 개념

① 대체Replacement

1959년 발간된 러셀W.M.S. Russell과 버크R. L. Burch의 '인도적인 실험방법의 원칙The Principles of Humane Experimental Technique' 에서는 다음과 같이 대체Replacement의 개념을 설명하고 있다.

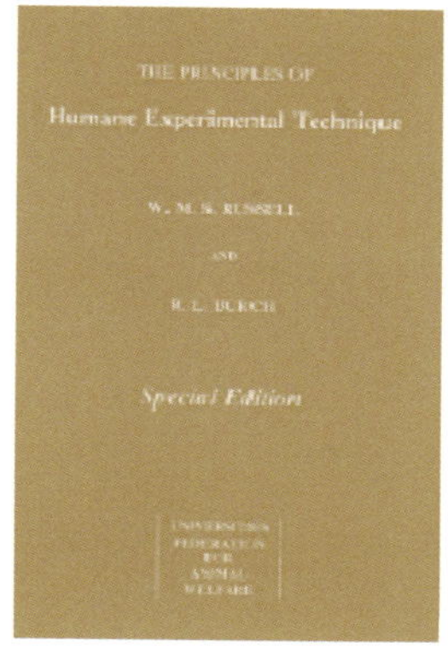

인도적인 실험방법의 원칙
(사진 출처: www.ufaw.org.uk)

> "의식이 있으며 살아있는 척추동물을 이용하는 동물실험을 대체할 수 있는 연구방법으로써 지각을 소유하지 않는 물질을 이용한 모든 과학적인 연구방법."[63]

'제품의 안전성 및 유효성 검증을 위해 요구되는 법률적 규제상 검증과정에서 동물실험 대신 그 인증을 갈음할 수 있는 다른 대체방법을 의미한다'.[64]라는 연구 및 독성시험에 대한 대체의 의미는 제도적인 규정에 의해 거의 목표 지향적이라고 볼 수 있다.

그러나 교육목적의 대체는 거의 그 과정을 수행하는 교사의 선택에 따라 결정되므로 자발적인 참여로 대체를 선택할 수 있다. 물론 아르헨티나, 이스라엘 및 인도 등 일부 국가에서는 살아있는 동물해부를 금지하고 있고,[65] 미국 내 12개 주에서는 학생들에게도 본인의 의사에 따라 동물해부를 거부할 권리Dissection Choice Law를 부여해서 수업을 선택할 수 있다.[66] 이 경우, 교사들은 컴퓨터 시뮬레이션 프로그램이나 동물모형 등 대안방법을 제시해서 학점에 불이익이 없도록 해야 한다.

동물의 생리학적인 기초 지식을 위한 해부 등은 컴퓨터기술 및 인터넷의 발달로 뛰어난 프로그램들이 많이 개발되었고, 현재 동물이용 대신에 대체방법을 활용하는 학교도 많이 늘고 있는 추세다.

러셀W.M.S. Russell과 버크R.L. Burch도 그들의 저서' 인도적인 실험방법의 원칙The Principles of Humane Experimental Technique' 에서 독성시험, 연구, 교육목적으로 이용되는 동물 대신에 대체 방법Replacement Alternatives을 사용하는 것이 대체Replacement의 궁극적인 목표라고 표현하고 있다.

② 감소Reduction

러셀W.M.S. Russell과 버크R. L. Burch는 다음과 같이 감소Reduction의 개념을 설명하고 있다.

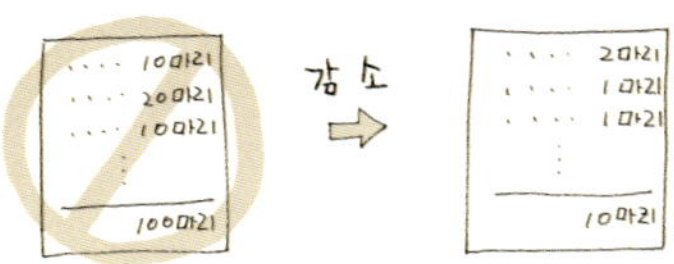

"과학적 의미가 있는 정확성과 충분한 양의 정보를 확보할 수 있는 데 이용되는 동물의 마리 수의 최소화"

최소한의 동물 수를 이용하여 동일한 양의 데이터를 얻거나, 주어진 동일 수의 실험동물을 이용하여 더 많은 정보를 얻는 실험방법으로 효율적이고 명확한 실험설계를 통해 이용 동물의 숫자 자체를 감소하기 위한 방법을 의미한다.[67]

감소를 위한 효율적인 방법으로는 실시간 정보공유를 통해, 동물의 일부 장기나 조직만 필요한 실험의 경우, 다른 장기는 필요한 다른 실험실에서 활용할 수 있게 하는 방법, 정확한 실험설계 및 결과에 대한 정교한 분석을 통해 실수나 미숙함으로 인한 추가 실험을 방지 하는 방법들이 있을 수 있다. 그리고 실험동물의 종species이나 계통strain의 선택, 건강한 질 좋은 동물의 선택 역시 필요한 동물 수를 결정하는데 크나큰 영향을 미친다.[68]

③ 정제Refinement

러셀과 버크는 정제Refinement의 개념을 다음과 같이 설명하고 있다.

> '실험에 필수 불가결하게 사용되는 동물들에게 가해지는 비인도적인 실험방법 및 절차의 가혹 정도를 감소시키는 모든 연구절차의 개발'

실험동물의 탄생부터 목숨을 거두는 순간까지 고통이나 스트레스를 최소화하거나 실험동물의 복지를 향상하는 방법[69]으로, 윤리적인 차원뿐만 아니라 원하는 실험결과 도출을 위해서도 매우 중요하다.

실험과정 중에 받는 고통이나 스트레스는 생리학적인 변화뿐만 아니라, 실험결과에도 상당한 영향을 미친다는 사실을 경험한 분들은 다 알고 있으리라 본다. 그래서 과학자나 연구자들은 좋은 실험 결과를 얻기 위해서라도 가능한 주거 및 생활 환경의 개선을 위해서 높은 관심을 보이고 있다. 마우스나 래트가 어두운 장소에 숨어 지내는 행동습성을 고려한 화장실용 휴지말이, 계란박스 등을 별도의 비용없이 주변에서 손쉽게 마련할 수 있다. 그리고 동물 종에 따른 생활공간 마련, 규칙적인 운동시간을 갖게 해주고, 사회동물의 경우 군집을 이루어 주며, 동물의 습성에 맞게 미로식 먹이 찾는 방법을 고안, 실험 후 고통 정도에 따라 안락사 시키는 방법에 이르기까지 여러 가지 측면에서 다양하기 때문에 거의 모든 연구에 있어서 개별적인 해결책이 필요한 것처럼 보인다.

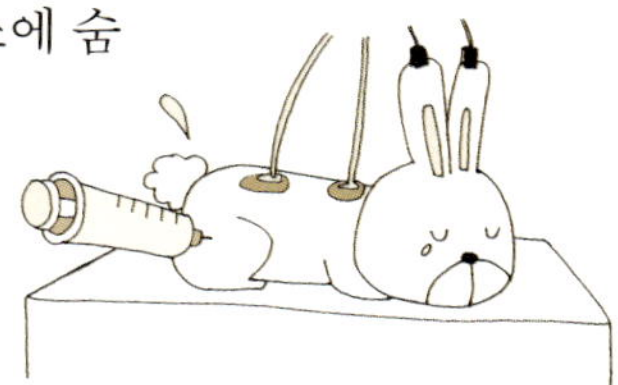

그래서 연구자뿐만 아니라 실험동물을 관리하는 실험동물기술사, 그 외 관련 직원들의 적절한 교육 또한 필수 조건이라 볼 수 있다. 동물을 다루는 태도, 동물 종에 대한 정보, 행동변화에 따른 관찰 및 적절한 처치 등 정제Refinement는 즉흥적으로 일을 처리할 수 있는 기술이나 능력으로도 간주될 수도 있다.[70]

'3R'의 사례

① **대체**Replacement

대체Replacement는 크게 직접적 대체Direct Replacement와 간접적 대체Indirect Replacement 두 가지 형태로 구분한다. 그리고 대체에는 동물을 전혀 사용하지 않는 대체방법total replacement뿐만 아니라 이미 개발되어 인증 받은 대체방법으로 이용할 수 있는 부분대체partial replacement도 포함된다. 상대적 대체relative alternative) 나 절대적 대체absolute alternative로 나누기도 한다.

대체방법Replacement alternatives의 사례를 보면 다음과 같다.

- 직접적 대체Direct Replacement: 토끼나 기니피그를 이용한 피부자극성 동물실험*in vivo* 대신에 배양한 인간피부조직을 이용한 대체시험*in vitro*

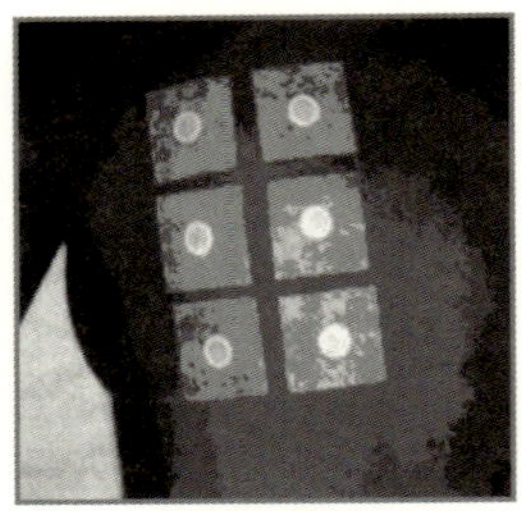

(사진출처 : http://www.frame.org.uk/dynamic_files/risk_final.pdf)

- 간접적 대체Indirect Replacement:토끼를 이용한 발열성시험pyrogen test을 LALLimulus Amoebocyte Lysate을 이용한 내독소endotoxin 시험이나 혈액제제인 사람 혈청 알부민를 이용해 대체 시험

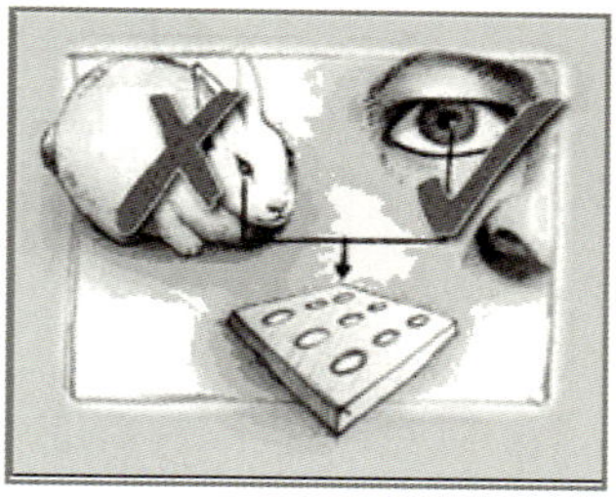

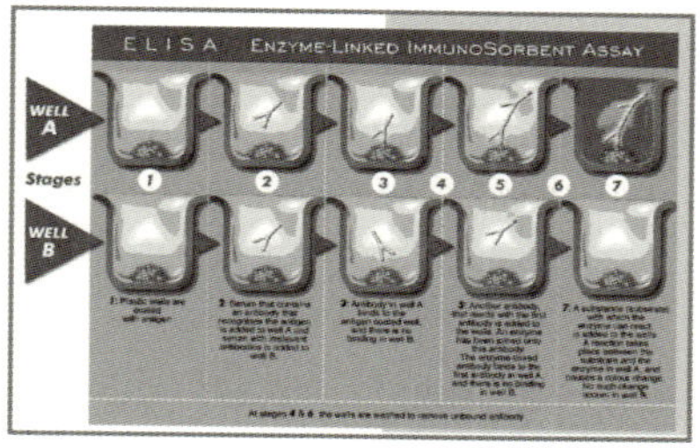

(사진출처: http://www.frame.org.uk/dynamic_files/vaccines_final.pdf)

- 상대적 대체Relative Alternative: 미생물microorganisms, 식물plants, 배양 세포, 초기 배아 및 난자류eggs, 파충류reptiles, 양서류amphibians 등 무척추동물invertebrates 동물 등 하등동물로 대체방법을 고려- 미국 국립보건원의 지침[71]

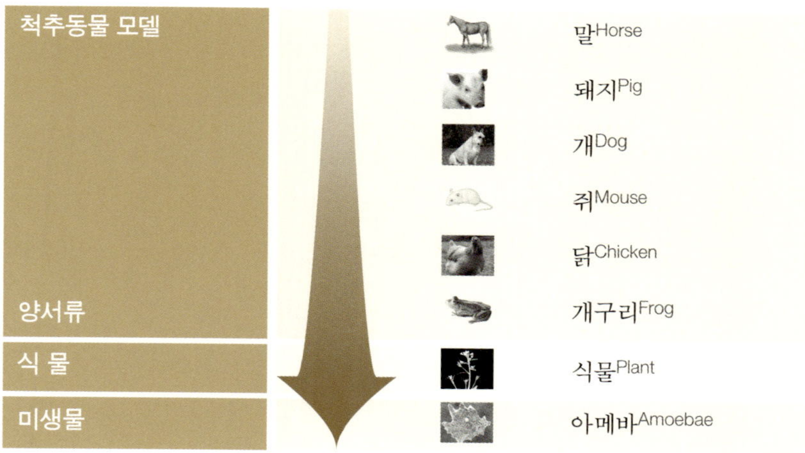

- 완전 대체Absolute Alternative: 척추 동물의 세포, 조직, 기관cells, tissues or organs of vertebrates 등을 채취하지 않고 컴퓨터를 이용한 시뮬레이션 프로그램이나 물리화학적 기법을 이용하는 연구 방법-미국 실험동물협회Institute for Laboratory Animal Research: ILAR에서는 동물연구를 대체 할 수 있는 컴퓨터모델을 분야별로 다양하게 제시해주고 있다.[72]

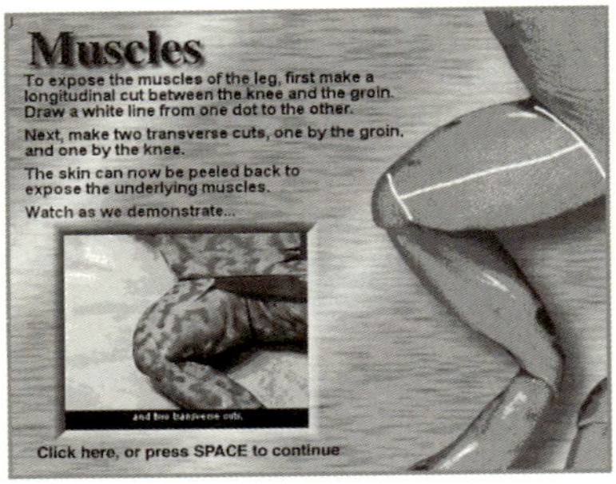

양방향 컴퓨터 가상 해부프로그램: Digital Frog (사진출처: www.digitalfrog.com)

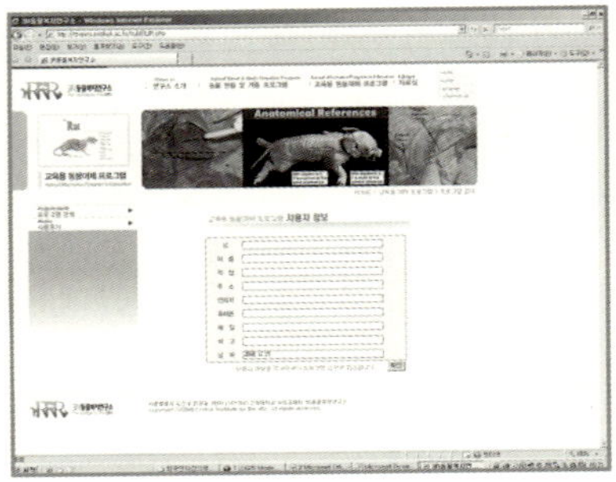

건국대학교 '3R동물복지연구소' 에서 운영중인 동물대체프로그램 도서관(사진출처: http:// threers.konkuk.ac.kr/sub03_01.php)

'디지털 개구리The Digital Frog' 프로그램은 '양방향' 프로그램 CR-ROM으로 절개, 해부, 생태학에 대한 실습과 교육이 가능하다. 'Body Works' 프로그램은 인체의 구조와 장기의 체계 및 기능에 대한 양방향 교육프로그램이고, 'Sniffy' 프로그램은 가상의 생쥐를 이용한 교육자료로 자발적 심리를 이해하는 데 도움을 준다. 'Great American Bullfrog' 는 대형동물의 해부를 장기별로 순환기계 및 생식계 등으로 구분하여 세부 해부실습이 가능한 가상프로그램이다. 'Biology Chart' 프로그램은 개구리, 민물고기, 가재, 메뚜기, 지렁이 등이 상세하게 해부된 도표를 보여주고 있다.

국내 건국대학교 수의과대학 부설 '3R 동물복지연구소(http://threer.konkuk.ac.kr/)에서는 여러 국제단체에서 개발한 각종 동물대체프로그램 도서관을 운영하고 있으며 각종 CD-ROM, 실습용 동물모형 등을 대여하고 있다.

② 감소Reduction

동물실험을 진행하는데 동물이용의 수를 줄이는 감소Reduction의 방법은 다양하다. 무엇보다도 전체적 연구방향에 대한 정확한 연구계획 및 연구전략 수립이[73], 생리학적으로 동일한 동물 종 선택, 그리고 최적의 환경조건[74] 이 동물의 수를 줄이는데 아주 중요한 역할을 한다고 볼 수 있다.

연구 진행에 앞서 전문가의 조언을 얻거나 정보공유를 통하여 연구계획의 미숙한 부분을 수정할 수 있을 뿐만 아니라, 불필요한 동물의 수를 조정할 수 있다. 이때 동물실험연구위원회의 역할도 상당부분 작용한다고 본다. 연구계획서 설계 시 다음의 사항을 고려해서 준비한다면, 연구결과 도출을 위한 시간, 경비의 경제적인 절감뿐만 아니라 불필요한 동물의 희생을 막을 수 있을 것이다.[75]

- 정보 공유: 이미 발표된 문헌검색 및 연구계획에 대한 전문가의 조언
- 정확한 실험설계 및 결과에 대한 정교한 분석: 실수나 미숙함으로 인한 추가 또는 재실험 방지
- 연구 계획 및 규정에 맞는 건강한 실험동물 종species이나 계통strain 선택: 초기 경제적 부담으로 인한 잘못된 결정으로 인해 헛된 노력과 시간낭비라는 더 큰 손실을 방지.
- 연구에 대한 전략 수립: 연구목표 도출을 위해서 본 실험 전에 소량의 선행실험pilot study을 통해 연구계획서에 대한 구체적인 분석 및 평가

정확한 연구계획에 대한 중요성뿐만 아니라 다음의 방법을 통해서도 실험동물의 사용을 감소시킬 수 있다.

- 세포, 조직이나 배아 상태의 실험
- 실험관 실험*in vitro* 및 비침습적 방법 이용
- 동물의 공유: 실시간 정보공유를 통해, 동물의 일부 장기나 조직만이 필요한 실험의 경우, 그 외의 다른 장기는 필요한 다른 실험실에서 활용할 수 있게 실험시간을 효율적으로 이용하는 방법
- 주거 및 생활환경의 개선: 고통이나 스트레스의 감소, 질병감소

또 다른 감소 방법 중의 하나는 '동물헌혈 및 기증 프로그램'을 통해 윤리적인 방법으로 제공된 동물을 이용함으로써 실험용 동물의 이용수를 줄이는 것이다. 이 프로그램은 국내 건국대학교 수의과대학 부속동물병원과 영국 왕립동물학대방지협회RSPCA가 공동으로 시행하고 있다.

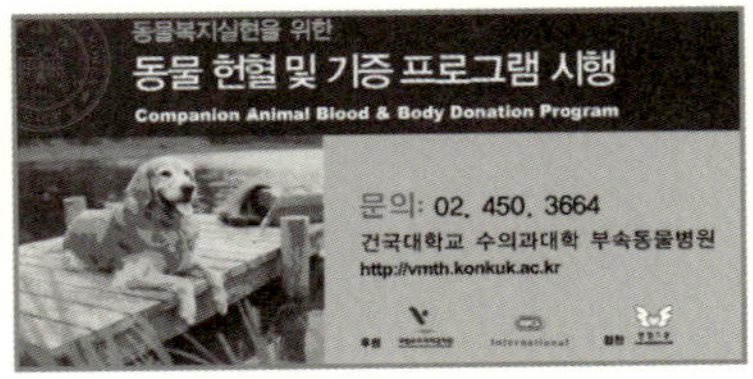

(사진 출처 : http://vmth.konkuk.ac.kr/)

③ 정제Refinement

정제Refinement의 중요한 역할은 실험동물에 대한 실험자의 관심과 배려라고 할 수 있다. 아울러 실험동물의 삶의 질에 핵심적인 관건이다. 따라서 다음 사안에 유의할 필요가 있다.

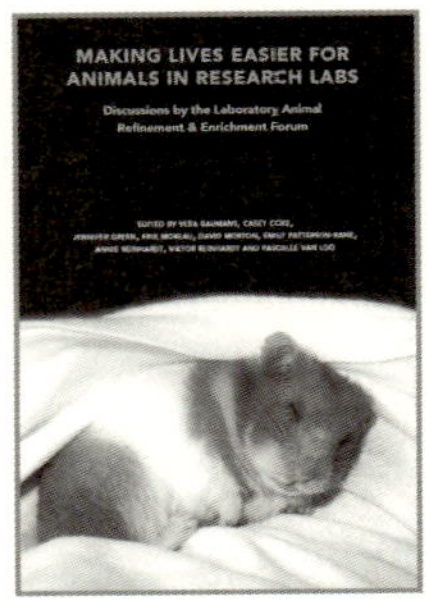

미국 동물복지연구소 Animal Welfare Institute가 발행한 실험동물 정제방법소개서 (사진출처: http:// awionline.org/pubs/PDF/Making_Lives_Easier.pdf)

- 실험동물의 주거 및 생활환경의 개선
- 동물 종에 따른 생활공간 및 환경 마련
- 동물의 행동습성을 고려한 규칙적인 운동 제공
- 원숭이 등 감수성이 민감한 사회동물의 경우 군집 환경 제공
- 동물 본래의 습성에 맞게 미로식 먹이 찾는 방법 고안
- 실험 후 고통의 정도에 따라 적절한 안락사 시점 결정
- 교육: 동물종의 특성, 동물 다루는 방법, 수시로 행동관찰을 통해 적절한 처치, 안락사 시점 등 실험에 관련된 직원들의 정기적인 교육
- 가능한 고통을 줄이는 방법선택—MRIMagnetic Resonance Images, MRSMagnetic Resonance Spectroscopy이용 등

동물의 습성을 고려한 사육시설(사진출처: http://www.ufaw.org.uk/)

왜 3R 인가?

실험동물의 이용에서 3R이 충분히 고려되어야 하는 이유는 다음 다섯 가지 요소에서 찾아볼 수 있다.

첫째, 법제도적인 요소로서 2008년 1월부터 국내에서 시행되는 개정 동물보호법에서는 3R의 준수를 법률로서 의무화하고 있으며, 이 법률 전반에 걸쳐 그 구체적인 준수의무와 관련된 내용을 규정하고 있다. 따라서 생명과학자는 물론이고 실험동물을 이용하는 모든 이는 3R의 준수의무가 부여되고 있다. 한국뿐만 아니라 미국 등 주요 선진국에서도 3R의 준수를 법률로 규정하고 있다.

둘째, 사회적인 요소로서 생명과학분야의 발전과 함께 동물복지에 관한 사회적인 인식과 그 요구수준이 매우 높아졌으며, 각종 민간단체NGO 등이 지속적

인 홍보 활동과 아울러 법률입안 활동을 국제적인 네트워크를 통해 펼치고 있다. 이러한 사회적 요구는 국제 통상압력, 국제 스포츠행사 참가 거부운동 등 여러 가지 형태로 나타나며, 실제 정부 또한 이러한 사회적 요구를 거부하기는 어려운 것이 현실이다.

셋째, 윤리적인 요소로서 동물이 과연 연구에 희생되어야 하는가? 만약 불가피하게 동물의 희생이 필요하다면 그 시점은 언제여야 하는가? 동물을 연구 또는 교육용으로 이용한다면 어떠한 방법이나 환경하에서 동물들이 이용되어야 하는가? 등 도덕적 그리고 윤리적 질문에 대해 생명과학자를 포함하여 이 사회가 적절한 대응과 대안이 필요하다.

넷째, 경제적인 요소로서 동물이용에 따른 비용을 감소할 수 있기 때문이다. 동물을 이용하기 위해서는 동물사육과 교육 및 연구에 부합하는 축사, 건물구조, 장비 등의 인프라 구축을 위한 비용이 든다. 이러한 기반구축 사업의 비용은 좀 더 구체적으로 동물의 구매비용, 시설 및 장비의 보수유지비용, 관련 인력의 인건비 및 교육 훈련 심지어 안전과 관련한 부대비용까지 소요된다. 무척추 동물의 이용은 척추 동물에 비해 자원의 수도 많을 뿐 아니라 보다 저렴하게 이용이 가능하다. 이렇게 3R은 이러한 비용의 감축을 얻을 수 있는 대안이다.

다섯째, 과학적 요소로서 3R의 이행을 위해 과학자는 문헌조사를 통해 그 증빙자료를 제시하도록 하게함으로써 중복연구의 비효율을 피할 수 있고, 컴퓨터 시뮬레이션 등의 사전 실험이나 조사를 함으로써 보다 광범위하고 근거 중심적 연구를 실현, 실험결과의 예측도가 향상되고 아울러 과학의 질적인 향상을 얻을 수 있다.

그러나 이러한 대안법은 다음과 같은 한계를 가진다.

첫째, 만약 동등하거나 이론적으로 충분히 유사한 결과나 실제적인 이익이 예상되는 것을 적어도 두 가지 이상한 가지는 '대안' 이라 불리는 것 가지지 못하면 적용되지 못한다.

둘째, 실험동물 이용연구에서 실험동물 수를 급격히 감소시키는 것은 실제적으로 위험할 수 있다.

셋째, 감소대안법의 사용은 또 다른 윤리적 한계가 있다.

넷째, 대안법에 관한 연구는 또 다른 실험동물 연구를 통한 실험동물 수를 증가 시킬 수 있다.

다섯째, 대안법의 개념은 예를 들어, 다수 동물이 낮은 수준의 고통을 받는 것 보다 소수의 동물이 좀더 높은 수준의 고통을 받는 것이 낫다는 견해와 같이 일반적으로 폭 넓게 사용되는 방법과 일치되지 않는 경우가 있다.[76]

동물실험윤리위원회Institutional Animal Care and Use Committee: IACUC

1985년 미국 동물복지법 3차 개정안은 실험동물윤리위원회IACUC를 의무적으로 설치하도록 함으로써 관련법과 규범을 기초로 한 실험 동물 관리 및 사용 제도를 감독하고 평가한다.[77]

동물을 대상으로 하는 연구계획의 심의 · 승인을 하는 면에서는 사람을 대상으로 하는 연구계획의 심의를 하고 '임상시험 심사위원회IRB', 와 유사하여 '동물 IRB'라고도 불리운다. 이 위원회는 동물 이용 연구의 기획 단계에서부터 종료까지 실험 동물 연구 관련법과 제도를 준수하고 있는지를 감시하는 기관으로 관련법과 지침의 강제 혹은 권장사항을 기본으로 각 연구기관의 양식에 따라 작성되어 관련 부서의 승인을 받은 동물실험계획서를 검토 후 승인한다.

연구시설의 기관 책임자는 기관 내 동물의 관리와 사용, 실험절차 및 시설의 운용에 관한 관리감독 및 평가 업무를 수행할 위원회를 설치해야 한다. 이러한 기능 수행을 위하여 위원들에게 적절한 교육 및 관련자료를 제공하여야 한다. 필요한 경우 연구계획서를 이해하고 평가할 수 있도록 위원들에 대한 교육을 실시해야 한다.[78]

그러나 동물복지법에서 규정하고 있는 위원회의 구성이나 임무는 미국 국립보건원NIH의 '실험동물의 인도적 관리와 사용에 관한 지침Public Health Service Policy on Human Care and Use of Laboratory Animals' 과는 차이가 있다. 이 두 가지 법 제도에서 규정하고 있는 동물실험윤리위원회의 주요 기능과 구성에 대한 비교를 하여 보면 다음 표와 같다.

동물실험윤리위원회의 구성 및 기능의 비교

구분	미국 동물복지법	미 국립보건원 기준	국내 동물보호법[78]
구성 인원	3인 이상	5인 이상	3인 이상 15인 이내
구성	• 전문 면허를 소지한 수의사 한 명 이상 • 적절한 동물관리 및 사용에 일반 대중의 이익을 대변할 수 있는 기관과 연관이 없는 외부인 한 명 이상[79]	• 실험동물과학분야의 전문 교육 및 훈련을 이수한 수의사 한 명 • 실험동물분야 경험이 있는 현직 과학자 한 명 • 과학분야가 주 전공이 아닌 위원 한 명(예: 윤리학자, 변호사 등) • 기관소속이 아닌 위원 한 명(위원의 직계가족 중 해당 기관소속이 아닌 자)	• 해당 동물실험시설에 종사하지 아니하고 해당 동물실험시설과 이해관계가 없는 자로서 다음 어느 하나에 해당하는 자를 총 위원수의 3분의 1 이상 포함 • 다만 1 또는 2에 해당하는 자는 반드시 각각 1인 이상 포함 1. 「수의사법」 제2조 제1호의 규정에 따른 수의사 2. 대통령령이 정하는 민간단체가 추천하는 동물보호에 관한 학식과 경험이 풍부한 자로서 농림부령이 정하는 자격기준에 적합한 자 • 변호사 또는「고등교육법」에 따른 대학 또는 전문대학에서 법학을 담당하는 교수 •「고등교육법」에 따른 대학 또는 전문대학에서 동물보호 · 복지를 담당하는 교수

구분	미국 동물복지법	미 국립보건원 기준	국내 동물보호법[78]
주요 기능	• 시설의 실사, 프로그램과 동물실험의 평가, 기관장에게 보고서 제출, 연구, 실험, 교육용 동물사용에 대한 계획서의 심의, 동물관리와 사용에 관계된 기구의 구축 • 위원회는 최소 6개월에 1회 이상 개최하여야 함 • 최소 6개월에 1회 이상 시설물에 대한 평가를 시행하여 그 결과를 기관장에게 보고[80]	• 해당 기관의 동물의 인도적 관리와 이용계획에 대한 최소 1회/6개월 이상 평가실시 • 매 6개월 당 최소 1회 이상의 해당 기관의 동물시설에 대한 감사실시 • IACUC의 평가에 대한 보고서 작성 및 기관장에 평가보고서의 제출 • 해당 기관의 동물관리와 이용관련 사안의 검토 • 동물이용계획에 관한 인력의 교육 및 시설에 관한 검토와 그 내용을 기관장에게 권고 • 동물의 관리과 이용과 관련한 제반 사항을 본 지침에 따라 심의 및 승인을 하고 수정요구 • 본 지침에 따라 동물이용의 중지 권한을 부여	• 동물실험의 윤리적 과학적 타당성에 대한 심의 및 승인 • 실험동물의 생산, 도입, 관리, 실험 및 이용과 실험이 끝난 후 해당 동물의 처리에 관한 확인 및 평가 • 동물실험시설의 운영자 또는 종사자에 대한 교육 훈련 등에 대한 확인 및 평가 • 등물실험시설 운영실태의 확인 및 평가

동물실험윤리위원회IACUC의 구성

동물실험윤리위원회IACUC는 그 구성에 있어서 기능적으로 주요한 의미를 부여하고 있다. 즉 동물의 윤리적, 과학적 이용을 위하여 윤리적인 부분과 과학적인 부분을 심의할 수 있는 위원을 반드시 참여하게 할 뿐 아니라 심의대상 과제와 발생할 수 있는 이해의 상충conflict of interest: COI을 피할 수 있는 장치를 위원 구성에 반영하고 있다. 즉, 위원은 실험동물과학분야위원, 비 과학분야위원 그리고 기관 외부 위원으로 구성하도록 정하고 있다.

우선, 과학적인 부분의 심의를 위해 연구 또는 교육 훈련에 이용되는 해당 실험동물의 종이나 관련 실험분야를 전공한 수의학 분야의 전문가를 두도록 하고 있다. 동물실험의 윤리적인 부분을 심의할 수 있는 비과학분야 위원은 과학자들만으로 구성된 위원회가 편향된 의견을 주장하고 심의할 수 있는 환경을 배제하기 위해 일반대중의 동물복지와 윤리에 관한 가치를 심사에 반영할 수 있는 비과학분야 위원을 두도록 하고 있다. 또한 위원회가 특정기관의 소속 인원으로만 구성하여 해당기관의 이익만 반영할 수 없도록 해당 연구기관에 소속되지 않은 외부인사를 위원으로 참여토록 하여 사회적 가치를 반영할 수 있도록 장치를 강구하고 있다.

의결정족수Quorum

의결정족수quorum란 위원회가 의제를 심의하고 이를 결정하는 과정에서 합의에 의해 의사를 결정하는데, 의사결정의 효력을 발휘하는 데 필요한 구성원의 출석수를 말한다. 의결정족수는 합의체의 성격과 의사진행 내용에 따라 달라지는데, 통상의 경우 재적위원 과반수의 출석과 출석위원 과반수의 찬성이 필요하다. 현행 국내 동물보호법도 이 방법을 준용하고 있다.

그러나 동물실험윤리위원회의 목적인 동물의 윤리적 과학적 이용을 심의하기 위하여 위원회의 구성시에는 과학계, 비과학계 그리고 기관외부 인원을 포함하여 구성하도록 정하고 있다. 따라서 현행 동물보호법에 의하면 5인으로 구성된 위원회의 경우 기관소속의 과학계위원 3인만 참석하면 비과학계위원과 기관외 위원의 참여나 심의 없이도 과제의 심의가 가능할 수 있다. 이러한 문제를 피하고

법 정신의 유지를 위하여, 미국은 의결정족수의 구성요건에 비과학계 위원과 기관 외 위원은 최소 각 1명 이상 반드시 참석하여야 의결정족수가 성립되도록 규정하고 있다.

동물실험윤리위원회의 주요기능

위원회는 동물실험의 윤리적, 과학적 수행 과제의 심사를 통하여 할 뿐만 아니라 실험동물시설과 기관의 정책 및 연구자의 적절한 교육 훈련까지 심의하고 그 결과를 기관장에게 보고하여 필요시 부족한 부분을 보완할 수 있도록 감시하는 기능을 가지고 있다.

현행 법률은 위원회의 승인을 받지 않은 모든 실험동물의 이용을 금지하고 있다. 따라서 위원회는 해당연구 또는 교육과제에 대하여 심의 승인을 할 뿐만 아니라 보완 또는 수정을 요구할 수 있고, 심지어 부결을 할 수 있어 심사를 통한 동물의 과학적 이용과 윤리적 수준을 유지하도록 하고 있다. 또한 위원회는 실험동물 시설에 대한 최소 년 1회 이상의 점검을 하여야 하고 그 점검의 결과를 기관장에게 보고할 의무가 부여된다. 시설의 점검에는 동물사육 시설, 공조, 급식, 급수, 주거환경 등 동물 복지가 충분히 고려된 시설의 유지를 점검하도록 하고 있다. 이와 아울러 위원회는 실험동물 시설물을 이용하는 연구자 및 직원의 건강과 안전에 관한 사항도 점검토록 하고 있어 연구자 및 직원의 안전장비 착용준수와 화재, 응급상황대처 교육 등에 관하여도 점검을 하여야 한다. 실험동물 시설을 이용하는 모든 직원 및 연구자에게 실험동물의 관리와 보건 및 안전에 관한 내용을 교육할 의무가 기관장에게 부여되고 있으며, 위원회는 이에 관한 준수사항도 점검 항목에 포함하고 있다.

미국의 연방규정은 위원회의 정기점검 항목과 절차 그리고 그 점검보고서를 해당 기관장에게 보고해야 하며 보완사항에 대해서는 일정기간 기관장이 사후조치에 대하여 위원회에 서면으로 그 결과를 통보하고 그 내용을 주무 정부기관인 농무부 동식물검역원에 보고하도록 규정하고 있다.

동물실험 연구계획서 작성과 심의신청

연구기관 마다 기준과 절차는 조금씩 달리하겠지만 윤리적 실험동물의 이용과 관련하여 동물실험윤리위원회IACUC의 심의와 승인은 이제 법률적 의무 사항이 되었다. 생명과학자들의 연구활동에서 실험동물 이용을 준비할 때 연구계획서 작성과 그 준비와 관련하여 일반적인 사항들에 대해 알아두면 유용한 점들을 기술하였다.

동물실험 계획수립과 사전준비사항

살아있는 척추동물을 이용하여 교육, 훈련 또는 생물학적 실험 등을 포함하는 연구계획을 수립할 때에는 우선 2008년 1월부터 개정 시행되는 동물보호법을 충분히 숙지하고 연구자가 소속된 기관의 동물실험윤리위원회IACUC 관련 세부 규정 내지는 지침을 살펴보아야 한다. 특히 연구결과를 대부분의 주요 SCI등재 학술지에 게재신청을 할 예정인 경우 연구개시 이전에 동물실험윤리위원회의 승인서 제출이 의무사항임을 알아 두어야 한다.

개정 동물보호법은 모든 동물실험은 동물실험윤리위원회의 승인을 반드시 받도록 규정하고 있다.

① 실험동물 이용과 관련된 관련 교육과 상담

동물실험은 살아있는 생명체를 대상으로 연구자가 세운 가설에 부합하도록 인위적인 행위를 가하는 일이다. 따라서 이용하고자 하는 동물의 종 특성을 포함하여 연구자가 행하려는 연구방법에 관련한 충분한 기술과 교육을 습득하는 것은 필수적인 절차이다.

소속기관내에 실험동물연구 입문교육 과정이 있는지를 알아보고 사전에 교육을 받아 두어야 한다. 기관내 교육과정이 가능하지 않을 경우 이러한 과정을 개설하고 있는 타 기관의 교육도 고려해봄 직하다.

교육과 아울러 동물실험 윤리위원회의 간사나 총무 등 실무를 맡고 있는 이에게 사전에 연구의 개략적인 방향을 상담하여 연구계획서상에 반영토록 하면 불필요한 계획서의 수정이나 시간의 낭비를 예방할뿐 아니라 효율적인 연구를 수행하는데 도움이 된다.

② 3R에 대한 고려와 준비

동물실험연구계획서는 기관마다 조금씩 다르지만 반드시 계획서상에 포함하여야 하는 항목중의 하나로 대체, 감소, 정제에 관한 사안을 연구계획서에 반영토록 하고 있다.

- 대체Replacement: 연구 또는 교육계획을 수립할 때 목표하는 과학적 목표가 살아있는 동물을 이용하지 않고도 달성될 수 있는 다른 대안은 없는가를 조사한다. 특히 교육목적의 동물 이용인 경우 양방향 컴퓨터 시뮬레이션 프로그램을 포함하여 동물모델 등 다양한 대체 방법들을 이용할 수도 있다.
- 감소Reduction: 연구 또는 교육에 필요한 동물의 종이 척추동물이 아닌 무척추동물, 양서류 등 다른 동물 종으로 가능한지를 조사하고, 척추동물이 반드시 필요한 경우 필요한 마리수를 최소화하는 노력이 필요하고 이를 연구계획서에 반영하여 심의를 받아야 한다. 필요한 마리 수에 대해서는

연구결과의 통계적 유의치를 얻을 수 있는 최소의 마리 수에 대하여 위원회가 승인하도록 하고 있으므로 연구계획서 작성 이전에 통계학자의 도움을 받아 두는 것이 필요하다.

- 정제Refinement: 이 부분은 간단히 말하면 살아있는 '동물의 삶의 질quality of life: QOL' 에 관한 내용이다. 연구 수행상 동물에게 가할 수 있는 고통이나 스트레스를 최소화하고, 주거환경과 급식, 급수가 충분히 제공가능한지, 대상 동물의 습성을 충분히 고려한 환경이 제공해야 한다. 그리고 마지막으로 연구종료시점이나 고통이 심각할 경우 고통을 최소화하여 생의 마감을 맞을 수 있도록 안락사의 방법이나 시기에 대한 방법을 제시하여야 한다. 이러한 부분은 대부분 실험동물을 잘 이해하는 전문가의 도움이 필요하다.

③ 안전에 관한 사항

동물실험은 그 특수한 연구환경 때문에 연구자의 안전에 관한 사항을 사전에 충분히 조사하고 대비하도록 규정하고 있다. 연구자의 건강과 안전에 관한 문제는 연구대상인 동물로부터 물리거나 할퀴는 등 사고로부터 연구자를 보호할 안전장구의 착용에서부터 사용하는 각종 약품의 생화학적 독성물질 취급상 주의의무 등을 대비하여야 하고, 이를 연구계획서에 문서로 반영하도록 요구하므로 대비하여야 한다. 필요시 동물 또는 연구환경으로부터 감염을 예방하는 예방접종, 신체검사, 각종안전에 관한 연구자의 책무와 절차숙지 방법, 시설물 이용의 안전에 관한 사항, 각종 안전사고 및 감염사고 발생 시 대처요령 숙지 등에 대한 조사와 대비가 필요하다.

연구계획서의 작성

실제 연구계획서 작성은 대부분의 기관이 그 표준양식을 정하여 두고 있으므로 계획서를 사전에 확보하여 각 항목에 필요한 자료를 미리 준비해 두는 것이 좋으며, 동물실험윤리위원회의 차기회의 일자와 심사접수 마감일을 고려하여 충분한 시간 이전에 작성하는 것이 효율적이다.

또한 계획서를 심의하는 위원회는 과학자뿐만 아니라 일반대중의 의견을 반영할 수 있도록 비과학자 위원을 1명 이상 두도록 정하고 있기 때문에 연구계획서는 일반인도 쉽게 이해할 수 있도록 전문적인 용어를 피하거나 알기 쉽게 기술하도록 정하고 있다.

통상의 연구계획서에는 다음의 항목을 기술하도록 하고 있다.

① 연구의 개요: 연구의 목적과 연구를 통하여 얻고자 하는 바에 대하여 개괄적으로 기술함.

② 동물이용이 필요한 사유: 해당 연구목적 상 살아있는 동물이 아닌 다른 대체법Replacement이 없는 경우 그 사실을 기술함.

③ 특정 동물의 종을 연구에 선택한 이유: 이 부분은 가능한 무척추동물을 이용하도록 하기 위함에 목적을 두고 있기 때문에 종의 선택에는 다음의 순서를 고려하여 가능한 차순위의 종을 선택하는 것이 바람직함.

④ 동물실험의 절차에 관한 기술: 주사나 샘플 채취 등 비수술적인 방법을 포함하여 수술을 하는 경우 마취나 수술 후 처치방법과 수술 전 금식, 투약, 사육과 관련된 사항 등에 대하여 기술함.

⑤ 연구 참여자의 실험동물 숙련도와 관련 지식의 숙지를 입증할 수 있는 자료나 내용을 기술함.

⑥ 실험동물에 대한 인도적 종료시점Humane End-Point의 처치에 관한 내용: 실험종료 후 실험동물의 고통을 최소화할 수 있는 적절한 안락사의 방법과 선택한 안락사 방법이 최선의 방법임을 기술함. 이때 대상 실험동물에 대한 인도적 종료시점을 언제로 할 것인지에 대한 연구자의 의견을 제시함 (예시: 종양의 크기나 질병의 단계 등 구체적이고 객관적인 종료시점을 판단할 수 있는 기준을 제시).

동물실험윤리위원회의 모니터링 및 연구의 변경절차

동물실험윤리위원회는 진행중인 연구과제에 대하여 최소 년 1회 이상의 모니터링을 통한 중간심사를 하도록 규정하고 있으므로 승인된 연구계획서에 따라 연구가 진행됨을 제시할 수 있도록 각종 연구자료 및 관련 서류를 잘 정리해 둘 필요가 있다.

기관마다 조금씩 다르긴 하지만 다음 항목의 변경이 필요한 경우 변경 이전에 위원회IACUC의 사전 심의를 받은 후 변경해야 한다.

- 연구목표의 변경
- 중요한 연구방법의 변경
- 대상 실험동물의 종 또는 마리 수의 변경
- 실험절차의 변경
- 진통제 및 마취제의 변경
- 안락사 방법의 변경
- 연구책임자의 변경

1 ICR Survey Research Group, Associated Press, "How AP Poll on Animal Rights Was Conducted," December 3, 1995.
2 National Association for Biomedical Research, Regulation of Biomedical Research Using Animals, NABR Issue 1999; 2.
3 Joanne Zurlo, Deborah Rudacille, and Alan M. Goldberg, 1994, Animals and Alternatives in Testing: History, Science, and Ethics, Mary Ann Liebert Inc.
4 Rollins, B. 1981, Animal Rights and Human Morality, Prometheus, Buffalo, NY, pp. 97-99
5 http://www.invitroderm.com/
6 http://ecvam.jrc.it/
7 http://iccvam.niehs.nih.gov/
8 http://www.soc.nii.ac.jp/isaae/index-e.html.
9 http://www.ksaae,org/notice01/view.asp?key=1
10 http://www.toxmut.or.kr/blos/notice.asp
11 통제불능의 전기충격을 계속 받은 개가 통제 가능한 상황 하에서도 전기충격에서 벗어나려고 하지 않는 관찰 결과를 통해 무력감이 학습되었다고 생각함
12 John Parascandola, 1993, The History of Animal Use in the Life Sciences, The World Congress on alternatives and animal use: In the Life science: education, research, testing, Mary Ann Liebert Inc.page 12
13 Joanne Zurlo, Deborah Rudacille, and Alan M. Goldberg, 1994, Animals and Alternatives in Testing: History, Science, and Ethics, Mary Ann Liebert Inc.
14 http://www.art.com/asp/sp-asp/_/pd--12385314/sp A/Claudius_Galen_Greek_ Physician. htm
15 안토니 반 레벤후크(Anthony van Leeuwenhoek: 1632-1723) 네덜란드의 상인이자 과학자로 현미경의 아버지로 알려져 있는 최초의 미생물학자이다. http://en.wikipedia.org/ wiki/Antonie_van_Leeuwenhoek
스테판 헤일스(Stephen Hales: 1677~1761) 영국의 생리학자 ·물리학자. 신학을 공부하고, 수학 ·물리학 ·화학 ·식물학 등에도 관심을 보여 생명현상을 물리학적 방법으로 해명하려고 하였다. 증발 동안 물의 손실, 뿌리와 식물의 성장 속도, 다른 시간대에 따른 뿌리의 힘 등을 실험, 식물 생리학에 지대한 공헌을 하였다. http://en.wikipedia.org/wiki/Stephen_Hales
클라우드 버나드 (Claude Bernard: 1813-1878) 프랑스의 생물학자로 버나드 코헨이 과학계의 가장 위대한 사람의 한 명이라고 칭송 받았다. '실험 의학 연구 소개' 라는 그의 저서를 통해 그는 생리학의 아버지로 불린다. 그는 의학에서 자신만의 과학적 방법을 고안했는데, 모든 생물이 같은 법칙에 의해 움직인다고 생각했다. 그는 췌장샘, 췌장액이 소화에 중요한 역할을 한다는 것을 밝혀냈으며, 간에서의 글리코겐 기능을 밝혀 당뇨병에 대한 기틀을 마련했다. 그 외에도 간에서 담즙액의 분비, 혈액 이동, 다양한 온도에서의 신경 분비에 대해 연구하였다. 그는 또한 항상성에 대한 핵심 과정들을 밝혀냈다. 그러나 아내와 딸은 생체해부에 대해 비난했으며, 그의 아내는 그와 이혼하고 생체해부를 반대하는 운동에 가담하였다.
16 http://en.wikipedia.org/wiki/Claude_Bernard#Works
17 American Association of Medical Colleges (AAMC)
18 National Society for Medical Research (NSMR)
19 American Medical Association (AMA)
20 미시간 대학교 생리학교실 주임교수인 Robert Gesell, M.D.가 창설한 동물복지 단체
21 이 단체는 AWI를 창설한 Gesell교수와 그의 딸인 Christine Stevens에 의해 창설되었다.
22 이 단체의 최초 이름은 '생명과학연구협회(Association for Biomedical Research)' 이였다.
23 Singer, P., 1990, Animal Liberation, 2nd edition, New York: Avon, Singer, P. 1993, Practical Ethics, 2nd edition, Cambridge: Cambridge University Press.
24 Singer, P. , 1990, Animal Liberation, 2nd edition, New York: Avon Books.
25 Francione, G. L., 1995, Animals, Property and the Law. Philadelphia: Temple University Press

26 Morrison, A.R., 2001, Personal Reflections on the "Animal-Rights" Phenomenon In Perspectives in Biology and Medicine, vol. 44:1, The Johns Hopkins University Press. pp. 62-75

27 Oralans, F. B., In the name of science; Issues in Responsible Animal Experimentation, Oxford Press, 1933. p.22.

28 Shaffer, J. G., 1995, Cultural tradition and Palaeoethnicity in South Asian Archaeology, In: Indo-Aryans of Ancient South Asia. Ed. George Erdosy.

29 Littlewood Committee, 1965, Report of the Departmental Committee on Experiments on Animals. HMSO, London, p. 201.

30 Dolan, K., 2000, Laboratory Animal Law, Blackwell Science Ltd. pp.175-176.

31 Kushe, H., Singer, P., 2001, 'Coverage of Current Legislation', A Companion to Bioethics, Blackwell Publishers, 405.

32 Dolan, K., 2000, Laboratory Animal Law, Blackwell Science Ltd. pp.11-13

33 김진석, 2002, 과학연구윤리:동물이용 연구윤리, 유네스코 한국위원회 편, pp. 121-125.

34 김진석 (2002) 과학연구윤리:동물이용 연구윤리, 유네스코 한국위원회 편, p.145

35 Dolan, K., 2000, Laboratory Animal Law, Blackwell Science Ltd. pp.13-14

36 1993년부터는 차 문어(*Octopus vulgaris*)도 포함된다.

37 Dolan, K., 2000, Laboratory Animal Law, Blackwell Science Ltd. (2000) pp.181-187

38 http://www.animallaw.info/nonus/statutes/stdeawa1998.htm

39 Stevens C.(1990) Laboratory Animal Welfare, Animals and Their Legal Rights, Animal Welfare Institute, Washington DC, 66-105

40 IACUC에 대한 국문은 여러 가지가 있으나 최근 한국 동물복지법 개정안에서 언급한 '동물실험윤리위원회'로 통일하고자 한다.

41 Francione, G. L., 2004, Animals, Property, and the Law, Temple University Press, pp. 190-199

42 Annual appropriation for enforcement of the Animal Welfare Act, APHIS, USDA, http://www.aphis.usda.gov/animal_welfare/downloads/awreports/awreport2002.pdf

43 상원의원 Robert Dole과 하원의원 Brown에 의해 입법제청 된 법안으로 일명 'Dole-Brown 법'이라고 명칭 됨.

44 7 U.S.C. §2133. Licensing of dealers and exhibitors [Sec. 3]

45 7 U.S.C. §2132. (e) Definitions [Sec. 2]

46 7 U.S.C. §2132. (f)

47 7 U.S.C. §2136. Registration of research facilities, handlers, carriers and unlicensed exhibitors [Sec. 6]

48 Animal Care Publication, Facility Lists (Updated July 6, 2005), http://www.aphis.usda.gov/animal_welfare/downloads/awreports/awreport2006.pdf

49 Animal and Plant Health Inspection Services, Animal Welfare Reports (Fiscal Year 2004), Animals Used in Research - All Research Facilities (Federal And Industry), http://www.aphis.usda.gov/animal_welfare/downloads/awreports/awreport2006.pdf

50 한진수 외,(1998)실험동물의 관리와 사용에 관한 지침(the Guide for the Care and Use of Laboratory Animals), 열린출판사,

51 일명 'NIH지침'이라고 한다. 현재는 1985년에 제정된 '보건부(PHS)지침'이라고 하며 이 지침은 1986년에 개정되는 '실험동물의 인도적 관리 및 사용에 관한 보건부 정책(PHS Policy on Humane Care and Use of Laboratory Animals)'의 정책 준수 사항으로 등장한다.

52 http://grants.nih.gov/grants/olaw/olaw.htm

53 조수보호 및 수렵에 관한 법률 제20조(위험한 방법에 의한 포획금지) ① 누구든지 폭발물 · 극약 · 독약 · 농

약· 덫·창애·올무 또는 함정 등의 위험한 방법으로 조수를 포획하지 못한다. [개정 94·3·24] ② 덫·창애·올무 기타 이와 유사한 위험한 방법으로 조수를 포획하는 엽구는 이를 제작하거나 판매하지 못한다. 다만, 학술연구·전시 기타 환경부령이 정하는 경우에는 그러하지 아니한다.

54 법률 제 5조 (야생 동,식물보호기본계획의 수립 등)

55 법률 제9조 (불법 포획한 야생동물의 취득 등 금지)

56 "반려동물"(Companion Animal)은 '1983년 10월 오스트리아 빈에서 열린 「인간과 동물의 관계에 관한 국제 심포지엄」에서 "애완동물" 대신 사용하기로 제안, 현재 미국·유럽·일본 등에서는 대부분 이 용어를 사용하고 있다.

57 http::/www.ufaw.org.uk

58 http://www.ufaw.org.uk/highlights.php

59 W.M.S.Russell, 1993, W.M.S.Russell Speech at the Awards Luncheon, The World Congress on alternatives and animal use: In the Life science: education, research, testing, Mary Ann Liebert Inc.page 72

60 Stowe,H.B., 1986, Uncle Tom's Cabin, or Life Among the Lowly, A. Douglas(Ed.), Penguin, Harmondswoth, page 356

61 Michael Balls, 1997, The Three Rs concept of alternatives to animal experimentation, Animal Alternatives Welfare and Ethics, Elsevier Science, page 27-32

62 Joanne Zurlo, Deborah Rudacille, and Alan M. Goldberg, 1993, Animals and Alternatives in Testing: History, Science, and Ethics, Mary Ann Liebert Inc.

63 Russell, W.M.S and Burch, R.L (1959) The Principles of Humane Experimental Technique, Methuen and Company, London.

64 http://www.frame.org.uk/page.php?pg_id=114

65 In Brief, The Washington Post, 6 Sep. 2004.

66 Basler, G., Learning From the Inside Out; Opinions Are Divided Over Dissection, but Most Students Decide to Do It?, Press and Sun-Bulletin, 2 Nov. 2004.

67 Russell, W.M.S & Burch, R.L (1959) The Principles of Humane Experimental Technique.

68 http://www.frame.org.uk/page.php?pg_id=68

69 http://www.frame.org.uk/page.php?pg_id=67

70 Russell, W.M.S & Burch, R.L (1959) The Principles of Humane Experimental Technique 〈http://altweb.jhsph.edu/publications/humane_exp/chap7b.htm 〉 Access 2005. 10. 04

71 http://www.nih.gov/science/models/

72 http://dels.nas.edu/ilar_n/ilarjournal/38_2/index.shtml

73 Russell, W.M.S & Burch, R.L (1959) The Principles of Humane Experimental Technique, Methuen and Company, London, chapter6.

74 W.M.S.Russell, 1993, W.M.S.Russell Speech at the Awards Luncheon, The World Congress on alternatives and animal use: In the Life science: education, research, testing, Mary Ann Liebert Inc.page 75

75 http://www.ahc.umn.edu/rar/ethics.html#Reduction

76 김진석 (2002) 과학연구윤리:동물이용 연구윤리, 유네스코 한국위원회 편, p.146-150

77 Sliverman J., et al., 2000, The IACUC Handbook, CRC Press, Washington DC,

78 Guide for the Care and Use of Laboratory Animals, National Academy Press, Washington D.C., pp.21-22

79 한국 동물보호법, 제14조(동물실험윤리위원회의 설치 등)

80 단, 실험동물 사용자나 연구시설기관의 직원이 위원인 경우 그 직계가족은 위원이 될 수 없다

부록

생명윤리 및 안전에 관한 법률

의약품임상시험관리기준(KGCP)

동물보호법

ICH/GCP Guideline

생명윤리 및 안전에 관한 법률

제1장 총칙

제1조(목적) 이 법은 생명과학기술에 있어서의 생명윤리 및 안전을 확보하여 인간의 존엄과 가치를 침해하거나 인체에 위해를 주는 것을 방지하고, 생명과학기술이 인간의 질병 예방 및 치료 등을 위하여 개발 · 이용될 수 있는 여건을 조성함으로써 국민의 건강과 삶의 질 향상에 이바지함을 목적으로 한다.

제2조(정의) 이 법에서 사용하는 용어의 정의는 다음과 같다. 〈개정 2008.6.5〉

1. "생명과학기술"이라 함은 인간의 배아(胚芽) · 세포 · 유전자 등을 대상으로 생명현상을 규명 · 활용하는 과학과 기술을 말한다.
2. "배아"라 함은 수정란 및 수정된 때부터 발생학적으로 모든 기관이 형성되는 시기까지의 분열된 세포군을 말한다.
3. "잔여배아"라 함은 인공수정으로 생성된 배아중 임신의 목적으로 이용하고 남은 배아를 말한다.
4. "체세포핵이식행위"라 함은 핵이 제거된 인간의 난자에 인간의 체세포 핵을 이식하는 것을 말한다.
5. "체세포복제배아(體細胞複製胚芽)"라 함은 체세포핵이식행위에 의하여 생성된 배아를 말한다.
6. "유전자검사"라 함은 개인의 식별, 특정한 질병 또는 소인(素因)의 검사 등의 목적으로 혈액 · 모발 · 타액(唾液) 등의 검사대상물로부터 염색체 · 유전자 등을 분석하는 행위를 말한다.
7. "유전정보"라 함은 유전자검사의 결과로 얻어진 정보를 말한다.
8. "유전자은행"이라 함은 유전정보의 획득을 목적으로 검사대상물 · 유전자 또는 개인정보가 포함된 유전정보(이하 "유전정보등"이라 한다)를 수집 · 보존하여 이를 직접 이용하거나 타인에게 제공하는 기관을 말한다.
9. "유전자치료"라 함은 질병의 예방 또는 치료를 목적으로 유전적 변이를 일으키는 일련의 행위를 말한다.
10. "줄기세포주"란 배양가능한 조건 하에서 지속적으로 증식이 가능하고 다양한 세포로 분화할 수 있는 세포주를 말한다.

제3조(적용범위) 생명과학기술에 있어서의 생명윤리 및 안전에 관하여는 다른 법률에 특별한 규정이 있는 경우를 제외하고는 이 법에 의한다.

제4조(책무) ① 국가 또는 지방자치단체는 생명과학기술의 개발 · 이용과정에서 일어날 수 있는 생명윤리 및 안전에 관한 문제에 효율적으로 대처할 수 있도록 필요한 시책을 마련하여야 한다.
② 생명과학기술을 연구 · 개발 및 이용하고자 하는 자는 생명과학기술이 인간의 존엄과 가치를 침해하지 아니하고 생명윤리 및 안전에 적합하도록 노력하여야 한다.

제5조(자기결정권) 누구든지 자신이 생명과학기술의 적용대상이 되는 경우 생명윤리 및 안전에 관하여 충분한 설명을 들은 후 이에 관한 동의여부를 결정할 권리를 가진다.

제2장 국가생명윤리심의위원회 및 기관생명윤리심의위원회

제6조(국가생명윤리심의위원회의 설치 및 기능) ①생명과학기술에 있어서의 생명윤리 및 안전에 관한 다음 각호의 사항을 심의하기 위하여 대통령소속하에 국가생

명윤리심의위원회(이하 "심의위원회"라 한다)를 둔다.

1. 국가의 생명윤리 및 안전에 관한 정책의 수립에 관한 사항
2. 제17조제3호의 규정에 따라 잔여배아를 이용할 수 있는 연구의 종류 · 대상 및 범위에 관한 사항
3. 제22조제2항의 규정에 따라 체세포핵이식행위를 할 수 있는 연구의 종류 · 대상 및 범위에 관한 사항
4. 제25조제1항의 규정에 따라 금지되는 유전자검사의 종류에 관한 사항
5. 제36조제1항제3호의 규정에 따라 유전자치료를 할 수 있는 질병의 종류
6. 그 밖에 윤리적 · 사회적으로 심각한 영향을 미칠 수 있는 생명과학기술의 연구 · 개발 또는 이용에 관하여 심의위원회의 위원장이 부의하는 사항

②심의위원회의 위원장은 제1항제1호 내지 제5호의 규정에 해당하는 사항으로서 재적위원 3분의 1 이상이 발의한 사항에 관하여는 심의위원회에 이를 부의하여야 한다.

제7조(심의위원회의 구성) ①심의위원회는 위원장 1인, 부위원장 1인을 포함한 16인 이상 21인 이하의 위원으로 구성한다.

②위원장은 위원중에서 대통령이 임명 또는 위촉하고, 부위원장은 위원중에서 호선한다.

③위원은 다음 각호의 자가 된다.〈개정 2005.3.24, 2008.2.29〉

1. 교육과학기술부장관 · 법무부장관 · 지식경제부장관 · 보건복지가족부장관 · 여성부장관 · 법제처장
2. 생명과학 또는 의과학(醫科學)분야에 전문지식과 연구경험이 풍부한 학계 · 연구계 또는 산업계를 대표하는 자중에서 대통령이 위촉하는 7인 이내의 자
3. 종교계 · 철학계 · 윤리학계 · 사회과학계 · 법조계 · 시민단체(비영리민간단체지원법 제2조의 규정에 의한 비영리민간단체를 말한다) 또는 여성계를 대표하는 자중에서 대통령이 위촉하는 7인 이내의 자

④제3항제2호 및 제3호의 위원의 임기는 3년으로 하되, 연임할 수 있다.

⑤ 심의위원회에 간사위원 2인을 두되, 간사위원은 교육과학기술부장관과 보건복지가족부장관으로 하며, 수석간사위원은 보건복지가족부장관으로 한다.〈개정 2008.2.29〉

제8조(심의위원회의 운영) ①심의위원회의 효율적인 운영을 위하여 심의위원회에 분야별 전문위원회를 둘 수 있다.

②심의위원회의 사무는 수석간사위원이 처리한다.

③심의위원회의 회의 등 활동은 공개함을 원칙으로 한다.

④이 법에서 규정한 것외에 심의위원회 및 전문위원회의 구성 · 운영 그 밖에 필요한 사항은 대통령령으로 정한다.

제9조(기관생명윤리심의위원회의 설치 및 기능) ① 다음 각 호의 기관은 생명과학기술에 있어서의 생명윤리 및 안전을 확보하기 위하여 해당 기관에 기관생명윤리심의위원회(이하 "기관위원회"라 한다)를 두어야 한다.〈개정 2008.6.5〉

1. 제14조제1항에 따라 보건복지가족부장관으로부터 지정받은 배아생성의료기관
2. 제18조에 따라 보건복지가족부장관에게 등록한 배아연구기관
3. 제23조에 따라 보건복지가족부장관에게 등록한 체세포복제배아연구기관
4. 제24조제1항에 따라 보건복지가족부장관에게 신고한 유전자검사기관
5. 제32조제1항 본문에 따라 보건복지가족부장관의 허가를 받은 유전자은행
6. 제37조제1항에 따라 보건복지가족부장관에게 신고한 유전자치료기관
7. 그 밖에 윤리적 · 사회적으로 심각한 영향을 미칠 수 있는 생명과학기술을 연구 · 개발 또는 이용하는 기관으로서 보건복지가족부령으로 정하는 기관

②기관위원회는 제1항 각호의 기관에서 행하여지는 생명과학기술의 연구 · 개발 또는 이용에 관하여 다음 각호의 사항을 심의한다.

1. 생명과학기술 연구계획서의 윤리적 · 과학적 타당성
2. 환자 또는 정자 · 난자 · 검사대상물의 제공자로부터 적법한 절차에 따라 동의를 받았는지의 여부
3. 환자, 정자 · 난자 · 검사대상물의 제공자 또는 유전정보의 주체에 대한 안전대책 및 정자 · 난자 · 검사대상물을 타인에게 제공하는 경우에 성명 · 주민등록번호 등 개인을 식별할 수 있는 정보(이하 "개인정보"라 한다)에 대한 보호대책

4. 그 밖에 제1항 각호의 기관에서 행하여지는 생명과학기술의 연구 · 개발 또는 이용에 관한 사항

③ 제1항 각호의 기관의 장은 당해 기관에서 행하여지는 생명과학기술의 연구 · 개발 또는 이용으로 인하여 생명윤리 또는 안전에 중대한 위해가 발생하거나 발생할 우려가 있는 경우에는 지체없이 기관위원회를 소집하여 이를 심의하도록 하고, 그 결과를 보건복지가족부장관에게 보고하여야 한다. 〈개정 2008.2.29〉

④ 제1항 각호의 기관중 기관의 규모 또는 연구자 수 등이 보건복지가족부령이 정하는 기준 이하인 기관이 기관위원회를 설치한 동종의 기관과 제2항 각호 및 제3항의 규정에 의한 사항의 심의에 관한 협약을 체결한 경우에는 제1항의 규정에 불구하고 기관위원회를 설치한 것으로 본다. 〈개정 2008.2.29〉

제10조(기관위원회의 구성 및 운영) ① 기관위원회는 위원장 1인을 포함하여 5인 이상의 위원으로 구성한다. 이 경우 생명과학 또는 의과학 분야 외의 종사자와 해당 기관에 종사하지 아니하는 자 1인 이상이 각각 포함되어야 한다. 〈개정 2008.6.5〉

②위원은 제9조제1항 각호의 기관의 장이 위촉하며, 위원장은 위원중에서 호선한다.

③기관위원회의 심의대상인 연구 · 개발 또는 이용에 관여하는 위원은 해당 연구 · 개발 또는 이용과 관련된 심의에 참여하여서는 아니 된다.

④그 밖에 기관위원회의 구성 및 운영에 관하여 필요한 사항은 대통령령으로 정한다.

제10조의2(기관위원회의 지원 등) ① 보건복지가족부장관은 기관위원회의 운영을 적정하게 감독 · 지원하기 위하여 다음 각 호의 업무를 수행한다.

1. 기관위원회에 대한 조사
2. 기관위원회에 대한 평가
3. 기관위원회위원에 대한 교육
4. 그 밖에 기관위원회에 대한 감독 및 지원에 필요한 업무로서 보건복지가족부령으로 정하는 업무

② 보건복지가족부장관은 제1항제2호에 따라 기관위원회의 운영 실적을 평가하고, 그 결과를 공개할 수 있다.

③ 기관위원회에 대한 평가 및 그 결과의 공개, 교육 등에 필요한 사항은 보건복지가족부령으로 정한다.[본조신설 2008.6.5]

제3장 배아 등의 생성 · 연구

제1절 인간복제 등의 금지

제11조(인간복제의 금지) ①누구든지 체세포복제배아를 자궁에 착상시켜서는 아니되며, 착상된 상태를 유지하거나 출산하여서는 아니된다.

②누구든지 제1항의 규정에 의한 행위를 유인 또는 알선하여서는 아니된다.

제12조(이종간의 착상 등 금지) ①누구든지 인간의 배아를 동물의 자궁에 착상시키거나 동물의 배아를 인간의 자궁에 착상시키는 행위를 하여서는 아니된다.

②누구든지 다음 각호의 1에 해당하는 행위를 하여서는 아니된다. 〈개정 2008.6.5〉

1. 인간의 난자를 동물의 정자로 수정시키거나 동물의 난자를 인간의 정자로 수정시키는 행위. 다만, 의학적으로 인간의 정자의 활동성 시험을 위한 경우를 제외한다.
2. 핵이 제거된 인간의 난자에 동물의 체세포 핵을 이식하거나 핵이 제거된 동물의 난자에 인간의 체세포 핵을 이식하는 행위
3. 인간의 배아와 동물의 배아를 융합하는 행위
4. 다른 유전정보를 가진 인간의 배아를 융합하는 행위

③누구든지 제2항 각호의 1에 해당하는 행위로부터 생성된 것을 인간 또는 동물의 자궁에 착상시키는 행위를 하여서는 아니된다.

제2절 인공수정배아

제13조(배아의 생성 등) ①누구든지 임신외의 목적으로 배아를 생성하여서는 아니된다.

②누구든지 임신을 목적으로 배아를 생성함에 있어서 다음 각호의 1에 해당하는 행위를 하여서는 아니된다.

1. 특정의 성을 선택할 목적으로 정자와 난자를 선별하여 수정시키는 행위
2. 사망한 자의 정자 또는 난자로 수정시키는 행위
3. 미성년자의 정자 또는 난자로 수정시키는 행위. 다만, 혼인한 미성년자가 그 자녀를 얻기 위한 경우를 제외한다.

③누구든지 금전 또는 재산상의 이익 그 밖에 반대급부

를 조건으로 정자 또는 난자를 제공 또는 이용하거나 이를 유인 또는 알선하여서는 아니된다.

제14조(배아생성의료기관) ① 인공수태시술을 위하여 정자 또는 난자를 채취 · 보관하거나 이를 수정시켜 배아를 생성하고자 하는 의료기관은 보건복지가족부장관으로부터 배아생성의료기관으로 지정받아야 한다.〈개정 2008.2.29〉

② 배아생성의료기관으로 지정받고자 하는 의료기관은 보건복지가족부령이 정하는 시설 및 인력 등을 갖추어야 한다.〈개정 2008.2.29〉

③ 배아생성의료기관의 지정기준 및 절차, 제출서류 그 밖에 필요한 사항은 보건복지가족부령으로 정한다.〈개정 2008.2.29〉

제15조(배아의 생성 등에 관한 동의) ①제14조의 규정에 따라 배아생성의료기관으로 지정받은 의료기관(이하 "배아생성의료기관"이라 한다)은 배아를 생성하기 위하여 정자 또는 난자를 채취하는 때에는 정자제공자 · 난자제공자 · 인공수태시술대상자 및 그 배우자(이하 "동의권자"라 한다)의 서면동의를 얻어야 한다.

②제1항의 규정에 의한 서면동의에는 다음 각호의 사항이 포함되어야 한다.〈개정 2008.2.29〉

1. 배아생성의 목적에 관한 사항
2. 배아의 보존기간 그 밖에 배아의 보관에 관한 사항
3. 배아의 폐기에 관한 사항
4. 임신외의 목적으로 잔여배아를 이용하는 것에 대한 동의여부
5. 동의의 철회, 동의권자의 권리 및 정보보호 그 밖에 보건복지가족부령이 정하는 사항

③배아생성의료기관은 제1항의 규정에 의한 서면동의를 받기 전에 동의권자에게 제2항 각호의 사항에 대하여 충분히 설명하여야 한다.

④ 제1항의 규정에 의한 서면동의를 위한 동의서의 서식 및 보존 등에 관하여 필요한 사항은 보건복지가족부령으로 정한다.〈개정 2008.2.29〉

제15조의2(난자제공자에 대한 건강검진 등) ① 배아생성의료기관은 보건복지가족부령으로 정하는 바에 따라 난자의 채취 전에 난자제공자에 대하여 건강검진을 실시하여야 한다.

② 배아생성의료기관은 보건복지가족부령으로 정하는 건강기준에 미달하는 자로부터 난자를 채취하여서는 아니 된다.[본조신설 2008.6.5]

제15조의3(난자채취 빈도의 제한) 배아생성의료기관은 대통령령으로 정하는 빈도 이상으로 동일한 난자제공자로부터 난자를 채취하여서는 아니 된다.[본조신설 2008.6.5]

제15조의4(난자제공자에 대한 실비보상) 배아생성의료기관은 난자제공에 필요한 시술 및 회복에 소요되는 시간에 따른 보상금 및 교통비 등 보건복지가족부령으로 정하는 항목에 관하여 보건복지가족부령으로 정하는 금액을 난자제공자에게 지급할 수 있다.[본조신설 2008.6.5]

제16조(배아의 보존기간 및 폐기) ①배아의 보존기간은 5년으로 한다. 다만, 동의권자가 보존기간을 5년 미만으로 정한 경우에는 이를 보존기간으로 한다.

②배아생성의료기관은 제1항의 규정에 의한 보존기간이 도래한 배아중 제17조의 규정에 의한 연구의 목적으로 이용하지 아니하고자 하는 배아를 폐기하여야 한다.

③배아생성의료기관은 배아의 폐기에 관한 사항을 기록 · 보관하여야 한다.

④ 배아의 폐기 절차 및 방법, 배아의 폐기에 관한 사항의 기록 · 보관에 관하여 필요한 사항은 보건복지가족부령으로 정한다.〈개정 2008.2.29〉

제17조(잔여배아의 연구) 제16조의 규정에 의한 배아의 보존기간이 경과된 잔여배아는 발생학적으로 원시선이 나타나기 전까지에 한하여 체외에서 다음 각호의 1의 목적으로 이용할 수 있다. 다만, 보존기간을 5년 미만으로 정한 잔여배아를 이용하고자 하는 경우에는 동의권자로부터 해당 목적으로의 이용에 대하여 새로이 동의를 받아야 한다.〈개정 2008.2.29〉

1. 불임치료법 및 피임기술의 개발을 위한 연구
2. 근이영양증 그 밖에 대통령령이 정하는 희귀 · 난치병의 치료를 위한 연구
3. 그 밖에 제1호와 제2호에 준하는 연구로서 대통령령으로 정하는 연구

제18조(배아연구기관) 제17조의 규정에 따라 잔여배아를 연구하고자 하는 자는 보건복지가족부령이 정하는 시설·인력 등을 갖추고 보건복지가족부장관에게 배아연구기관으로 등록하여야 한다.〈개정 2008.2.29〉

제19조(배아연구계획서의 승인) ① 제18조의 규정에 따라 보건복지가족부장관에게 등록한 배아연구기관(이하 "배아연구기관"이라 한다)이 제17조의 규정에 의한 배아연구를 하고자 하는 때에는 보건복지가족부령이 정하는 바에 따라 미리 보건복지가족부장관에게 배아연구계획서를 제출하여 승인을 얻어야 한다. 대통령령이 정하는 중요한 사항을 변경하는 경우에도 또한 같다.〈개정 2008.2.29〉

②제1항의 규정에 의한 배아연구계획서에는 배아연구기관안에 설치된 기관위원회의 심의결과에 관한 서류가 첨부되어야 한다.

③ 보건복지가족부장관은 다른 중앙행정기관의 장이 연구비를 지원하는 배아연구기관으로부터 연구계획서를 제출받은 때에는 승인여부를 결정하기 전에 그 중앙행정기관의 장과 협의하여야 한다.〈개정 2008.2.29〉

④ 배아연구계획서의 승인기준 및 절차, 제출서류 그 밖에 필요한 사항은 보건복지가족부령으로 정한다.〈개정 2008.2.29〉

제20조(잔여배아의 제공 및 관리) ① 배아생성의료기관이 제19조제1항의 규정에 따라 배아연구계획서의 승인을 얻은 배아연구기관에게 연구에 필요한 잔여배아를 제공하는 경우에는 무상으로 하여야 한다. 다만, 배아생성의료기관은 잔여배아의 보관 및 제공에 필요한 경비를 보건복지가족부령이 정하는 바에 따라 배아연구기관에 요구할 수 있다.〈개정 2008.2.29〉

② 제1항의 규정에 의한 잔여배아의 제공절차, 경비의 산출 그 밖에 필요한 사항은 보건복지가족부령으로 정한다.〈개정 2008.2.29〉

③ 배아생성의료기관과 배아연구기관은 잔여배아의 보관 및 제공 등에 관한 사항을 보건복지가족부령이 정하는 바에 따라 보건복지가족부장관에게 보고하여야 한다.〈개정 2008.2.29〉

④제16조제2항 내지 제4항의 규정은 배아연구기관이 제1항의 규정에 따라 잔여배아를 제공받은 후 연구의 목적으로 이용하지 아니하고자 하는 잔여배아의 폐기에 관하여 이를 준용한다. 이 경우 "배아생성의료기관"은 "배아연구기관"으로 본다.

제20조의2(줄기세포주의 등록) ① 줄기세포주를 수립(樹立)하거나 수입한 자는 그 줄기세포주를 제20조의3에 따라 제공하거나 제20조의4에 따라 이용하기 전에 보건복지가족부령으로 정하는 바에 따라 그 줄기세포주를 보건복지가족부장관에게 등록하여야 한다.

② 보건복지가족부장관은 줄기세포주의 등록을 신청한 자가 다른 중앙행정기관의 장으로부터 과학적 검증을 받은 경우에는 제1항에 따른 등록을 하는 데에 그 검증자료를 활용하여야 한다.

③ 보건복지가족부장관은 제1항에 따라 줄기세포주를 등록한 자에게 줄기세포주의 검증 등에 든 비용의 전부 또는 일부를 지원할 수 있다.[본조신설 2008.6.5][시행일 2010.1.1]

제20조의3(줄기세포주의 제공) ① 제20조의2에 따라 줄기세포주를 수립하거나 수입한 자가 그 줄기세포주를 제공하려면 보건복지가족부령으로 정하는 바에 따라 기관위원회의 심의를 거쳐야 한다.

② 제1항에 따라 줄기세포주를 제공한 자는 보건복지가족부령으로 정하는 바에 따라 보건복지가족부장관에게 줄기세포주의 제공현황을 보고하여야 한다.

③ 제1항에 따라 줄기세포주를 제공하는 경우에는 무상으로 하여야 한다. 다만, 줄기세포주를 제공하는 자는 이를 제공받는 자로부터 줄기세포주의 보관 및 제공에 필요한 경비를 지급받을 수 있다.

④ 제1항부터 제3항까지의 규정에 따른 줄기세포주의 제공 및 보고, 경비의 산출 방법 등에 필요한 사항은 보건복지가족부령으로 정한다.[본조신설 2008.6.5][시행일 2010.1.1]

제20조의4(줄기세포주의 이용) ① 제20조의2에 따라 등록된 줄기세포주는 체외에서 다음 각 호의 연구 목적으로만 이용할 수 있다.

1. 질병의 진단·예방 또는 치료를 위한 연구
2. 줄기세포의 특성 및 분화에 관한 기초연구
3. 그 밖에 심의위원회의 심의를 거쳐 대통령령으로 정

하는 연구

② 제1항에 따라 줄기세포주를 이용하려는 자는 해당 연구계획에 대하여 보건복지가족부령으로 정하는 바에 따라 기관위원회의 심의를 거쳐 해당 기관의 장의 승인을 받아야 한다. 승인을 받은 연구계획서의 내용 중 대통령령으로 정하는 중요한 사항을 변경하는 경우에도 또한 같다.

③ 제2항에 따라 승인 또는 변경승인을 받은 자는 보건복지가족부령으로 정하는 바에 따라 그 사실을 보건복지가족부장관에게 보고하여야 한다.

④ 제2항에 따라 승인을 받은 자는 줄기세포주를 제공한 자에게 제공받은 줄기세포주의 이용계획서를 제출하여야 한다.

⑤ 제2항에 따라 연구를 승인한 기관의 장은 연구를 하는 자가 연구계획에 적합하게 연구를 실시하도록 감독하여야 한다.[본조신설 2008.6.5][시행일 2010.1.1]

제21조(배아생성의료기관 및 배아연구기관의 준수사항) 배아생성의료기관 및 배아연구기관은 다음 각호의 사항을 준수하여야 한다.〈개정 2008.2.29〉

1. 제15조의 규정에 의한 동의서에 기재된 목적으로 배아를 취급할 것
2. 잔여배아의 보관·취급·폐기 등의 관리를 철저히 할 것
3. 배아연구기관은 당해 기관에서 행하여지는 연구로 인하여 생명윤리 또는 안전에 중대한 위해가 발생하거나 발생할 우려가 있는 경우에는 연구의 중단 등 적절한 조치를 취할 것
4. 그 밖에 제1호 내지 제3호에 준하는 사항으로서 생명윤리 및 안전의 확보를 위하여 필요하다고 인정하여 보건복지가족부령이 정하는 사항

제3절 체세포복제배아

제22조(체세포핵이식행위) ①누구든지 제17조제2호의 규정에 의한 희귀·난치병의 치료를 위한 연구목적외에는 체세포핵이식행위를 하여서는 아니된다.

②제1항의 규정에 의한 연구목적에 따라 체세포핵이식행위를 할 수 있는 연구의 종류·대상 및 범위는 심의위원회의 심의를 거쳐 대통령령으로 정한다.

제23조(체세포복제배아의 생성 및 연구) ① 체세포복제배아를 생성하거나 연구하고자하는 자는 보건복지가족부령이 정하는 시설 및 인력 등을 갖추고 보건복지가족부장관에게 등록하여야 한다.〈개정 2008.2.29〉

②제19조 내지 제21조의 규정은 체세포복제배아의 연구에 관하여 이를 준용한다. 이 경우 "잔여배아"는 "체세포복제배아"로 본다.

제4장 유전자검사

제24조(유전자검사기관 등) ① 유전자검사를 하고자 하는 자 또는 직접 검사대상물을 채취하여 유전자에 관한 연구를 하고자 하는 자는 유전자검사시설 또는 연구시설의 소재지, 기관장, 유전자검사 또는 연구항목 등의 사항에 대하여 보건복지가족부령이 정하는 바에 따라 보건복지가족부장관에게 신고하여야 한다. 다만, 국가기관이 유전자검사 또는 유전자에 관한 연구를 하는 경우에는 그러하지 아니하다.〈개정 2008.2.29〉

②제1항의 규정에 따라 신고한 사항중 대통령령이 정하는 중요한 사항을 변경하는 경우에도 제1항과 같다.

③ 보건복지가족부장관은 제1항의 규정에 따라 신고한 유전자검사를 하고자 하는 자(이하 "유전자검사기관"이라 한다)로 하여금 보건복지가족부령이 정하는 바에 따라 유전자검사의 정확도 평가를 받게 할 수 있고, 그 결과를 공개할 수 있다.〈개정 2008.2.29〉

④ 유전자검사기관은 유전자검사의 업무를 폐업하거나 휴업하고자 하는 경우에는 보건복지가족부령이 정하는 바에 따라 보건복지가족부장관에게 신고하여야 한다.〈개정 2008.2.29〉

제25조(유전자검사의 제한) ①유전자검사기관은 과학적 입증이 불확실하여 검사대상자를 오도(誤導)할 우려가 있는 신체외관이나 성격에 관한 유전자검사 그 밖에 심의위원회의 심의를 거쳐 대통령령이 정하는 유전자검사를 하여서는 아니된다.

②유전자검사기관은 근이영양증 그 밖에 대통령령이 정하는 유전질환을 진단하기 위한 목적외에는 배아 또는 태아를 대상으로 유전자검사를 하여서는 아니된다.

③의료기관이 아닌 유전자검사기관에서는 질병의 진단

과 관련한 유전자검사를 할 수 없다. 다만, 의료기관의 의뢰를 받아 유전자검사를 하는 경우에는 그러하지 아니하다.

제26조(유전자검사의 동의) ①유전자검사기관 또는 유전자에 관한 연구를 하는 자가 유전자검사 또는 유전자연구에 쓰일 검사대상물을 직접 채취하거나 채취를 의뢰하는 때에는 검사대상물을 채취하기 전에 검사대상자로부터 다음 각호의 사항이 포함된 서면동의를 얻어야 한다. 〈개정 2008.2.29〉

1. 유전자검사 또는 유전자연구의 목적
2. 제1호의 규정에 의한 목적외로 검사대상물을 이용하거나 타인에게 제공하는 것에 대한 동의여부 및 그 범위에 관한 사항
3. 제2호의 규정에 따라 검사대상물을 타인에게 제공하는 경우에 개인정보를 포함 시킬 것인지 여부
4. 검사대상물의 보존기간 및 관리에 관한 사항
5. 동의의 철회, 검사대상자의 권리 및 정보보호 그 밖에 보건복지가족부령이 정하는 사항

② 유전자검사기관외의 자가 검사대상물을 채취하여 유전자검사기관에 유전자검사를 의뢰하는 경우에는 검사대상자로부터 제1항의 규정에 의한 서면동의를 얻어 이를 첨부하여야 한다. 이 경우 보건복지가족부령이 정하는 바에 따라 개인정보를 보호하기 위한 조치를 취하여야 한다. 〈개정 2008.2.29〉

③검사대상자가 미성년자 · 심신박약자 또는 심신상실자인 경우에는 제1항의 규정에 의한 본인의 동의외에 법정대리인의 동의를 얻어야 한다. 다만, 질병의 진단 또는 치료를 목적으로 유전자검사를 하는 경우에 있어서 심신박약 또는 심신상실 등의 사유로 본인의 동의를 얻을 수 없는 때에는 이를 생략할 수 있다.

④제1항 내지 제3항의 규정에 불구하고 다음 각호의 1에 해당하는 경우에는 서면동의없이 유전자검사를 할 수 있다.

1. 시체 또는 의식불명의 자에 대하여 개인식별을 하여야 할 긴급한 필요가 있거나 특별한 사유가 있는 경우
2. 다른 법률에 특별한 규정이 있는 경우

⑤제1항 내지 제3항의 규정에 따라 서면동의를 얻고자 하는 자는 미리 검사대상자 또는 법정대리인에게 유전자검사의 목적과 방법, 예측되는 유전자검사의 결과와 의미 등에 대하여 충분히 설명하여야 한다.

⑥ 제1항 내지 제3항의 규정에 의한 동의의 절차 및 동의서의 서식 그 밖에 필요한 사항은 보건복지가족부령으로 정한다. 〈개정 2008.2.29〉

제27조(검사대상물의 제공) ①유전자검사기관은 제26조의 규정에 따라 검사대상자로부터 연구목적으로 검사대상물을 이용하는 것에 대하여 서면동의를 얻은 경우에는 유전자에 관한 연구를 하는 자 또는 제32조의 규정에 따라 유전자은행의 개설허가를 받은 자에게 검사대상물을 제공할 수 있다.

②유전자검사기관은 제1항의 규정에 따라 제공하는 검사대상물에 개인정보를 포함시켜서는 아니된다. 다만, 개인정보를 포함시키는 것에 대하여 검사대상자 또는 법정대리인이 서면으로 동의하는 경우에는 그러하지 아니하며, 이 경우 동의서의 사본을 첨부하여야 한다.

③ 유전자검사기관, 유전자에 관한 연구를 하는 자 또는 제32조의 규정에 따라 유전자은행의 개설허가를 받은 자(이하 "유전자검사기관등"이라 한다)는 제1항의 규정에 따라 검사대상물을 제공하거나 이를 제공받은 때에는 보건복지가족부령이 정하는 바에 따라 검사대상물의 제공에 관한 기록을 작성하여야 한다. 〈개정 2008.2.29〉

④제1항 내지 제3항의 규정은 검사대상물을 제공받은 자가 다른 연구자 또는 유전자은행에 검사대상물을 제공하는 경우에 이를 준용한다.

제28조(검사대상물의 폐기) ①검사대상물의 보존기간은 5년으로 한다. 다만, 검사대상자 또는 법정대리인이 제26조제1항의 규정에 의한 동의서에 보존기간을 별도로 정한 경우에는 이를 보존기간으로 한다.

②유전자검사기관등은 보존기간 경과후 지체없이 검사대상물을 폐기하여야 한다. 다만, 검사대상자 또는 법정대리인이 검사대상물을 폐기하지 아니할 것을 서면으로 요청한 경우에는 그러하지 아니하다.

③유전자검사기관등은 검사대상물의 보관중에 검사대상자 또는 법정대리인이 검사대상물의 폐기를 요청하는 경우에는 이에 응하여야 한다.

④유전자검사기관등은 검사대상물의 폐기에 관한 사항을 기록 · 보관하여야 한다.

⑤ 유전자검사기관등은 휴업 · 폐업 그 밖에 부득이한 사

정으로 인하여 검사대상물을 보존할 수 없는 경우에는 보건복지가족부령이 정하는 바에 따라 검사대상물을 처리 또는 이관하여야 한다.〈개정 2008.2.29〉

⑥ 검사대상물의 폐기 절차 및 방법, 검사대상물의 폐기에 관한 사항의 기록 · 보관 및 제5항의 규정에 의한 검사대상물의 처리 또는 이관에 관하여 필요한 사항은 보건복지가족부령으로 정한다.〈개정 2008.2.29〉

제29조(기록의 관리 및 열람) ① 유전자검사기관등은 다음 각호의 서류를 보건복지가족부령이 정하는 바에 따라 보존하여야 한다.〈개정 2008.2.29〉

1. 제26조의 규정에 의한 동의서
2. 유전자검사 결과
3. 제27조제3항의 규정에 의한 검사대상물의 제공에 관한 기록

②유전자검사기관등은 검사대상자 또는 법정대리인이 제1항 각호의 규정에 의한 기록의 열람 또는 사본의 교부를 요청하는 경우에는 이에 응하여야 한다.

③ 제2항의 규정에 의한 기록의 열람 또는 사본의 교부에 관한 신청절차 및 서식 등에 관하여 필요한 사항은 보건복지가족부령으로 정한다.〈개정 2008.2.29〉

제30조(유전자검사기관등의 준수사항) ①유전자검사기관등은 다음 각호의 사항을 준수하여야 한다.〈개정 2008.2.29〉

1. 제26조의 규정에 의한 서면동의 내용
2. 유전정보의 보호
3. 그 밖에 제1호 및 제2호에 준하는 사항으로서 생명윤리 및 안전의 확보를 위하여 보건복지가족부령이 정하는 사항

②유전자검사기관등은 유전자검사에 관하여 허위표시 또는 과대광고를 하여서는 아니된다.

③ 제2항의 규정에 의한 허위표시 또는 과대광고의 범위 그 밖에 필요한 사항은 보건복지가족부령으로 정한다.〈개정 2008.2.29〉

제5장 유전정보 등의 보호 및 이용

제31조(유전정보에 의한 차별금지) ①누구든지 유전정보를 이유로 하여 교육 · 고용 · 승진 · 보험 등 사회활동에 있어서 다른 사람을 차별하여서는 아니된다.

②다른 법률에 특별한 규정이 있는 경우를 제외하고는 누구든지 타인에게 유전자검사를 받도록 강요하거나 유전자검사의 결과를 제출하도록 강요하여서는 아니된다.

제32조(유전자은행의 허가 및 신고) ① 유전자은행을 개설하고자 하는 자는 대통령령이 정하는 바에 따라 보건복지가족부장관의 허가를 받아야 한다. 다만, 국가기관이 직접 유전자은행을 개설하고자 하는 경우를 제외한다.〈개정 2008.2.29〉

② 제1항의 규정에 불구하고 다른 법령에 따라 중앙행정기관의 장으로부터 연구비지원의 승인을 얻어 유전자은행을 개설하고자 하는 경우에는 당해 중앙행정기관의 장으로부터 연구비지원의 승인을 얻은 때에 보건복지가족부장관의 허가를 받은 것으로 본다. 이 경우 해당 중앙행정기관의 장은 미리 보건복지가족부장관과 협의하여야 한다.〈개정 2008.2.29〉

③ 제1항의 규정에 따라 개설된 유전자은행이 개설장소를 이전하거나 그 개설에 관한 허가사항중 대통령령이 정하는 중요한 사항을 변경하고자 하는 경우에는 보건복지가족부령이 정하는 바에 따라 보건복지가족부장관에게 신고하여야 한다.〈개정 2008.2.29〉

④ 유전자은행의 장은 유전자은행의 업무를 폐업하거나 휴업하고자 하는 경우에는 보건복지가족부령이 정하는 바에 따라 보건복지가족부장관에게 신고하여야 한다.〈개정 2008.2.29〉

⑤제1항의 규정에 의한 유전자은행의 시설 · 장비 기준 및 허가절차 그 밖에 필요한 사항은 대통령령으로 정한다.

제33조(유전정보등의 제공) ①유전자은행으로부터 유전정보등을 이용하고자 하는 자는 유전정보등의 이용계획서를 유전자은행의 장에게 제출하여야 한다.

② 유전자은행의 장은 제1항의 규정에 따라 제출된 이용계획서에 대하여 제9조의 규정에 의한 기관위원회의 심의를 거쳐 유전정보등의 제공 여부를 결정하고, 그 결과를 보건복지가족부장관에게 보고하여야 한다.〈개정 2008.2.29〉

③ 유전정보등의 이용계획서 기재내용, 제출절차 그 밖에 유전정보등의 제공 · 관리에 관하여 필요한 사항은 보

건복지가족부령으로 정한다.〈개정 2008.2.29〉

제34조(유전자은행의 장의 준수사항) ①유전자은행의 장은 제33조의 규정에 따라 유전정보등을 타인에게 제공함에 있어 개인정보를 포함시켜서는 아니된다.
② 유전자은행의 장은 유전정보등을 타인에게 제공하는 경우에는 무상으로 하여야 한다. 다만, 유전자은행의 장은 유전정보등의 보관 및 제공에 필요한 경비를 보건복지가족부령이 정하는 바에 따라 요구할 수 있다.〈개정 2008.2.29〉

제35조(유전정보등의 보호) ①유전자은행의 장 또는 그 종사자는 직무상 얻거나 알게된 유전정보등을 정당한 사유없이 타인에게 제공하거나 부당한 목적으로 사용하여서는 아니된다.
②의료기관은 「의료법」 제21조제1항 단서의 규정에 따라 환자외의 자에게 제공하는 의무기록 및 진료기록 등에 유전정보를 포함시켜서는 아니된다. 다만, 해당 환자와 동일한 질병의 진단 및 치료를 목적으로 다른 의료기관의 요청이 있고 개인정보의 보호에 관한 조치를 한 경우에는 그러하지 아니하다.〈개정 2007.4.11〉

제35조의2(유전정보등의 관리 등) ① 유전자은행은 수집한 모든 유전정보등을 익명화하여 보관·관리하여야 한다.
② 유전자은행은 개인정보 보호를 위하여 정보관리 및 보안을 담당하는 책임자를 두어야 한다.
③ 제1항에 따른 유전정보등의 보관·관리와 제2항에 따른 보안책임자의 업무 등에 필요한 사항은 보건복지가족부령으로 정한다.[본조신설 2008.6.5]

제35조의3(유전자은행에 대한 지원) 국가나 지방자치단체는 예산의 범위에서 유전자은행의 운영에 필요한 비용을 지원할 수 있다.[본조신설 2008.6.5]

제6장 유전자치료

제36조(유전자치료) ①누구든지 유전자치료는 다음 각호의 1에 해당되는 경우외에는 하여서는 아니된다.〈개정 2008.2.29〉

1. 유전질환·암·후천성면역결핍증 그 밖에 생명을 위협하거나 심각한 장애를 초래하는 질병의 치료
2. 현재 이용가능한 치료법이 없거나 유전자치료의 효과가 이용가능한 다른 치료법과 비교하여 현저히 우수할 것으로 예측되는 치료
3. 그 밖에 보건복지가족부장관이 정하는 질병의 예방이나 치료를 위하여 필요하다고 인정하는 경우

②제1항의 규정에 불구하고 정자·난자·배아 또는 태아에 대하여 유전자치료를 하여서는 아니된다.

제37조(유전자치료기관) ① 유전자치료를 하고자 하는 의료기관은 보건복지가족부장관에게 신고하여야 한다. 대통령령이 정하는 중요한 사항을 변경하는 경우에도 또한 같다.〈개정 2008.2.29〉
② 제1항의 규정에 따라 보건복지가족부장관에게 신고한 의료기관(이하 "유전자치료기관"이라 한다)은 유전자치료를 하고자 하는 환자에 대하여 다음 각호의 사항에 관하여 미리 설명한 후 서면동의를 얻어야 한다.〈개정 2008.2.29〉

1. 치료의 목적
2. 예측되는 치료결과 및 그 부작용
3. 그 밖에 보건복지가족부령이 정하는 사항

③ 유전자치료기관의 신고요건 및 절차, 동의서의 서식 그 밖에 필요한 사항은 보건복지가족부령으로 정한다.〈개정 2008.2.29〉

제7장 감독

제38조(보고와 조사 등) ① 보건복지가족부장관은 생명윤리 및 안전의 확보와 관련하여 필요하다고 인정할 때에는 배아생성의료기관·배아연구기관·유전자검사기관등·유전자치료기관(이하 "피감독기관"이라 한다) 또는 그 종사자에 대하여 보건복지가족부령이 정하는 바에 따라 이 법의 시행에 관하여 필요한 보고 또는 자료의 제출을 명할 수 있고, 생명과학기술의 연구·개발·이용으로 인하여 생명윤리 또는 안전에 중대한 위해가 발생하거나 발생할 우려가 있는 때에는 그 연구·개발·이용의 중단을 명하거나 그 밖에 필요한 조치를 할 수 있다.〈

개정 2008.2.29〉

② 보건복지가족부장관은 이 법이 정하고 있는 사항의 이행 또는 위반 여부의 확인을 위하여 필요하다고 인정할 때에는 관계공무원으로 하여금 피감독기관 또는 그 사무소 등에 출입하여 그 시설 또는 장비, 관계장부나 서류 그 밖의 물건을 검사하게 하거나 관계인에 대한 질문을 하게 할 수 있으며, 시험에 필요한 시료를 최소분량에 한하여 수거하게 할 수 있다. 이 경우 관계공무원은 그 권한을 표시하는 증표를 지니고 이를 관계인에게 내보여야 한다.〈개정 2008.2.29〉

③피감독기관 또는 그 종사자는 제1항 및 제2항의 규정에 의한 명령·검사·질문등에 대하여 정당한 사유가 없는 한 이에 응하여야 한다.

제39조(폐기명령) 보건복지가족부장관은 피감독기관 또는 그 종사자, 제20조의2부터 제20조의4까지의 규정에 따라 줄기세포주를 등록·제공 또는 이용한 자에 대하여 제13조, 제14조, 제15조제1항, 제15조의2, 제15조의3, 제16조제2항, 제17조 내지 제19조, 제20조제1항·제4항, 제20조의2제1항, 제20조의3제1항·제3항, 제20조의4제2항, 제22조제1항 또는 제23조의 규정을 위반하여 생성·보관 또는 제공된 배아·체세포복제배아·줄기세포주 또는 난자 및 제24조제1항, 제25조, 제26조제1항 내지 제3항, 제27조제1항·제2항·제4항, 제28조제2항·제3항 또는 제32조제1항·제2항의 규정을 위반하여 채취·보관 또는 제공된 검사대상물을 폐기할 것을 명할 수 있다. 이 경우 폐기의 절차 및 방법에 관하여는 제16조제4항 또는 제28조제6항의 규정을 준용한다.〈개정 2008.2.29, 2008.6.5〉

제40조(개선명령) 보건복지가족부장관은 피감독기관에 대하여 그 시설·인력 등이 제14조제2항·제18조·제23조 또는 제32조제5항의 규정에서 정하는 시설기준 등에 적합하지 아니하여 연구·채취·보관 또는 배아의 생성 등을 하는 경우에 생명윤리나 안전에 중대한 위해가 발생하거나 발생할 우려가 있다고 인정하는 때에는 그 시설의 개선을 명하거나 당해 시설의 전부 또는 일부의 사용을 금지할 것을 명할 수 있다.〈개정 2008.2.29〉

제41조(허가 등의 취소와 업무의 정지) ① 보건복지가족부장관은 배아생성의료기관·배아연구기관·유전자검사기관·유전자은행·유전자치료기관이 다음 각호의 1에 해당하는 때에는 그 지정·등록 또는 허가를 취소하거나 1년 이내의 기간을 정하여 그 업무의 전부 또는 일부의 정지를 명할 수 있다.〈개정 2008.2.29, 2008.6.5〉

1. 제9조제1항·제3항, 제10조제1항·제3항, 제11조 내지 제14조, 제15조제1항·제3항, 제15조의2, 제15조의3, 제16조제2항·제3항, 제17조, 제19조제1항, 제20조, 제22조, 제24조제2항·제4항, 제25조, 제26조제1항 내지 제3항·제5항, 제27조, 제28조제2항 내지 제5항, 제29조제1항·제2항, 제32조제3항·제4항, 제33조제2항, 제35조, 제35조의2제1항·제2항, 제36조 또는 제37조제1항 후단·제2항의 규정을 위반한 때
2. 제21조·제30조 또는 제34조의 규정에 의한 준수사항을 이행하지 아니한 때
3. 제38조제1항·제39조 또는 제40조의 규정에 의한 명령을 이행하지 아니한 때
4. 제38조제2항의 규정에 의한 검사·질문·수거에 불응한 때

② 제1항의 규정에 의한 행정처분의 세부기준은 그 위반행위의 유형과 위반의 정도 등을 고려하여 보건복지가족부령으로 정한다.〈개정 2008.2.29〉

제42조(청문) 보건복지가족부장관은 제41조제1항의 규정에 따라 지정·등록 또는 허가를 취소하고자 하는 경우에는 청문을 실시하여야 한다.〈개정 2008.2.29〉

제43조(과징금) ① 보건복지가족부장관은 배아생성의료기관 또는 유전자치료기관이 다음 각호의 1에 해당하여 업무정지처분을 하여야 할 경우로서 그 업무정지가 당해 사업의 이용자에게 심한 불편을 주거나 그 밖에 공익을 해할 우려가 있는 때에는 대통령령이 정하는 바에 따라 그 업무정지처분에 갈음하여 2억원 이하의 과징금을 부과할 수 있다.〈개정 2008.2.29〉

1. 제14조, 제15조제1항·제3항, 제16조제2항·제3항 또는 제36조의 규정을 위반한 때
2. 제21조의 규정에 의한 준수사항을 위반한 때
3. 제38조제1항·제39조 또는 제40조의 규정에 의한 명령을 이행하지 아니한 때

4. 제38조제2항의 규정에 의한 검사 · 질문 · 수거에 불응한 때

② 제1항의 규정에 따라 과징금을 부과하는 위반행위의 종별과 정도등에 따른 과징금의 금액 그 밖에 필요한 사항은 보건복지가족부령으로 정한다. 〈개정 2008.2.29〉

③ 보건복지가족부장관은 제1항의 규정에 의한 과징금을 납부하여야 할 자가 납부기한까지 이를 납부하지 아니하는 때에는 국세체납처분의 예에 따라 이를 징수한다. 〈개정 2008.2.29〉

제44조(수수료) 보건복지가족부장관은 이 법의 규정에 따라 지정 · 등록 · 허가 · 승인을 받고자 하거나 신고를 하는 자 또는 그 내용을 변경하고자 하는 자로 하여금 보건복지가족부령이 정하는 바에 따라 수수료를 납부하게 할 수 있다. 〈개정 2008.2.29〉

제8장 보칙

제45조(성체줄기세포연구의 지원) 국가 또는 지방자치단체는 성체줄기세포의 연구를 육성하기 위하여 필요한 재정지원을 할 수 있다.

제46조(국고보조) 보건복지가족부장관은 생명과학기술에서의 생명윤리 및 안전의 확보에 이바지할 수 있는 연구사업 및 교육의 육성 · 지원을 위하여 대통령령이 정하는 바에 따라 해당 단체 · 연구기관 · 생명과학관련종사자 등에게 필요한 연구비의 전부 또는 일부를 보조할 수 있다. 〈개정 2008.2.29〉

제47조(위임 및 위탁 등) ① 보건복지가족부장관은 이 법에 의한 권한의 일부를 대통령령이 정하는 바에 따라 소속기관의 장에게 위임할 수 있다. 〈개정 2008.2.29〉

② 보건복지가족부장관은 대통령령으로 정하는 바에 따라 다음 각 호의 어느 하나에 해당하는 업무의 일부를 관계 전문기관 또는 단체에 위탁할 수 있다. 〈개정 2008.6.5〉

1. 제10조의2에 따른 기관위원회 평가 및 기관위원회 위원에 대한 교육에 관한 업무
2. 제14조에 따른 배아생성의료기관의 관리에 관한 업무
3. 제18조에 따른 배아연구기관의 관리에 관한 업무
4. 제20조의2제1항에 따른 줄기세포주 등록에 관한 업무
5. 제24조에 따른 유전자검사기관의 관리에 관한 업무
6. 제32조에 따른 유전자은행의 관리에 관한 업무
7. 제37조에 따른 유전자치료기관의 관리에 관한 업무

③ 보건복지가족부장관은 제2항의 규정에 따라 관계 전문기관 또는 단체에게 관리업무를 하게 한 때에는 그 관리에 필요한 예산을 보조할 수 있다. 〈개정 2008.2.29〉

제48조(비밀누설 등의 금지) 피감독기관 또는 그 종사자나 업무에 종사하였던 자는 그 직무상 알게 된 비밀을 누설하거나 도용(盜用)하여서는 아니된다.

제9장 벌칙

제49조(벌칙) ①제11조제1항의 규정을 위반하여 체세포복제배아를 자궁에 착상시키거나 착상된 상태를 유지 또는 출산한 자는 10년 이하의 징역에 처한다.

②제1항의 미수범은 처벌한다.

제50조(벌칙) 제12조제1항의 규정을 위반하여 인간의 배아를 동물의 자궁에 착상시키거나 동물의 배아를 인간의 자궁에 착상시킨 자 또는 동조제3항의 규정을 위반하여 동조제2항 각호의 1에 해당하는 행위로부터 생성된 배아를 인간 또는 동물의 자궁에 착상시킨 자는 5년 이하의 징역에 처한다.

제51조(벌칙) ①다음 각호의 1에 해당하는 자는 3년 이하의 징역에 처한다. 〈개정 2008.6.5〉

1. 제11조제2항의 규정을 위반하여 체세포복제배아를 자궁에 착상시키거나 착상된 상태를 유지 또는 출산하는 행위를 유인 또는 알선한 자
2. 제12조제2항 각호의 1에 해당하는 행위를 한 자
3. 제13조제1항의 규정을 위반하여 임신외의 목적으로 배아를 생성한 자
4. 제13조제2항 각호의 1에 해당하는 행위를 한 자
5. 제13조제3항의 규정을 위반하여 금전 또는 재산상 이익 그 밖에 반대급부를 조건으로 정자 또는 난자를 제공하거나 이를 이용한 자

6. 제13조제3항을 위반하여 금전 또는 재산상의 이익, 그 밖에 반대급부를 조건으로 정자 또는 난자를 제공하도록 유인하거나 알선한 자
7. 제22조제1항의 규정을 위반하여 희귀 · 난치병의 치료를 위한 연구목적외에 체세포핵이식행위를 한 자
8. 제48조의 규정을 위반하여 비밀을 누설하거나 도용한 자

②제17조의 규정을 위반하여 잔여배아를 이용한 자는 3년 이하의 징역 또는 5천만원 이하의 벌금형에 처한다.
③제1항제1호의 미수범은 처벌한다.

제52조(벌칙) 다음 각호의 1에 해당하는 자는 2년 이하의 징역 또는 3천만원 이하의 벌금에 처한다.〈개정 2008.6.5〉

1. 삭제〈2008.6.5〉
2. 제15조제1항의 규정을 위반하여 배아생성에 관한 서면동의를 얻지 아니하고 정자 또는 난자를 채취한 자

2의2. 제15조의2제1항을 위반하여 난자제공자에 대하여 건강검진을 실시하지 아니한 자
2의3. 제15조의2제2항을 위반하여 난자를 채취한 자
2의4. 제15조의3을 위반하여 난자를 채취한 자

3. 제25조의 규정을 위반하여 유전자검사를 한 자
4. 제26조제1항 내지 제3항의 규정을 위반하여 유전자검사에 관한 서면동의를 얻지 아니하고 검사대상물을 채취하거나 동의서를 첨부하지 아니하고 유전자검사를 의뢰한 자
5. 제31조제1항 또는 제2항의 규정을 위반하여 유전정보를 이용하여 다른 사람을 차별한 자 또는 다른 사람에게 유전자검사를 받기를 강요하거나 유전자검사의 결과를 제출하도록 강요한 자
6. 제34조의 규정을 위반하여 유전정보등을 타인에게 제공함에 있어 개인정보를 포함시킨 자
7. 제35조제1항의 규정을 위반하여 유전정보등을 정당한 사유없이 타인에게 제공하거나 부당한 목적으로 사용한 자
8. 제36조제1항 또는 제2항의 규정을 위반하여 유전자치료를 한 자
9. 제39조의 규정에 의한 폐기명령을 위반한 자

제53조(벌칙) 다음 각호의 1에 해당하는 자는 1년 이하의 징역 또는 2천만원 이하의 벌금에 처한다.〈개정 2008.2.29, 2008.6.5〉

1. 제14조의 규정을 위반하여 배아생성의료기관으로 지정받지 아니하고 인간의 정자 또는 난자를 채취 · 보관하거나 배아를 생성한 자
2. 제16조제2항 또는 제3항의 규정을 위반하여(제20조제4항에서 준용하는 경우를 포함한다) 배아를 보건복지가족부령이 정하는 바에 따라 폐기하지 아니하거나 배아의 폐기에 관한 사항을 기록 · 보관하지 아니한 자
3. 제18조의 규정을 위반하여 배아연구기관으로 등록하지 아니하고 잔여배아를 연구한 자
4. 제19조제1항의 규정을 위반하여(제23조제2항에서 준용하는 경우를 포함한다) 보건복지가족부장관의 승인을 얻지 아니하고 배아연구를 한 자
5. 제20조제1항 또는 제3항의 규정을 위반하여 유상으로 잔여배아를 제공하거나 잔여배아의 보관 및 제공 등에 관한 사항을 보건복지가족부령이 정하는 바에 따라 보건복지가족부장관에게 보고하지 아니한 자
6. 제23조제1항의 규정을 위반하여 등록하지 아니하고 체세포복제배아를 생성하거나 연구한 자
7. 제30조제1항의 유전자검사기관등의 준수사항을 위반하거나 동조제2항의 규정을 위반하여 유전자검사에 대하여 허위표시 또는 과대광고를 한 자
8. 제32조제1항의 규정을 위반하여 허가를 받지 아니하고 유전자은행을 개설한 자

8의2. 제35조의2제1항을 위반하여 유전정보등을 익명화하여 보관 · 관리하지 아니한 자

9. 제40조의 규정에 의한 개선명령 등을 위반한 자

제54조(양벌규정) 법인의 대표자나 법인 또는 개인의 대리인 · 사용인, 그 밖의 종업원이 그 법인 또는 개인의 업무에 관하여 제49조 내지 제53조의 규정에 해당하는 위반행위를 한 때에는 그 행위자를 벌하는 외에 그 법인 또는 개인에 대하여도 해당 조의 벌금형을 과한다.

제55조(과태료) ①다음 각호의 1에 해당하는 자는 500만원 이하의 과태료에 처한다.〈개정 2008.6.5〉

1. 제20조의2제1항을 위반하여 줄기세포주를 등록하지 아니하고 해당 줄기세포주를 제공하거나 이용한 자

2. 제20조의3제3항 본문을 위반하여 줄기세포주를 유상으로 제공한 자
3. 제20조의4제1항을 위반하여 줄기세포주를 이용한 자
4. 제24조제1항 · 제2항 또는 제4항의 규정에 의한 신고를 하지 아니한 자
5. 제28조제2항 내지 제5항의 규정을 위반한 자
6. 제29조제1항 각호의 서류를 보존하지 아니하거나 동조제2항의 규정에 의한 기록의 열람 또는 사본의 교부를 거부한 자
7. 제32조제3항 또는 제4항의 규정에 의한 신고를 하지 아니한 자
8. 제35조제2항의 규정을 위반하여 환자의 유전정보를 포함한 기록을 환자외의 자에게 제공한 자
9. 제35조의2제2항을 위반하여 정보관리 및 보안을 담당하는 책임자를 두지 아니한 자
10. 제37조제1항의 규정을 위반하여 신고하지 아니하고 유전자치료를 한 자

② 제1항의 규정에 의한 과태료는 대통령령이 정하는 바에 따라 보건복지가족부장관이 부과 · 징수한다. 〈개정 2008.2.29〉

③ 제2항의 규정에 의한 과태료처분에 불복이 있는 자는 그 처분의 고지를 받은 날부터 30일 이내에 보건복지가족부장관에게 이의를 제기할 수 있다. 〈개정 2008.2.29〉

④ 제2항의 규정에 의한 과태료처분을 받은 자가 제3항의 규정에 따라 이의를 제기한 때에는 보건복지가족부장관은 지체없이 관할법원에 그 사실을 통보하여야 하며, 그 통보를 받은 관할법원은 비송사건절차법에 의한 과태료의 재판을 한다. 〈개정 2008.2.29〉

⑤제3항의 규정에 의한 기간 이내에 이의를 제기하지 아니하고 과태료를 납부하지 아니한 때에는 국세체납처분의 예에 따라 이를 징수한다.

부칙 〈제7150호,2004.1.29〉

①(시행일) 이 법은 2005년 1월 1일부터 시행한다. 다만 제11조, 제12조, 제49조, 제50조 및 제51조제1항제1호 · 제2호의 규정은 공포한 날부터 시행한다.

②(잔여배아의 연구에 관한 경과조치) 다음 각호의 요건에 해당하는 잔여배아는 발생학적으로 원시선이 나타나기 전까지에 한하여 제17조 각호의 1의 목적으로 이용할 수 있다.

1. 이 법 시행전에 생성되었을 것
2. 생성후 5년이 지났을 것
3. 동의권자의 동의를 얻을 것. 다만, 소재불명 등으로 동의권자의 동의를 얻을 수 없는 경우를 제외한다.

③(체세포복제배아의 연구에 관한 경과조치) 이 법 시행당시 제17조제2호의 규정에 의한 연구목적으로 체세포복제배아의 연구를 하고 있는 자는 다음 각호의 요건에 해당하는 경우에는 보건복지부장관의 승인을 얻어 당해 연구를 계속할 수 있다.

1. 3년 이상 체세포복제배아에 관한 연구를 계속하였을 것
2. 관련학술지에 1회 이상 체세포복제배아에 관한 연구논문을 게재한 실적이 있을 것

④(다른 법률의 개정) 장기등이식에관한법률중 다음과 같이 개정한다.

제2장의 제목중 "生命倫理委員會"를 "장기등이식윤리위원회"로 한다.

제7조의 제목 "(生命倫理委員會)"를 "(장기등이식윤리위원회)"로 하고, 동조제1항중 "生命倫理委員會"를 "장기등이식윤리위원회"로 한다.

부칙(정부조직법) 〈제7413호,2005.3.24〉

제1조(시행일) 이 법은 공포한 날부터 시행한다. 다만, 다음 각호의 사항은 각호의 구분에 의한 날부터 시행한다.

1. 제26조…부칙 제2조 내지 제4조의 규정은 이 법 공포 후 3월 이내에 제42조의 개정규정에 의한 여성가족부의 조직에 관한 대통령령이 시행되는 날
2. 생략

제2조 생략

제3조(다른 법률의 개정) ①내지 ⑤생략

⑥생명윤리및안전에관한법률 일부를 다음과 같이 개정한다.

제7조제3항제1호중 "여성부장관"을 "여성가족부장관"으로 한다.

⑦내지 ⑭생략

제4조 생략

부칙(의료법) 〈제8366호,2007.4.11〉

제1조(시행일) 이 법은 공포한 날부터 시행한다. 〈단서 생략〉

제2조 내지 제19조 생략

제20조(다른 법률의 개정) ①내지 ⑧ 생략

⑨생명윤리및안전에관한법률 일부를 다음과 같이 개정한다.

제35조제2항 본문 중 "의료법 제20조제1항 단서"를 "「의료법」 제21조제1항 단서"로 한다.

⑩내지 〈17〉 생략

제21조 생략

부칙(정부조직법) 〈제8852호,2008.2.29〉

제1조(시행일) 이 법은 공포한 날부터 시행한다. 다만, 제31조제1항의 개정규정 중 "식품산업진흥"에 관한 부분은 2008년 6월 28일부터 시행하고, 부칙 제6조에 따라 개정되는 법률 중 이 법의 시행 전에 공포되었으나 시행일이 도래하지 아니한 법률을 개정한 부분은 각각 해당 법률의 시행일부터 시행한다.

제2조부터 제5조까지 생략

제6조(다른 법률의 개정) ①부터 〈468〉까지 생략

〈469〉 생명윤리및안전에관한법률 일부를 다음과 같이 개정한다.

제7조제3항제1호 중 "교육인적자원부장관" 을 "교육과학기술부장관"으로 하고, "과학기술부장관"을 삭제하며, "산업자원부장관"은 "지식경제부장관"으로 하고, "보건복지부장관"을 "보건복지가족부장관"으로 하고, "여성가족부장관"을 "여성부장관"으로 하며, 같은 조 제5항 중 "과학기술부장관"을 "교육과학기술부장관"으로 하고, "보건복지부장관"을 "보건복지가족부장관"으로 한다.

제9조제1항제1호 및 제2호 중 "보건복지부장관"을 각각 "보건복지가족부장관"으로 하고, 같은 항 제4호 중 "보건복지부령"을 "보건복지가족부령"으로 하며, 같은 조 제3항 중 "보건복지부장관"을 "보건복지가족부장관"으로 하고, 같은 조 제4항 중 "보건복지부령"을 "보건복지가족부령"으로 한다.

제14조제1항 중 "보건복지부장관"을 "보건복지가족부장관"으로 하고, 같은 조 제2항 및 제3항 중 "보건복지부령"을 각각 "보건복지가족부령"으로 한다.

제15조제2항제5호 및 제4항 중 "보건복지부령"을 각각 "보건복지가족부령"으로 한다.

제16조제4항 중 "보건복지부령"을 "보건복지가족부령"으로 한다.

제17조제3호를 다음과 같이 한다.

3. 그 밖에 제1호와 제2호에 준하는 연구로서 대통령령으로 정하는 연구

제18조 중 "보건복지부령"을 "보건복지가족부령"으로, "보건복지부장관"을 "보건복지가족부장관"으로 한다.

제19조제1항 전단 중 "보건복지부장관"을 각각 "보건복지가족부장관"으로, "보건복지부령"을 "보건복지가족부령"으로 하고, 같은 조 제3항 중 "보건복지부장관"을 "보건복지가족부장관"으로 하며, 같은 조 제4항 중 "보건복지부령"을 "보건복지가족부령"으로 한다.

제20조제1항 단서 및 제2항 중 "보건복지부령"을 각각 "보건복지가족부령"으로 하고, 같은 조 제3항 중 "보건복지부령"을 "보건복지가족부령"으로, "보건복지부장관"을 "보건복지가족부장관"으로 한다.

제21조제4호 중 "보건복지부령"을 "보건복지가족부령"으로 한다.

제23조제1항 중 "보건복지부령"을 "보건복지가족부령"으로, "보건복지부장관"을 "보건복지가족부장관"으로 한다.

제24조제1항 본문 중 "보건복지부령"을 "보건복지가족부령"으로, "보건복지부장관"을 "보건복지가족부장관"으로 하고, 같은 조 제3항 중 "보건복지부장관"을 "보건복지가족부장관"으로, "보건복지부령"을 "보건복지가족부령"으로 하며, 같은 조 제4항 중 "보건복지부령"을 "보건복지가족부령"으로, "보건복지부장관"을 "보건복지가족부장관"으로 한다.

제26조제1항제5호, 제2항 후단 및 제6항 중 "보건복지부령"을 각각 "보건복지가족부령"으로 한다.

제27조제3항 중 "보건복지부령"을 "보건복지가족부령"으로 한다.

제28조제5항 및 제6항 중 "보건복지부령"을 각각 "보건복지가족부령"으로 한다.

제29조제1항 각 호 외의 부분 및 제3항 중 "보건복지부령"을 각각 "보건복지가족부령"으로 한다.

제30조제1항제3호 및 제3항 중 "보건복지부령"을 각각 "보건복지가족부령"으로 한다.

제32조제1항 본문 중 "보건복지부장관"을 "보건복지가족부장관"으로 하고, 같은 조 제2항 전단 및 후단 중 "보건복지부장관"을 각각 "보건복지가족부장관"으로 하고, 같은 조 제3항 중 "보건복지부령"을 "보건복지가족부령"으로, "보건복지부장관"을 "보건복지가족부장관"으로 하며, 같은 조 제4항 중 "보건복지부령"을 "보건복지가족부령"으로, "보건복지부장관"을 "보건복지가족부장관"으로 한다.

제33조제2항 중 "보건복지부장관"을 "보건복지가족부장관"으로 하고, 같은 조 제3항 중 "보건복지부령"을 "보건복지가족부령"으로 한다.

제34조제2항 단서 중 "보건복지부령"을 "보건복지가족부령"으로 한다.

제36조제1항제3호를 다음과 같이 한다.

3. 그 밖에 보건복지가족부장관이 정하는 질병의 예방이나 치료를 위하여 필요하다고 인정하는 경우

제37조제1항 전단 및 제2항 각 호 외의 부분 중 "보건복지부장관"을 각각 "보건복지가족부장관"으로 하고, 같은 항 제3호 및 제3항 중 "보건복지부령"을 각각 "보건복지가족부령"으로 한다.

제38조제1항 중 "보건복지부장관"을 "보건복지가족부장관"으로, "보건복지부령"을 "보건복지가족부령"으로 하고, 같은 조 제2항 전단 중 "보건복지부장관"을 "보건복지가족부장관"으로 한다.

제39조 전단 중 "보건복지부장관"을 "보건복지가족부장관"으로 한다.

제40조 중 "보건복지부장관"을 "보건복지가족부장관"으로 한다.

제41조제1항 각 호 외의 부분 중 "보건복지부장관"을 "보건복지가족부장관"으로 하고, 같은 조 제2항 중 "보건복지부령"을 "보건복지가족부령"으로 한다.

제42조 중 "보건복지부장관"을 "보건복지가족부장관"으로 한다.

제43조제1항 각 호 외의 부분 중 "보건복지부장관"을 "보건복지가족부장관"으로 하고, 같은 조 제2항 중 "보건복지부령"을 "보건복지가족부령"으로 하며, 같은 조 제3항 중 "보건복지부장관"을 "보건복지가족부장관"으로 한다.

제44조 중 "보건복지부장관"을 "보건복지가족부장관"으로, "보건복지부령"을 "보건복지가족부령"으로 한다.

제46조 중 "보건복지부장관"을 "보건복지가족부장관"으로 한다.

제47조제1항·제2항 각 호 외의 부분 및 제3항 중 "보건복지부장관"을 각각 "보건복지가족부장관"으로 한다.

제53조제2호 중 "보건복지부령"을 "보건복지가족부령"으로 하고, 같은 조 제4호 중 "보건복지부장관"을 "보건복지가족부장관"으로 하며, 같은 조 제5호 중 "보건복지부령"을 "보건복지가족부령"으로, "보건복지부장관"을 "보건복지가족부장관"으로 한다.

제55조제2항부터 제4항까지 중 "보건복지부장관"을 각각 "보건복지가족부장관"으로 한다.

〈470〉부터 〈760〉까지 생략

제7조 생략

부칙 〈제9100호,2008.6.5〉

①(시행일) 이 법은 공포 후 6개월이 경과한 날부터 시행한다. 다만, 제20조의2부터 제20조의4까지의 개정규정은 2010년 1월 1일부터 시행한다.

②(이미 수립되거나 수입된 줄기세포주의 등록에 관한 경과조치) 제20조의2부터 제20조의4까지의 개정규정의 시행일 전에 이미 줄기세포주를 수립하거나 수입한 자는 제20조의2의 개정규정에 따라 수립하거나 수입한 것으로 본다. 이 경우 등록신청은 2010년 6월 30일까지 하여야 한다.

의약품 임상시험 관리기준

1987.12.28.	보건사회부 고시 제1987-87호
1995. 7.27.	보건복지부 고시 제1995-39호
1996. 4. 8.	보건복지부 고시 제1996-33호
1998. 4.16.	식품의약품안전청 고시 제1998-18호
2000. 1. 4.	식품의약품안전청 고시 제1999-67호
2007. 1.19.	식품의약품안전청 고시 제2007- 4호
2007. 5.31.	식품의약품안전청 고시 제2007-34호
2008. 6.27.	식품의약품안전청 고시 제2008-39호

제1장 총칙

제1조(목적) 이 기준은 「약사법」 제34조 및 같은 법 시행규칙(이하 "규칙"이라 한다) 제31조, 제32조, 제33조 및 제34조, 「마약류관리에관한법률」 제57조의 규정에 의하여 임상시험을 실시하고자 할 때, 임상시험의 계획 · 시행 · 실시 · 모니터링 · 점검 · 자료의 기록 및 분석 · 임상시험결과보고서 작성 등에 관한 기준을 정함으로써, 정확하고 신뢰성 있는 자료와 결과를 얻고 피험자의 권익보호 및 비밀보장이 적정하게 이루어질 수 있게 함을 목적으로 한다.

제2조 (정의) 이 기준에서 사용하는 용어의 정의는 다음 각 호와 같다.

1. "임상시험(Clinical Trial/Study)"이라 함은 임상시험용의약품의 안전성과 유효성을 증명할 목적으로, 해당 약물의 약동 · 약력 · 약리 · 임상적 효과를 확인하고 이상반응을 조사하기 위하여 사람을 대상으로 실시하는 시험 또는 연구를 말한다.
2. "다기관임상시험(Multicenter Trial)"이라 함은 하나의 임상시험계획서에 따라 둘 이상의 시험기관에서 수행되는 임상시험을 말한다.
3. "비임상연구(Nonclinical Study)"라 함은 사람을 대상으로 하지 않는 생의학적 연구를 말한다.
4. "임상시험계획서(Protocol, 이하 "계획서"라 한다)"라 함은 해당 임상시험의 배경이나 근거를 제공하기 위해 임상시험의 목적 · 연구방법론 · 통계학적 측면 · 관련 조직 등이 기술된 문서를 말한다.
5. "임상시험변경계획서(Protocol Amendment, 이하 "변경계획서"라 한다)"라 함은 계획서의 변경 내용 또는 불명료한 부분이 명확히 기술된 문서를 말한다.
6. "증례기록서(Case Report Form, CRF)"라 함은 개개 피험자별로 계획서에서 규정한 정보를 기록하여 의뢰자에게 전달될 수 있도록 고안한 인쇄되거나 전자문서화된 서식을 말한다.
7. "임상시험결과보고서(Clinical Trial/Study Report, 이하 "결과보고서"라 한다)"라 함은 임상시험에서 얻어진 결과를 임상적 · 통계적 측면에서 하나의 문서로 통합 기술한 것을 말한다.
8. "중간임상시험결과보고서(Interim Clinical Trial/Study Report, 이하 "중간보고서"라 한다)"라 함은 임상시험 도중에 실시된 분석에 따라 중간 결과를 보고하는 문서를 말한다.
9. "임상시험용의약품(Investigational Product)"이라 함은 시험약 및 대조약을 말한다.
10. "시험약"이라 함은 임상시험용의약품 중 대조약을 제외한 의약품을 말한다.
11. "대조약(Comparator)"이라 함은 시험약과 비교할 목적으로 사용되는 위약 또는 개발 중이거나 시판 중인 의약품을 말한다.

12. "이상반응(Adverse Event, AE)"이라 함은 임상시험용의약품을 투여 받은 피험자에서 발생한, 바람직하지 않고 의도되지 않은 증후(sign, 예; 실험실적 검사치의 이상), 증상(symptom), 질병을 말하며, 해당 임상시험용의약품과 반드시 인과관계를 가져야 하는 것은 아니다.
13. "이상약물반응(Adverse Drug Reaction, ADR)"이라 함은 임상시험용의약품의 임의의 용량에서 발생한, 모든 유해하고 의도되지 않은 반응으로서, 임상시험용의약품과의 인과관계를 배제할 수 없는 경우를 말한다.
14. "중대한 이상반응/이상약물반응(Serious AE/ADR)"이라 함은 임상시험에 사용되는 의약품의 임의의 용량에서 발생한 이상반응 또는 이상약물반응 중에서 다음 각목의 어느 하나에 해당하는 경우를 말한다.
    가. 사망을 초래하거나 생명을 위협하는 경우
    나. 입원 또는 입원 기간의 연장이 필요한 경우
    다. 지속적 또는 의미있는 불구나 기능 저하를 초래하는 경우
    라. 선천적 기형 또는 이상을 초래하는 경우
15. "예상하지 못한 이상약물반응(Unexpected Adverse Drug Reaction)"이라 함은 이용가능한 의약품 관련 정보(예를 들어 임상시험자자료집 또는 의약품의 첨부문서)에 비추어 이상약물반응의 양상이나 위해의 정도에서 차이가 나는 것을 말한다.
16. "피험자(Subject/Trial Subject)"라 함은 임상시험에 참여하여, 임상시험용의약품을 투여 받는 사람을 말한다.
17. "취약한 환경에 있는 피험자(Vulnerable Subject)"라 함은 임상시험 참여와 연관된 이익에 대한 기대 또는 참여를 거부하는 경우 조직 위계의 상급자로부터 받게 될 불이익을 우려하여 자발적인 참여 결정에 영향을 받을 가능성이 있는 피험자(예: 의과대학·약학대학·치과대학·간호대학의 학생, 병원 또는 연구소 근무자, 제약회사 직원, 군인, 수감자)나, 불치병에 걸린 사람, 시행규칙에서 정한 집단시설에 수용 중인 자, 실업자, 빈곤자, 응급상황에 처한 환자, 소수 인종, 부랑자, 난민, 미성년자, 자유의지에 의해 동의를 할 수 없는 피험자를 말한다.
18. "피험자의 복지(Well-being of the trial subjects)"라 함은 임상시험에 참여하는 피험자의 육체적·정신적 안녕을 말한다.
19. "피험자식별코드(Subject Identification Code)"라 함은 피험자의 신원을 보호하기 위해 시험책임자가 각각의 피험자에게 부여한 고유 식별기호로서, 시험책임자가 이상반응 또는 기타 임상시험 관련 자료를 보고할 경우 피험자의 성명 대신 사용하는 것을 말한다.
20. "임상시험실시기관(Institution, 이하 "시험기관"이라 한다)"이라 함은 의약품임상시험실시기관지정에 관한규정에 의거 식품의약품안전청장이 별도로 지정하는 의료기관 또는 특수연구기관으로 실제 임상시험이 실시되는 기관을 말한다.
21. "임상시험심사위원회(Institutional Review Board, 이하 "심사위원회"라 한다)"라 함은 계획서 또는 변경계획서, 피험자로부터 서면동의를 얻기 위해 사용하는 방법이나 제공되는 정보를 검토하고 지속적으로 이를 확인함으로써 임상시험에 참여하는 피험자의 권리·안전·복지를 보호하기 위해 시험기관 내에 독립적으로 설치한 상설위원회를 말한다.
22. "신속심사(Expedite Review)"라 함은 이 규정에서 정한 바에 따라 임상시험의 실시와 관련하여 정해진 회의일정에도 불구하고 심사위원회가 신속하게 심사하는 것을 말한다.
23. "임상시험계약서(Contract, 이하 "계약서"라 한다)"라 함은 임상시험에 관여하는 둘 또는 그 이상의 당사자간에 이루어지는 서면 합의서로서, 업무의 위임 및 분담, 의무사항, 필요한 경우 재정에 관련된 사항 등이 자세히 기록되고 날짜 및 서명이 기재된 문서를 말한다.
24. "시험자(Investigator)"라 함은 시험책임자, 시험담당자, 임상시험조정자를 말한다.
25. "시험책임자(Principal Investigator)"라 함은 시험기관에서 임상시험의 수행에 대한 책임을 갖고 있는 사람을 말한다.
26. "시험담당자(Subinvestigator)"라 함은 시험책임자의 위임 및 감독 하에 임상시험과 관련된 업무를 담당하거나 필요한 사항을 결정하는 의사·치과의사·한의사 (이하 "의사 등"이라 한다) 및 기타 임상시험에 관여하는 사람을 말한다.

27. "조정위원회(Coordinating Committee)"라 함은 다기관임상시험의 수행을 조정하기 위하여 의뢰자가 조직하는 위원회를 말한다.
28. "임상시험조정자(Coordinating Investigator, 이하 "시험조정자"라 한다)"라 함은 각 시험기관의 시험책임자 중에서 다기관임상시험에 참여하는 시험자 사이의 의견을 조정할 책임을 부여받은 자를 말한다.
29. "관리약사(Clinical Trial Pharmacist)"라 함은 시험기관에서 임상시험용의약품의 인수·보관·조제·관리 및 반납에 대한 책임을 갖는 약사로서 시험기관의 장이 지정한 자를 말한다.
30. "피험자동의(Informed Consent, 이하 "동의"라 한다)"라 함은 피험자가 임상시험 참여 유무를 결정하기 전에 피험자를 위한 설명서(이하 "피험자설명서"라 한다)를 통해 해당 임상시험과 관련된 모든 정보를 제공받고, 서명과 서명 날짜가 포함된 문서(이하 "동의서"라 한다)를 통해 본인이 자발적으로 임상시험에 참여함을 확인하는 절차를 말한다.
31. "공정한 입회자(Impartial Witness)"라 함은 해당 임상시험과는 무관하고, 임상시험에 관련된 자들에 의해 부당하게 영향을 받지 않을 수 있는 자로서, 피험자나 피험자의 법적 대리인이 문맹인 경우 서면 동의 과정에 입회하여 서면 동의서 및 피험자에게 제공되는 모든 서면정보를 대신하여 읽게 되는 자를 말한다.
32. "대리인(Legally Acceptable Representative)"이라 함은 피험자의 친권자·배우자·후견인으로서, 피험자를 대신하여 피험자의 임상시험 참여 유무에 대한 결정을 내릴 수 있는 자를 말한다.
33. "임상시험의뢰자(Sponsor, 이하 "의뢰자"라 한다)"라 함은 임상시험의 계획·관리·재정 등에 관련된 책임을 갖고 있는 개인, 회사, 실시기관, 단체 등을 말한다.
34. "임상시험모니터요원(Monitor, 이하 "모니터요원"이라 한다)"이라 함은 임상시험의 모니터링을 담당하기 위해 의뢰자가 지정한 자를 말한다.
35. "모니터링(Monitoring)"이라 함은 임상시험 진행 과정을 감독하고, 해당 임상시험이 계획서, 표준작업지침서, 임상시험관리기준 및 관련규정에 따라 실시·기록되는지 여부를 검토·확인하는 활동을 말한다.
36. "모니터링보고서(Monitoring Report)"라 함은 모니터요원이 의뢰자의 표준작업지침서에 따라 각 시험기관을 방문하거나 임상시험과 관련된 연락(예 ; 전화, 팩스, 전자우편 등)을 실시하고, 그 내용을 문서로 작성한 보고서를 말한다.
37. "근거자료(Source Data)"라 함은 임상시험을 재현 또는 평가하는 데 필요한 관련 임상 소견·관찰·기타 행위 등이 기록된 원본 또는 원본의 공식 사본에 담겨있는 모든 정보를 말한다.
38. "근거문서(Source Document)"라 함은 병원기록·의무기록·피험자기록·메모·병리검사결과·피험자일기 또는 평가점검표·약국의 의약품 불출 기록·자동화 검사기기에 기록된 자료·검사인증서 및 공식 사본·마이크로피시·마이크로필름·방사선학적 검사자료·자기테이프·약국기록자료·병리검사실기록자료 등과 같이 근거자료를 담고 있는 모든 문서·자료·기록을 말한다.
39. "임상시험 관련자료의 직접열람(Direct Access, 이하 "직접열람"이라 한다)"이라 함은 임상시험 수행상태 및 결과 평가에 중요한 기록이나 문서를 조사·분석·평가·재구성하도록 허용하는 것을 말하며, 임상시험 관련 자료의 직접열람을 하는 개인 또는 기관 등은 피험자의 신원이나 의뢰자 관련 정보에 대해 비밀보장의 의무를 갖는다.
40. "비밀보장(Confidentiality)"이라 함은 자료의 직접열람이 허용된 자를 제외하고는 피험자의 신원 또는 의뢰자의 지적 재산 등에 관한 정보가 알려지지 않도록 하는 것을 말한다.
41. "임상시험기본문서(Essential Document, 이하 "기본문서"라 한다)"라 함은 임상시험의 수행과 그로부터 얻어진 자료의 질에 대하여 개별적 또는 전체적 평가가 가능하도록 해 주는 문서를 말한다.
42. "표준작업지침서(Standard Operating Procedure, SOPs)"라 함은 특정 업무를 표준화된 방법에 따라 일관되게 실시할 목적으로 해당 절차 및 수행 방법 등을 상세하게 기술한 문서를 말한다.
43. "임상시험수탁기관(Contact Research Organization, CRO)"이라 함은 임상시험과 관련된 의뢰자의 임무나 역할의 일부 또는 전부를 대행하기 위하여 의뢰자로부터 계약에 의해 위임받은 개인이나 기관을 말한다.

44. "임상시험자자료집(Investigator' s Brochure)"이라 함은 임상시험용의약품에 관련된 임상 및 비임상 정보를 정리하여 시험자에게 제공하는 편집물을 말한다.
45. "관련규정(Applicable Regulatory Requirement)"이라 함은 임상시험의 실시에 관련된 약사법령 및 관련 규정, 고시 등을 말한다.
46. "임상시험의 준수(Compliance, 이하 "준수"라 한다)"라 함은 계획서, 임상시험관리기준 및 기타 관련 규정에 따라 임상시험을 실시하는 것을 말한다.
47. "임상시험의 신뢰성보증(Quality Assurance, 이하 "신뢰성보증"이라 한다)"이라 함은 임상시험과 자료의 수집 · 기록 · 문서 · 보고 등에 관한 제반 사항이 임상시험관리기준과 관련규정을 준수하였음을 확인하기 위해 사전에 계획된 바에 따라 체계적으로 실시하는 활동을 말한다.
48. "임상시험자료의 품질관리(Quality Control, 이하 "품질관리"라 한다)"라 함은 임상시험 관련 행위나 활동이 타당한 수준에서 이루어지고 있음을 검증하기 위해 임상시험의 신뢰성보증 체계에 따라 구체적으로 적용하는 운영 기법 및 활동을 말한다.
49. "실태조사(Inspection)"라 함은 식품의약품안전청장이 임상시험관리기준 및 관련규정에 따라 임상시험이 실시되었는지를 확인할 목적으로 시험기관, 의뢰자 또는 임상시험수탁기관 등의 모든 시설 · 문서 · 기록 등을 현장에서 공식적으로 조사하는 행위를 말한다.
50. "점검(Audit)"이라 함은 해당 임상시험에서 수집된 자료의 신뢰성을 확보하기 위하여 해당 임상시험이 계획서, 의뢰자의 표준작업지침서, 임상시험관리기준, 관련규정 등에 따라 수행되고 있는지를 의뢰자 등이 체계적 · 독립적으로 실시하는 조사를 말한다.
51. "점검확인서(Audit Certificate)"란 점검이 실시되었음을 확인하는 내용을 말한다.
52. "점검보고서(Audit Report)"라 함은 점검 결과에 대한 보고서를 말한다.
53. "점검기록(Audit Trail)"이라 함은 점검 절차를 재현할 수 있도록 문서화한 것을 말한다.
54. "눈가림(Blinding/Masking)"이라 함은 임상시험에 관여하는 사람 또는 부서 등이 배정된 치료법에 대해 알지 못하도록 하는 절차를 말한다. 단일눈가림은 일반적으로 피험자를 눈가림 상태로 하는 것이며, 이중눈가림은 피험자, 시험자, 모니터, 필요한 경우 자료 분석에 관여하는 자 등을 눈가림 상태로 하는 것이다.
55. "무작위배정(Randomization)"이라 함은 임상시험 과정에서 발생할 수 있는 비뚤림(bias)을 줄이기 위해 확률의 원리에 따라 피험자를 각 치료군에 배정하는 과정을 말한다.
56. "자료모니터링위원회(Independent Data-Monitoring Commitee, IDMC)"라 함은 주기적으로 임상시험의 진행 상황, 안전성 관련 자료, 중요한 유효성 결과 변수를 평가하고, 해당 임상시험의 계속 진행, 변경 또는 중지를 의뢰자에게 권고하는 독립된 위원회를 말하며, 의뢰자에 의해 조직될 수 있다.

제3조(기본원칙) 임상시험실시의 기본원칙은 다음 각호와 같다.

1. 임상시험은 헬싱키 선언에 근거한 윤리규정, 임상시험관리기준 및 관련규정에 따라 수행되어야 한다.
2. 임상시험으로부터 예측되는 위험과 불편 사항에 대한 충분한 고려를 통해 피험자 개인과 사회가 얻을 수 있는 이익이 그 위험성을 상회 또는 정당화할 수 있다고 판단되는 경우에 한하여 임상시험을 실시하여야 한다.
3. 피험자의 권리 · 안전 · 복지는 우선 검토의 대상으로 과학과 사회의 이익보다 중요하다.
4. 해당 임상시험용의약품에 대한 임상 및 비임상 관련 정보는 실시하고자 하는 임상시험에 적합한 것이어야 한다.
5. 임상시험은 과학적으로 타당하여야 하며, 임상시험 계획서는 명확하고 상세히 기술되어야 한다.
6. 임상시험은 식품의약품안전청장이 승인한 임상시험 계획서에 따라 실시하여야 한다.
7. 피험자에게 제공되는 의학적 처치나 결정은 의사 등의 책임하에 이루어져야 한다.
8. 임상시험 수행에 참여하는 모든 사람들은 각자의 업무 수행을 위한 적절한 교육 · 훈련을 받고, 경험을 갖고 있어야 한다.
9. 임상시험 참여 전에 모든 피험자로부터 자발적인 임

상시험 참가 동의를 받아야 한다.

10. 모든 임상시험 관련 정보는 정확한 보고, 해석, 확인이 가능하도록 기록 · 처리 · 보존되어야 한다.
11. 피험자의 신원에 관한 모든 기록은 비밀보장이 되도록 관련규정에 따라 취급하여야 한다.
12. 임상시험용의약품은 의약품제조및품질관리기준(GMP)에 따라 관리되어야 하며, 식품의약품안전청장이 승인한 임상시험계획서에 따라 사용되어야 한다.
13. 임상시험은 신뢰성을 보증할 수 있는 체계하에서 실시되어야 한다.

제4조(적용범위) 이 기준은 의약품의 제조(수입을 포함한다. 이하같다) 품목의 허가(변경허가를 포함한다. 이하같다) 및 관리에 필요한 임상시험성적에 관한 자료를 수집하기 위하여 실시하는 임상시험에 적용한다. 다만, 인체에 직접 적용되지 아니하는 의약품은 제외한다.

제2장 임상시험의 계약 및 시험기관

제5조(임상시험의 계약) ① 의뢰자는 시험기관의 장과 문서로서 임상시험계약을 체결하여야 하며, 다기관임상시험을 실시하고자 하는 경우에는 대표되는 하나의 시험기관의 장과 총괄하여 계약할 수 있다.
② 제1항의 계약서에는 연구비의 규모 및 지급 방법, 조기종료 및 시험 중단시 미사용 연구비의 반납 등 임상시험의 재정에 관한 사항이 명시되어야 한다.

제6조(시험기관장의 임무) ① 시험기관의 장은 임상시험실시에 관한 심사 등을 위하여 제7조의 임무를 수행할 심사위원회를 제8조제1항의 규정에 적합하게 시험기관에 설치하고 심사위원회의 위원을 위촉하여야 하며, 임상시험 실시에 필요한 사무 절차 등에 관한 규정을 마련하여야 한다.
② 시험기관의 장은 심사위원회가 독립적으로 운영될 수 있도록 하여야 한다.
③ 시험기관의 장은 제1항의 규정에 따른 심사위원회의 임무수행에 적정을 기하기 위하여 제9조 각호의 사항이 포함된 표준작업지침서를 마련하여야 한다.
④ 시험기관의 장은 해당 임상시험의 실시에 필요한 임상시험실, 설비와 전문인력을 갖추어야 하고, 긴급 시 필요한 조치를 취할 수 있도록 하는 등 해당 임상시험을 적정하게 실시할 수 있도록 준비에 완벽을 기하여야 한다.
⑤ 시험기관의 장은 의뢰자 또는 식품의약품안전청장으로부터 심사위원회 운영에 관한 표준작업지침서의 직접 열람 요청이나 심사위원회 위원 명단과 자격에 관한 문서의 요청이 있는 경우 심사위원회로 하여금 이에 적극 협조하도록 하여야 한다.
⑥ 시험기관의 장은 제10조제4항의 규정에 의한 모니터링, 점검의 요청 및 실태조사 통보를 받은 경우 또는 제18조제6항의 규정에 의한 직접열람의 요청을 받은 경우 해당 시험책임자로 하여금 이에 적극 협조하도록 하여야 한다.
⑦ 시험기관의 장은 임상시험용의약품의 적정한 관리를 위하여 해당 시험기관의 약사 중에서 관리약사를 지정하여야 하며, 다기관임상시험을 실시하는 경우에는 각각의 시험기관마다 관리약사를 지정하여야 한다. 다만, 임상시험의 특성에 따라 시험책임자의 요청이 있는 경우 심사위원회의 의견을 들어 시험책임자 또는 시험담당자로 하여금 임상시험용의약품을 관리하게 할 수 있다.
⑧ 시험기관의 장은 제7조제13항 및 제18조제5항의 규정의 의하여 심사위원회 및 시험책임자로부터 인계 받은 기록 및 자료 중 다른 법령에서 특히 보존 기간이 정하여진 경우를 제외하고는 보관책임자를 정하여 보존하게 하여야 하며, 이들 문서가 사고 등에 의해 조기에 파손 또는 분실되지 않도록 대책을 강구하여야 한다.

제3장 임상시험심사위원회

제7조(심사위원회의 임무) ① 심사위원회는 피험자의 권리 · 안전 · 복지를 보호해야 하며, 취약한 환경에 있는 피험자가 임상시험에 참여하는 경우에는 그 이유의 타당성을 면밀히 검토하여야 한다.
② 심사위원회는 해당 임상시험에 대한 관리 및 심의 등을 위하여 다음 각호의 문서를 확보하여야 한다.

1. 임상시험(변경)계획서
2. 피험자 서면동의서 서식
3. 피험자에게 제공되는 서면정보(피험자설명서를 포

함한다)
4. 임상시험자자료집
5. 안전성정보
6. 피험자에게 제공되는 보상에 대한 정보
7. 시험책임자의 최근 이력 또는 기타 경력에 관한 문서
8. 표준작업지침서 등 심사위원회의 임무 수행에 필요한 서류

③ 심사위원회는 시험책임자가 제출한 임상시험과 관련된 사항을 심사위원회 표준작업지침서에서 규정한 기간 내에 검토하고, 임상시험의 명칭, 검토한 문서, 날짜 및 다음 각호의 1에 해당하는 의견을 기록하여 문서화하여야 한다.

1. 승인 또는 시정승인
2. 보완
3. 반려
4. 승인된 임상시험의 중지 또는 보류

④ 심사위원회는 시험책임자의 최근 이력 및 기타 경력에 관한 문서로부터 시험책임자가 해당 임상시험을 수행하기에 적합한지 여부를 검토하여야 한다.

⑤ 심사위원회는 실시 중인 임상시험에 대해 적어도 1년에 1회 이상 지속적으로 검토를 수행하여야 한다. 이 경우 검토의 주기는 피험자에게 미칠 수 있는 위험의 정도에 따라 적절히 정할 수 있다.

⑥ 피험자의 권리 · 안전 · 복지를 보호하기 위하여 추가적인 정보가 필요하다고 판단한 경우 심사위원회는 제17조제10항의 규정에서 정한 동의를 위한 설명 내용 외의 정보를 제공하도록 의뢰자에게 요구할 수 있다.

⑦ 비치료적임상시험(Non-therapeutic Trial)을 제17조제13항 단서의 규정에 의하여 대리인의 동의에 의하여 실시하고자 하는 경우 심사위원회는 제출된 계획서와 기타 관련 문서 등이 임상시험의 윤리적 측면을 충분히 고려하고 있는지 여부와 제17조제14항에서 정한 사항을 준수하고 있는지 여부를 검토하여야 한다.

⑧ 응급환자를 대상으로 실시하는 임상시험과 같이 피험자 또는 대리인의 사전 동의가 불가능하다고 계획서에 명시되어 있는 임상시험의 경우, 심사위원회는 제출된 계획서와 기타 관련 문서 등이 임상시험의 윤리적 측면을 충분히 고려하고 있는지 여부를 검토하여야 한다.

⑨ 피험자가 임상시험에 참여하는 대가로 금전적 보상을 받는 경우 심사위원회는 그 보상액 및 보상 방법과 금전적 보상이 피험자의 임상시험 참여에 부당한 영향을 미치지 않는지 여부를 검토하여야 한다. 이 경우 금전적 보상은 피험자의 임상시험 참여 정도 및 기간에 따라 적절히 조정되어야 하며, 임상시험에 끝까지 참여할 것을 조건으로 피험자에 대한 보상이 이루어져서는 아니 된다.

⑩ 피험자가 임상시험에 참여하는 대가로 금전적 보상을 받는 경우 심사위원회는 그 지급방법 · 금액 · 지급시기 등 금전적 보상에 관한 정보가 피험자설명서 또는 기타 피험자에게 제공되는 문서에 사전 명기되어 있음을 확인하여야 한다. 이 경우 심사위원회는 임상시험을 종료하지 못한 피험자에 대한 보상 방안이 제시되어 있는지 여부도 확인하여야 한다.

⑪ 심사위원회는 다음 각호의 어느 하나에 해당하는 경우 신속심사를 하여야 한다.

1. 신속보고된 이상약물반응의 조치
2. 임상시험 종료 보고에 대한 처리
3. 식품의약품안전청장이 승인한 계획서(변경계획서 포함)의 시정 사항에 대한 처리
4. 모니터요원의 변경 · 시험담당자의 변경 · 응급 연락 전화번호의 변경 등과 같은 행정 절차 관련 사항에 대한 변경, 유효성 및 안전성에 영향을 미치지 않는 검사의 추가 및 삭제 등과 같이 계획서의 사소한 변경 사항에 대한 처리
5. 심사위원회의 심사 결과에 따라 보완되어 제출된 계획서의 심사
6. 기타 임상시험의 실시와 관련하여 신속심사가 필요하다고 심사위원회의 표준작업지침서에서 정한 사항의 처리

⑫ 심사위원회는 의뢰자 또는 식품의약품안전청장으로부터 심사위원회 운영에 관한 표준작업지침서의 직접열람 요청이나 심사위원회 위원 명단과 자격에 관한 문서의 제공요청이 있는 경우 이에 응하여야 한다.

⑬ 심사위원회는 심사위원회의 위원명단, 심사기록 및 기타 관련 자료나 문서를 보존하여야 하며, 이들 문서가 사고 등에 의해 조기에 파손 또는 분실되지 않도록 하여야 한다. 다만, 시험책임자로부터 해당 임상시험의 완료(조기종료를 포함한다)를 보고 받은 경우 해당 자료나 문서를 제6조제8항의 규정에서 정한 보관책임자에게 인계하여야 한다.

제8조(심사위원회의 구성, 기능 및 운영방법) ① 심사위원회는 임상시험의 윤리적 · 과학적 · 의학적 측면을 검토 · 평가할 수 있는 경험과 자격을 갖춘 5인 이상의 위원으로 구성하되, 의학 · 치의학 · 한의학 · 약학 또는 간호학을 전공하지 않은 자로서 변호사 또는 종교인과 같은 1인 이상과 해당 시험기관과 관련이 없는 자 1인 이상을 포함하여야 한다.

② 심사위원회의 위원장은 위원 중에서 호선하며, 시험자 및 의뢰자와 관련이 있는 자는 해당 임상시험에 대한 결정 과정에 참여하거나 의견을 제시하여서는 아니 된다.

③ 심사위원회는 위원의 명단과 이들의 자격을 기재한 문서를 비치 · 관리하여야 한다.

④ 심사위원회는 문서화된 표준작업지침서에 따라 모든 업무를 수행하여야 하며, 제반 활동 및 회의에 대한 기록을 유지하고, 이 기준 및 관련규정을 준수하여야 한다.

⑤ 심사위원회의 모든 결정은 표준작업지침서에서 규정한 의결정족수를 충족하는 사전 고지된 회의에서 이루어져야 한다.

⑥ 임상시험에 대한 결정 과정에 참여하거나 의견을 제시하는 것은 심사위원회의 심의에 참여한 위원에 한한다.

⑦ 시험책임자는 해당 임상시험의 제반 사항에 대하여 정보를 제공할 수는 있으나 심사위원회의 위원에게 영향을 미치거나 해당 임상시험과 관련된 사항의 결정 과정에 참여하여서는 아니 된다.

⑧ 심사위원회는 원활한 심의를 위해 심사위원회의 위원이 아니면서 해당 분야의 전문성을 가진 자로부터 조언을 구할 수 있다.

제9조(심사위원회의 운영) 심사위원회는 심사위원회 운영시 다음 각호의 내용이 포함된 표준작업지침서를 준수하여야 한다.

1. 심사위원회의 위원 명단과 자격이 포함된 심사위원회의 구성 및 권한
2. 회의 소집, 일정 및 진행 방법
3. 임상시험의 최초 및 지속적 검토의 수행 방법
4. 필요한 경우, 지속적 검토의 빈도 결정에 관한 사항
5. 제7조제11항의 규정에 의한 신속심사 및 현재 실시중인 임상시험의 사소한 변경(minor change)의 승인에 관한 사항
6. 계획서 등의 승인이전에 피험자를 해당 임상시험에 참여시키지 않을 것을 명시하는 것
7. 피험자에게 발생한 즉각적 위험 요소의 제거가 필요한 경우 또는 모니터요원의 변경 · 시험담당자의 변경 · 응급 연락 전화번호의 변경 등과 같은 행정 절차 관련 사항에 대한 변경을 제외하고 변경계획서에 대한 승인이 내려지기 이전에 원 계획서와 다르게 임상시험을 실시하는 것을 금지한다는 것
8. 시험책임자가 심사위원회에 신속히 보고해야 하는 다음 각목의 1에 해당하는 사항에 대한 보고절차 및 조치방법
   가. 피험자에게 발생한 즉각적 위험 요소의 제거가 필요하여 원 계획서와 다르게 임상시험을 실시해야만 하는 사항
   나. 피험자에게 발생하는 위험 요소를 증가시키거나 임상시험의 실시에 중대한 영향을 미칠 수 있는 변경 사항
   다. 예상하지 못한 중대한 이상약물반응에 관한 사항
   라. 피험자의 안전성이나 임상시험의 실시에 부정적인 영향을 미칠 수 있는 새로운 정보에 관한 사항
9. 심사위원회가 시험책임자에게 문서로 신속히 알려야 하는 다음 각목의 1에 관한 사항
   가. 임상시험과 관련된 결정이나 의견, 근거 및 통보 절차
   나. 결정에 불복할 경우 이의신청을 하는 절차
10. 기타 심사위원회의 운영에 관한 사항

제9조의2(다기관 임상시험에서의 심사위원회) ① 임상시험을 복수의 시험기관에서 실시할 경우에는 시험기관장 간의 협의에 의하여 공동으로 심사위원회(이하 '공동심사위원회' 라 한다)를 개최하거나 개별 시험기관 내의 심사위원회 판단에 따라 다른 기관에서 심의하여 결정한 사항을 그대로 인정할 수 있다.

② 공동심사위원회의 임무, 구성, 운영 등에 관하여는 제7조부터 제9조까지의 규정을 준용한다.

③ 제1항의 규정에 따른 공동심사위원회에서 심의하여 결정한 사항 또는 다른 기관에서 심의하여 결정한 사항은 해당 임상시험의 개별 시험기관 내의 심사위원회에서 한 것으로 본다.

제9조의3(심사위원회 위탁심의) ① 임상시험을 실시하

고자 하는 기관의 심사위원회 판단에 따라 필요하다고 인정되는 경우 보건복지가족부 장관이 지정한 지역임상시험센터를 운영하는 시험기관의 심사위원회에 심의를 의뢰할 수 있다.
② 제1항의 규정에 따라 다른 심사위원회에서 결정한 사항은 의뢰한 시험기관 내에서 한 것으로 본다.

제4장 시험자

제10조(시험자의 자격요건 등) ① 시험자는 임상시험을 적정하게 실시할 수 있기 위해 필요한 교육 · 훈련을 받고 충분한 경험을 갖고 있어야 하며, 의뢰자 · 심사위원회 · 식품의약품안전청장의 요청이 있을 경우 최근 이력서나 기타 관련 문서를 통해 이를 입증할 수 있어야 한다.
② 시험자는 계획서, 임상시험자자료집, 의뢰자가 제공한 기타 의약품 관련 정보에 기술된 바와 같이 임상시험에 사용되는 의약품의 적절한 사용에 대해 숙지하고 있어야 한다.
③ 시험자는 이 기준 및 관련규정을 숙지하고 이를 준수하여야 한다.
④ 시험책임자 또는 시험기관의 장은 의뢰자의 모니터링 및 점검, 식품의약품안전청장이 실시하는 실태조사에 응하여야 한다.
⑤ 시험책임자는 중요한 임상시험 관련 업무를 시험담당자들에게 위임한 경우, 이들의 명단을 확보 · 유지하여야 한다.

제11조 (임상시험 실시에 필요한 자원 확보) ① 시험책임자는 과거 진료기록 등에 근거하여 의뢰자와 합의한 피험자 등재 기간 내에 해당 임상시험에서 요구되는 피험자를 등재시킬 수 있음을 타당하게 입증하고, 의뢰자의 요청이 있는 경우 해당 입증자료를 제공하여야 한다.
② 시험책임자는 의뢰자와 합의한 임상시험 기간 동안 해당 임상시험을 적절히 수행하고 완료할 수 있도록 충분한 시간을 할애하여야 한다.
③ 시험책임자는 예상되는 임상시험 기간 동안 해당 임상시험을 적절하고 안전하게 실시할 수 있도록 자격요건을 갖춘 적절한 수의 시험담당자와 적합한 장비나 시설을 확보하여야 한다.
④ 시험책임자는 시험담당자들이 계획서, 임상시험에 사용되는 의약품, 임상시험과 관련된 의무 및 업무 등을 숙지하고 있음을 확인하여야 한다.

제12조(시험자에 의한 피험자의 보호) ① 시험책임자 또는 시험담당자 중 의사 · 치과의사 · 한의사는 임상시험과 관련된 피험자의 모든 의학적 결정에 대한 책임을 갖는다.
② 임상시험 중 또는 임상시험 이후에도, 시험책임자는 임상적으로 의미있는 실험실적 검사치의 이상을 포함하여 임상시험에서 발생한 모든 이상반응에 대해 피험자가 적절한 의학적 처치를 받을 수 있도록 조치하여야 하고, 시험책임자가 알게된 피험자의 병발질환에 대해 의학적 처치가 필요한 경우 이를 피험자에게 알려주어야 한다.
③ 피험자의 주치의가 있는 경우 시험책임자는 피험자의 합의하에 해당 주치의에게 피험자의 임상시험 참여 사실을 알려주는 것이 권장된다.
④ 피험자가 임상시험 완료 이전에 임상시험에의 참여를 그만 둘 경우 그 이유를 제시해야 할 의무는 없지만, 시험책임자는 피험자의 권리를 충분히 고려하면서 해당 사유를 확인하기 위한 노력을 하여야 한다.

제13조(심사위원회와 시험책임자의 정보 교환) ① 임상시험을 실시하기 전에 시험책임자는 계획서, 동의서(개정 동의서를 포함한다), 피험자 확보 방법 및 피험자 설명서 등 기타 피험자에게 문서 형태로 제공되는 각종 정보에 대하여 심사위원회로부터 날짜와 결정사항이 명기된 심사통보서를 받아야 하며, 시험책임자는 해당 임상시험의 실시가 승인된 경우(시정승인 또는 보완 후 승인된 경우를 포함한다) 심사통보서의 내용을 시험기관의 장에게 보고하고, 시험기관의 장의 확인서를 받아 의뢰자에게 제공하여야 한다.
② 시험책임자는 계획서에 대한 승인을 심사위원회로부터 받고자 할 경우 최신의 임상시험자자료집 사본을 제출하여야 한다. 만일 임상시험자자료집이 해당 임상시험 도중에 개정될 경우 시험책임자는 개정된 임상시험자자료집 사본을 심사위원회에 제출하여야 한다.
③ 임상시험 도중 시험책임자는 검토 대상이 되는 모든 임상시험 관련 문서를 심사위원회에 제출하여야 한다.

제14조(계획서 준수) ① 시험자는 의뢰자와 합의되고 심사위원회 및 식품의약품안전청장의 승인을 득한 계획서를 준수하여 임상시험을 실시하여야 한다. 시험책임자와 의뢰자는 합의 사항을 확인하기 위해 계획서에 상호 서명하여야 한다.

② 시험책임자는 의뢰자와의 사전 합의, 심사위원회 및 식품의약품안전청장의 변경승인 이전에는 계획서와 다르게 임상시험을 실시하여서는 아니 된다. 다만, 다음 각호의 1의 경우에는 예외로 한다. 이 경우 규칙 제31조제1항의 규정에 의한 식품의약품안전청장의 변경승인을 얻기 이전에라도 변경계획서에 따라 임상시험을 실시할 수 있다.

1. 피험자에게 발생한 즉각적 위험 요소의 제거가 필요한 경우
2. 모니터요원의 변경 · 시험담당자의 변경 · 응급 연락 전화번호의 변경 등과 같은 행정 절차 관련 사항에 대한 변경의 경우
3. 명백히 피험자의 위험을 증가시키는 시술의 추가 또는 삭제가 아니거나 주요결과변수의 변경 등과 같이 해당 임상시험의 유효성과 안전성 평가에 심대한 영향을 미칠 것으로 판단되는 계획서 변경이 아닌 것으로서 해당 시험기관의 심사위원회로부터 변경 승인을 얻은 경우

③ 시험책임자 또는 시험담당자는 승인된 계획서와 다르게 실시된 모든 사항에 대하여 타당한 사유와 함께 이를 문서화하여야 한다.

④ 시험책임자는 피험자에게 발생한 즉각적 위험 요소의 제거가 필요하여 시험책임자가 변경계획서에 대한 심사위원회의 사전 승인을 득하지 않고 시행한 변경 사항에 대하여 가능한 빨리 해당 사실 및 실시 사유가 기록된 문서와 변경계획서를 의뢰자, 시험기관의 심사위원회 및 식품의약품안전청장에게 제출하여 각각 합의 및 승인을 받아야 한다.

제15조(임상시험에 사용되는 의약품) ① 임상시험에 사용되는 의약품의 관리에 대한 책임은 해당 시험기관의 시험책임자와 관리약사에게 있다.

② 관리약사 또는 제6조제7항 단서의 규정에 의하여 임상시험에 사용되는 의약품을 관리하는 시험책임자 또는 시험담당자(이하 동조에서는 "관리약사등"이라 한다)는 임상시험에 사용되는 의약품에 대해 인수, 재고 관리, 피험자별 투약, 반납 등의 업무를 수행하고 관련 기록을 유지하여야 하며 해당 사항을 주기적으로 시험책임자에게 알려야 한다.

③ 제2항의 규정에 의한 기록에는 각 피험자별로 임상시험에 사용되는 의약품의 투여일자, 수량, 제조번호 또는 일련번호, 사용(유효)기간(필요한 경우에 한함), 의약품 식별코드 및 피험자식별코드가 포함되어야 한다.

④ 관리약사등은 각 피험자가 계획서에 명시된 적정 용량을 투여 받았는지 확인할 수 있는 투약기록을 유지하고, 임상시험에 사용되는 의약품의 재고가 사용기록과 일치하는지의 여부를 확인하여야 한다.

⑤ 임상시험에 사용되는 의약품은 의뢰자가 지정한 조건과 관련규정이 정하는 바에 따라 보관되어야 한다.

⑥ 시험책임자는 임상시험에 사용되는 의약품이 계획서에 따라 투여되고 관리되는지의 여부를 확인하여야 한다.

⑦ 시험책임자, 시험담당자 또는 관리약사는 각각의 피험자에게 임상시험에 사용되는 의약품의 정확한 투여방법을 설명하여야 하고, 피험자가 해당 지시 사항을 적절히 이행하고 있는지를 일정한 간격으로 확인하여야 한다.

제16조(무작위배정 및 눈가림해제) ① 계획서에서 무작위배정 절차를 명시한 경우 시험책임자는 이를 따라야 하며, 계획서에 명시된 절차에 의해서만 눈가림을 해제하여야 한다.

② 눈가림 임상시험에서 우발적인 경우나 심각한 이상반응에 의해 임상시험 완료 이전에 눈가림이 해제된 경우, 시험책임자는 이 사실을 문서화하고 신속히 의뢰자에게 알려야 한다.

제17조(피험자동의) ① 피험자로부터 동의를 받고 이를 문서화 할 때, 시험책임자는 규칙 제32조제1항제4호의 규정을 준수하여야 하고, 헬싱키선언에 근거한 윤리적 원칙 및 이 기준에 따라야 하며, 임상시험을 시작하기 전에 시험책임자는 피험자에게 주어지는 동의서 서식, 피험자설명서 및 기타 문서화된 정보에 대해 심사위원회로부터 서면 승인을 받아야 한다.

② 피험자의 동의에 영향을 줄 수 있는 새로운 임상시험 관련 정보가 수집되면, 동의서 서식, 피험자설명서 및 기타 문서화된 정보는 이에 따라 수정되어야 하며, 사용 전에 반드시 심사위원회의 승인을 받아야 한다. 이 경우 피

험자의 임상시험 지속 참여 의지에 영향을 줄 수 있는 새로운 정보가 수집되면, 시험책임자는 적시에 피험자 또는 대리인에게 이를 알려야 하며, 이러한 고지와 관련된 모든 사항은 문서화되어야 한다.

③ 시험책임자나 시험담당자는 어떠한 경우에도 피험자가 임상시험에 참여 또는 참여를 지속하도록 강요하거나 부당하게 영향을 미쳐서는 아니 된다.

④ 동의서 서식을 포함하여 임상시험과 관련된 구두 또는 서면 정보에는 피험자나 대리인의 법적 권리가 제한되거나 또는 이를 암시하는 내용, 시험자 또는 시험기관, 의뢰자나 의뢰자의 대리인이 의무를 소홀히 한 책임을 면제받거나 이를 암시하는 내용이 포함되어서는 아니 된다.

⑤ 시험책임자 또는 시험책임자의 위임을 받은 사람은 심사위원회의 승인을 받은 서면 정보를 포함하여 임상시험의 제 측면에 대한 정보를 피험자 또는 피험자가 동의를 할 수 없는 경우에는 대리인에게 충분히 알려야 한다.

⑥ 동의서 서식을 포함하여 임상시험과 관련된 구두 또는 서면 정보에 사용된 용어는 피험자, 대리인 또는 공정한 입회자가 이해할 수 있는 쉬운 것이어야 한다.

⑦ 동의를 얻기 전에 시험책임자 또는 시험책임자의 위임을 받은 자는 피험자 또는 대리인이 임상시험의 세부사항에 대해 질문하고 해당 임상시험의 참여 여부를 결정할 수 있도록 충분한 시간과 기회를 주어야 하며, 모든 임상시험 관련 질문에 대해 피험자 또는 대리인이 만족할 수 있도록 대답해 주어야 한다.

⑧ 피험자가 임상시험에 참여하기 전에 피험자(또는 대리인)와 동의를 받은 시험책임자(또는 시험책임자의 위임을 받은 자)는 동의서 서식에 서명하고, 자필로 해당 날짜를 기재하여야 한다.

⑨ 피험자 또는 대리인이 동의서 서식, 피험자설명서 및 기타 문서화된 정보를 읽을 수 없는 경우에는 공정한 입회자가 동의를 얻는 전 과정에 참석하여야 한다. 이 경우, 동의서 서식, 피험자설명서 및 기타 문서화된 정보를 피험자 또는 대리인에게 읽어 주고 설명한 후, 피험자 또는 대리인이 피험자의 임상시험 참여를 구두로 동의하고 가능하다면 동의서 서식에 자필로 서명하고 해당 날짜를 기재하게 한 다음, 공정한 입회자는 동의서 서식에 서명하고 자필로 해당 날짜를 기재하여야 한다. 공정한 입회자는 동의서 서식에 서명하기 전에 동의서 서식과 피험자설명서 및 기타 문서화된 정보가 정확하게 피험자나 대리인에게 설명되었고, 이들이 해당 사실을 이해하였다는 것과 동의를 얻는 과정이 피험자나 대리인의 자유 의사에 따라 진행되었다는 것을 확인하여야 한다.

⑩ 동의를 얻는 과정에서 피험자 또는 대리인에게 제공되는 정보와 문서화된 동의서 서식, 피험자설명서 및 기타 문서화된 정보에는 다음 각호의 사항이 포함되어야 한다.

1. 임상시험은 연구 목적으로 수행된다는 사실
2. 임상시험의 목적
3. 임상시험에 사용되는 의약품에 관한 정보 및 시험군 또는 대조군에 무작위배정될 확률
4. 관혈적 시술(invasive procedure)을 포함하여 임상시험에서 피험자가 받게 될 각종 검사나 절차
5. 피험자가 준수하여 할 사항
6. 검증되지 않은 임상시험의 실험적인 측면
7. 피험자(임부를 대상으로 한 경우에는 태아, 수유부를 대상으로 한 경우에는 영유아를 포함한다)에게 미칠 것으로 예견되는 위험이나 불편
8. 기대되는 이익 또는 피험자에게 기대되는 이익이 없을 경우 해당 사실
9. 피험자가 선택할 수 있는 다른 치료방법이나 종류 및 이러한 치료의 잠재적 위험과 이익
10. 임상시험과 관련된 손상이 발생하였을 경우 피험자에게 주어질 보상이나 치료방법
11. 피험자가 임상시험에 참여함으로써 받게 될 금전적 보상이 있는 경우 예상 금액 및 이 금액이 임상시험 참여의 정도나 기간에 따라 조정될 것이라고 하는 것
12. 임상시험에 참여함으로써 피험자에게 발생이 예상되는 비용
13. 피험자의 임상시험 참여 여부 결정은 자발적인 것이며, 피험자가 원래 받을 수 있는 이익에 대한 손실이 없이도 임상시험에의 참여를 거부하거나 임상시험 도중 언제라도 중도에 참여를 포기할 수 있다는 사실
14. 모니터요원, 점검을 실시하는 자, 심사위원회 및 식품의약품안전청장은 피험자의 비밀보장을 침해하지 않고 관련규정이 정하는 범위 안에서 임상시험의 실시 절차와 자료의 신뢰성을 검증하기 위해 피험자의 의무기록을 직접열람할 수 있다는 사실과 동의서 서식에 서명함으로써 피험자 또는 대리인이 이러한 자료의 직접열람을 허용함을 의미한다는 사실
15. 피험자의 신원을 파악할 수 있는 기록은 비밀로 보

장될 것이며, 임상시험의 결과가 출판될 경우 피험자의 신원은 비밀 상태로 유지될 것이라는 사실

16. 피험자의 임상시험 지속 참여 의지에 영향을 줄 수 있는 새로운 정보가 수집되면 적시에 피험자 또는 대리인에게 알려질 것이라는 사실
17. 임상시험과 피험자의 권익에 관해 추가적인 정보를 얻고자 하거나 임상시험과 관련이 있는 손상이 발생한 경우에 접촉해야 하는 사람
18. 임상시험 도중 피험자의 임상시험 참여가 중지되는 경우 및 해당 사유
19. 피험자의 임상시험 예상 참여 기간
20. 임상시험에 참여하는 대략의 피험자 수

⑪ 임상시험에 참여하기 전에 피험자 또는 대리인은 자필로 서명하고 날짜를 기재한 동의서의 사본이나 기타 피험자에게 제공된 문서 정보의 사본을 받아야 한다. 또한 임상시험 도중에 동의서 서식이 변경된 경우 피험자나 대리인은 자필 서명 및 날짜가 기재된 변경동의서의 사본을 받아야 하며, 이미 피험자에게 제공된 문서 정보의 변경이 있는 경우에는 해당 변경 문서의 사본을 받아야 한다.

⑫ 영유아나 심한 치매 환자를 대상으로 하는 임상시험과 같이 대리인의 동의를 통해서만 피험자의 임상시험 참여가 가능한 치료적 또는 비치료적 임상시험의 경우, 피험자는 피험자 자신이 이해할 수 있는 정도까지 임상시험에 관한 정보를 제공받아야 하며 가능하다면 피험자는 동의서 서식에 서명하고 자필로 날짜를 기재하여야 한다.

⑬ 피험자에 대한 이득이 직접적으로 기대되지 않는 비치료적 임상시험은 피험자가 개인적으로 동의를 하고 동의서 서식에 서명 및 날짜를 기재한 경우에만 실시되어야 한다. 다만, 다음 각호의 경우가 만족될 경우에는 대리인이 동의한 피험자를 대상으로 비치료적임상시험을 실시할 수 있다.

1. 개인적으로 동의를 할 수 있는 피험자를 대상으로 한 임상시험을 통해서는 임상시험의 목적을 달성할 수 없는 경우
2. 피험자에게 예상되는 위험이 낮은 경우
3. 피험자의 복지가 침해될 가능성이 미미하고 낮은 경우
4. 심사위원회의 임상시험 실시에 대한 승인이 개인적으로 동의를 할 수 없는 피험자를 포함시킨다는 사실을 명백히 고려한 결정이었고, 이러한 내용이 심사위원회의 임상시험 실시 승인 통보서에 명기된 경우
5. 관련규정에 의해 해당 임상시험의 실시가 금지되지 않은 경우

⑭ 비치료적임상시험은 타당한 예외가 있는 경우를 제외하고는 임상시험에 사용되는 의약품이 의도한 질병이나 상태를 갖고 있는 환자에게서만 실시되어야 하며, 이러한 임상시험에서는 특히 면밀하게 피험자를 모니터링해야 하고, 만일 피험자에게 부당한 위협이 가해지는 것으로 판단된 경우 즉시 이들에 대한 임상시험을 중지시켜야 한다.

⑮ 사전에 피험자로부터 동의를 얻는 것이 불가능한 응급 상황에서는 동석한 대리인이 있는 경우 이들로부터 동의를 받아야 하며, 만일 사전에 피험자로부터 동의를 얻는 것이 불가능하고 대리인이 동석하지 않은 경우에는 피험자의 안전과 복지를 보호하고 관련규정을 준수하기 위해, 피험자의 임상시험 등재 방법이 계획서나 기타 관련 문서에 명기되어 있어야 하고 심사위원회로부터 문서로 이에 대한 승인을 얻어야 한다. 이 경우 피험자나 대리인에게 가능한 조기에 임상시험에 대한 정보를 제공하여야 하며, 계속적인 임상시험 참여에 대한 동의를 받아야 한다.

제18조(기록 및 보고) ① 시험책임자는 의뢰자에게 보고하는 증례기록서나 다른 모든 보고서에 포함된 자료가 정확하고, 완결되며, 읽기 쉽고 시기 적절한 것임을 보증해야 한다.

② 근거문서에서 유래된 것으로 증례기록서에 기재된 자료는 근거문서와 일치해야 하며, 일치하지 않는 내용에 대해서는 설명이 첨부되어야 한다.

③ 문서화 또는 전자화된 증례기록서 상에 기재된 내용을 변경하거나 정정하는 자는 의뢰자가 제공한 수정 지침에 따라 원래의 기재 내용을 알아볼 수 있도록 수정하고, 수정일과 서명 및 수정 이유를 기술함으로써 점검기록이 유지되도록 하여야 하며, 의뢰자는 시험책임자나 시험책임자의 위임을 받은 자에게 증례기록서 상의 기재 내용을 변경 또는 정정하는 지침을 제공하여야 하고 모니터요원 등 의뢰자의 위임을 받은 자가 증례기록서 상의 내용을 변경 또는 정정할 경우 이와 같은 과정이 필요한 상황과 이를 문서화하는 방법 및 사후에 시험책임자의 확인을 받

는 절차 등에 관한 지침서를 마련하여야 한다.
④ 시험책임자는 제3항의 규정에 의한 변경이나 정정사항 등에 관한 기록을 보존하여야 한다.
⑤ 시험책임자는 기본문서 및 관련규정에서 정한 임상시험 관련 문서를 보존하여야 하며, 이들 문서가 사고 등에 의해 조기에 파손 또는 분실되지 않도록 하여야 한다. 다만, 결과보고서 작성 완료(식품의약품안전청장의 실태조사가 필요한 경우에는 실태조사 완료) 이후에는 이들 문서를 제6조제8항의 규정에서 정한 보관책임자에게 인계하여야 한다.
⑥ 모니터요원, 점검을 실시하는 자, 심사위원회 또는 식품의약품안전청장의 요구가 있을 경우, 시험책임자 또는 시험기관의 장은 임상시험 관련 문서의 직접열람을 허용하고 이에 적극 협조하여야 한다.

제19조(진행상황 보고) ① 시험책임자는 적어도 1년에 1회 이상 또는 심사위원회의 요청이 있는 경우 임상시험의 진행상황에 관한 서면 요약을 심사위원회에게 제출하여야 한다.
② 시험책임자는 피험자에 대한 위험을 증가시키거나 임상시험의 실시에 중대한 영향을 미치는 변화 또는 변경에 대하여 의뢰자 또는 심사위원회에 신속히 문서로 보고하여야 한다.

제20조(안전성 관련 사항의 보고) ① 시험책임자는 계획서나 임상시험자자료집 등에서 즉시 보고하지 않아도 된다고 명기한 것을 제외한 모든 중대한 이상반응을 즉시 의뢰자에게 알려야 하고, 계획서에 기술한 기일 내에 문서로 상세한 내용이 포함된 추가 보고를 하여야 한다. 이 경우 즉시 및 상세 보고에는 피험자의 신원을 보호하기 위하여 피험자의 성명, 주민등록번호 및 주소를 기재하는 대신 피험자식별코드를 사용하여야 하며, 이상약물반응의 보고에 관한 관련 지침이 있는 경우 시험책임자는 이에 따라야 한다.
② 시험책임자는 안전성 평가에 매우 중요하다고 계획서에서 명시된 이상반응이나 실험실검사치의 이상 등에 대하여 계획서에서 정한 기간 및 보고 방법에 따라 의뢰자에게 보고하여야 한다.
③ 사망예를 보고한 경우 시험책임자는 의뢰자와 심사위원회에게 부검보고서(부검을 실시한 경우에 한함)와 사망진단서 등의 추가적인 정보를 제공하여야 한다.

제21조(임상시험의 조기종료 또는 일시중지) ① 시험책임자가 의뢰자의 사전합의 없이 임상시험을 조기종료 또는 일시중지 하였을 경우, 시험책임자는 이 사실을 의뢰자 및 심사위원회에게 즉시 알리고, 조기종료 및 일시중지에 대한 상세한 사유서를 제출하여야 한다.
② 의뢰자가 임상시험을 조기종료 또는 일시중지 시켰을 경우, 시험책임자는 이 사실을 심사위원회에게 즉시 알리고, 조기종료 및 일시중지에 대한 상세한 사유서를 제출하여야 한다.
③ 심사위원회가 임상시험을 조기종료 또는 일시중지 시켰을 경우, 시험책임자는 이 사실을 의뢰자에게 즉시 알리고, 조기종료 및 일시중지에 대한 상세한 사유서를 제출하여야 한다.
④ 제1항 내지 제3항의 규정에 의한 해당 임상시험이 조기종료 또는 일시중지된 경우, 시험책임자는 피험자에게 이 사실을 즉시 알리고 적절한 조치와 추적 관찰이 이루어질 수 있도록 하여야 한다.

제22조(임상시험 완료보고) 임상시험이 완료(조기종료를 포함한다)된 경우, 시험책임자는 결과 요약자료와 함께 임상시험 완료 사실을 심사위원회에 보고하여야 한다.

제5장 임상시험의뢰자

제23조(임상시험의 신뢰성보증 및 임상시험자료의 품질관리) ① 의뢰자는 계획서, 이 기준 및 규칙 제32조의 규정에 따라 임상시험이 실시되고, 자료의 생성, 기록 및 보고가 이루어질 수 있도록 문서화된 표준작업지침서와 함께 임상시험의 신뢰성보증 및 임상시험자료의 품질관리 체계를 확립하고 유지하여야 한다.
② 의뢰자는 임상시험자료가 신뢰할 만하고 정확하게 처리되었다는 것을 보장하기 위해 자료 처리의 모든 단계에서 임상시험자료에 대한 품질관리를 실시하여야 한다.
③ 의뢰자는 의뢰자에 의한 모니터링 및 점검, 식품의약품안전청장 및 외국의 등록기관에 의한 실태조사가 가능하도록 하기 위해 임상시험이 실시되는 모든 장소, 근거자료, 근거문서, 보고서 등의 직접열람에 대한 사전합의

를 임상시험 관련 당사자들로부터 얻고 이를 계획서 또는 별도의 합의서에 명시해야 한다.

제24조(임상시험수탁기관) ① 의뢰자는 임상시험과 관련된 의뢰자의 임무와 역할의 전부 또는 일부를 임상시험수탁기관에 위임할 수 있으며, 이 경우 임상시험자료의 품질과 정확성에 대한 궁극적인 책임은 의뢰자가 진다.
② 임상시험수탁기관은 임상시험의 신뢰성보증 및 임상시험자료의 품질관리를 실시하여야 한다.
③ 임상시험수탁기관에 위임된 모든 임상시험 관련 임무와 역할은 서면으로 명시되어야 하며, 위임되지 않은 모든 임상시험 관련 임무와 역할은 의뢰자에게 있다.
④ 임상시험수탁기관이 임상시험과 관련된 임무 및 역할을 수행하는 경우에는 의뢰자의 의무 및 기능 등 제반업무에 관하여 임상시험수탁기관에도 이 기준에서 정한 사항을 적용한다.

제25조(의학적 자문) 의뢰자는 의학적 지식과 경험을 갖춘 전문가를 지정하여 임상시험과 관련된 의료적 문제나 의문 사항의 자문에 응하게 할 수 있으며, 필요한 경우 이러한 목적을 위하여 외부의 전문가를 임명할 수 있다.

제26조(임상시험설계) 의뢰자는 계획서 및 증례기록서의 설계와 분석계획 수립으로부터 수집된 자료의 분석, 중간보고서 및 결과보고서의 작성에 이르는 임상시험의 전 단계에 걸쳐 생물통계전문가, 임상약리전문가 또는 의사 등 적절한 전문가를 활용할 수 있다.

제27조(임상시험의 관리) ① 의뢰자는 적절한 자격을 갖춘 자로 하여금 임상시험 수행의 전반을 감독하고, 자료의 처리 및 검증, 통계적 분석, 결과보고서의 작성을 담당하게 하여야 한다.
② 의뢰자는 안전성 관련 자료와 중요한 유효성 결과변수를 포함한 임상시험의 진행 정도를 주기적으로 평가하여, 해당 임상시험의 계속 진행, 변경 또는 중지에 대한 자문을 얻기 위해 독립적인 자료모니터링위원회를 설치할 수 있으며, 이러한 자료모니터링위원회는 문서화된 표준작업지침서를 보유하고, 회의록을 문서화하여 이를 유지하여야 한다.

제28조(자료의 처리) ① 전자화된 임상시험자료 처리방법이나 원거리전자자료시스템을 이용할 경우 의뢰자는 다음 각호의 사항을 준수하여야 한다.

1. 전자자료처리시스템의 완전성, 정확성, 신뢰성 및 일관되게 의도한대로 작동하는 정도가 의뢰자가 설정한 요구 사항에 일치하는지에 대한 확인 및 문서화 (시스템 검증)
2. 전자자료처리시스템의 사용에 대한 문서화된 표준작업지침서 유지
3. 자료의 수정 과정이 기록되고 일단 입력된 자료에 대한 삭제가 이루어지지 않는 방식으로 자료의 수정이 가능하도록 전자자료처리시스템이 설계되었다는 사실의 확인 (점검기록, 자료기록, 편집기록 등)
4. 인가되지 않은 자에 의한 자료의 접근이 허용되지 않도록 하는 보안시스템의 유지
5. 자료를 수정할 수 있도록 인가된 자의 명단 유지
6. 자료의 적절한 복사본(backup) 유지
7. 필요한 경우 자료입력 및 처리과정에서 눈가림 상태의 유지

② 자료가 처리 과정에서 변환되는 경우에는 원래의 자료(관찰)와 처리된 자료의 비교가 항상 가능하여야 한다.
③ 의뢰자는 각 피험자에 대한 자료를 확인할 수 있도록 모호하지 않은 피험자식별코드를 사용하여야 한다.

제29조(기록보존) ① 의뢰자는 임상시험과 관련하여 별표에서 정한 의뢰자가 보관하여야 하는 기본문서 및 기타 자료를 보존하여야 한다. 다만, 식품의약품안전청장이 지시하거나 의뢰자가 그 필요성이 있다고 판단한 경우에는 보존기간을 연장하여야 한다.
② 임상시험용의약품의 임상개발이 중단된 경우, 의뢰자는 시험자, 시험기관 및 식품의약품안전청장에게 이를 보고하여야 한다.
③ 의뢰자는 자료의 보존 필요성 및 보존 기간에 대해 시험자 및 시험기관의 장에게 문서로 알려야하고, 더 이상 자료의 보존이 필요없다고 의뢰자가 판단한 경우 의뢰자는 반드시 이 사실을 문서로 시험책임자 및 시험기관의 장에게 알려야 한다.

제30조(시험책임자 선정) ① 의뢰자는 충분한 교육을 받고 경험이 있으며 임상시험을 수행할 수 있는 적절한

자원을 보유한 자를 시험책임자로 선정하여야 하며, 다기관임상시험의 적절한 수행을 위하여 조정위원회를 설치하고 시험조정자를 선정할 수 있다.

② 시험기관의 장과 임상시험의 실시에 관한 계약을 체결하기 전에 의뢰자는 시험책임자에게 계획서와 최신의 임상시험자자료집을 제공하여야 하며, 시험책임자가 의뢰자로부터 제공받은 계획서와 임상시험 관련 정보를 검토할 수 있는 충분한 시간을 주어야 한다.

③ 의뢰자는 시험책임자 또는 시험기관의 장과 다음 각 호의 사항을 합의하여야 한다.

1. 임상시험관리기준, 관련규정, 계획서 및 심사위원회의 승인 사항에 따라 임상시험을 실시할 것
2. 자료의 기록 및 보고에 관한 절차를 준수할 것
3. 모니터링, 점검 및 실태조사에 응할 것
4. 의뢰자가 더 이상 필요가 없다고 문서로 통지하기 전까지 해당 임상시험 관련 기본문서 등을 보존하여야 한다는 것

④ 의뢰자, 시험책임자 및 시험기관의 장은 제3항의 규정에 의한 합의가 이루어진 경우, 계획서 또는 계약서 등에 서명하여야 한다.

제31조(임무의 할당) 의뢰자는 임상시험을 실시하기 전에 모든 임상시험과 관련된 임무 및 역할을 정의하고, 설정하며, 이를 적절히 할당하여야 한다.

제32조(피험자에 대한 보상 등) ① 의뢰자는 임상시험과 관련하여 피험자 또는 대리인으로부터 시험책임자나 시험기관에 대한 법적 재정적 보상 요구가 있고 이것이 시험자의 명백한 과실이나 의무태만에 기인한 것이 아닐 경우 이를 보상하여야 한다.

② 의뢰자는 임상시험과 관련하여 발생한 손상에 대해 피험자에게 치료비를 제공하는 원칙과 절차를 수립하여야 한다.

③ 피험자에 대한 보상은 제17조제10항제10호에서 정한 내용 및 관련 법령에 따라 적절히 이루어져야 한다.

제33조(계획서에 대한 식품의약품안전청장의 승인) 의뢰자는 임상시험을 실시하기 이전에 규칙 제31조의 규정에 의하여 식품의약품안전청장으로부터 계획서에 대한 승인을 얻어야 한다.

제34조(심사위원회의 심의에 대한 확인) 의뢰자는 시험책임자로부터 다음 각호의 서류를 확보하여야 한다.

1. 심사위원회 위원의 명단과 자격에 관한 문서
2. 심사위원회가 이 기준에 따라 적합하게 조직되고 운영된다는 것을 확인하는 문서
3. 제13조제1항의 규정에 의해 시험책임자가 심사위원회로부터 제출받은 심사통보서
4. 제13조제1항 후단의 규정에 의한 시험기관장의 확인서
5. 이미 승인되어 시행중인 임상시험의 실시중지(일시중지를 포함한다)에 관한 심사위원회의 통보서

제35조(임상시험에 사용되는 의약품에 관한 정보) ① 의뢰자는 임상시험 계획시 비임상시험 또는 임상시험의 결과로부터 얻어진 정보가 해당 임상시험의 안전성과 유효성을 충분히 뒷받침할 수 있는 것인지를 확인하여야 한다.

② 의뢰자는 시험자가 해당 임상시험을 실시하는데 필요한 발생 가능한 위험 · 이상반응 및 특정검사 · 관찰 · 주의사항에 대한 명확한 정보를 제공하기 위하여 제1항의 규정에 의한 정보를 기초로 임상시험자자료집을 작성하여야 한다.

③ 의뢰자는 안전성과 유효성에 관련된 중요한 새로운 정보가 입수되면 이에 따라 임상시험자자료집을 수정하여야 한다.

제36조(임상시험에 사용되는 의약품의 제조, 포장, 표시기재 및 코드화) ① 의뢰자는 임상시험에 사용되는 의약품에 대하여 해당 의약품의 개발단계에 적합한 이화학적 성질을 파악하고, 의약품제조및품질관리기준에 따라 제조하여야 하며, 눈가림을 유지할 수 있도록 표시기재 또는 코드화하여야 한다.

② 의뢰자는 임상시험에 사용되는 의약품의 적절한 저장방법, 용법 및 사용(유효)기간을 결정하여야 하며, 이를 임상시험에 관련된 모든 자에게 알려야 한다.

③ 의뢰자는 임상시험에 사용되는 의약품이 운송이나 저장 과정에서 오염 또는 변질되지 않도록 포장하여야 한다.

④ 의뢰자는 눈가림시험을 실시하기 위하여 임상시험에 사용되는 의약품을 코드화하는 경우, 응급상황에서 임상

시험에 사용되는 의약품의 종류를 쉽게 식별할 수 있도록 하고 눈가림해제 사실이 은닉되지 않도록 하여야 한다.
⑤ 임상시험 실시 중에 임상시험에 사용되는 의약품의 제형상 중대한 변경이 있을 경우 의뢰자는 이러한 변경이 해당 의약품의 약동학적 양상에 중요한 변화를 가져올 것인지를 평가하기 위하여 안정성시험, 용출시험 또는 생체흡수율시험 등과 같은 추가적인 연구결과를 확보하여야 한다.

제37조(임상시험에 사용되는 의약품의 공급 및 취급)
① 의뢰자는 임상시험에 사용되는 의약품을 관리약사 또는 제6조제7항 단서의 규정에 의하여 임상시험에 사용되는 의약품을 관리하는 시험책임자 또는 시험담당자(이하 동조에서는 "관리약사등"이라 한다)에게 공급하여야 한다.
② 의뢰자는 계획서에 대한 식품의약품안전청장과 심사위원회의 승인(시정승인 또는 보완후승인을 포함한다)을 얻기 이전에 임상시험에 사용되는 의약품을 관리약사등에게 공급하여서는 아니된다.
③ 의뢰자는 시험책임자 및 관리약사가 임상시험에 사용되는 의약품을 취급하고 보관하는 방법에 대해 문서화된 절차를 가지고 있어야 하며, 이 절차에는 적절하고 안전한 인수 · 취급 · 보관 · 조제 · 미사용의약품의 피험자로부터의 반납 및 의뢰자에 대한 반납 등에 대한 방법이 포함되어야 한다.
④ 의뢰자는 임상시험에 사용되는 의약품을 적시에 공급하여야 하며, 시험기관으로의 공급, 시험기관의 인수, 시험기관으로부터의 반납 및 폐기에 관한 기록을 유지하여야 한다.
⑤ 의뢰자는 임상시험에 사용되는 의약품에 문제가 발생하거나 임상시험의 완료(조기종료를 포함한다) 또는 사용(유효)기간의 만료 등과 같이 의약품을 회수해야 하는 경우에 대한 체계를 확립하고 이를 문서화하여야 한다.
⑥ 의뢰자는 미사용 의약품을 재포장하여 사용하고자 할 경우 이에 대한 체계를 확립하고 이를 문서화하여야 한다.
⑦ 의뢰자는 임상시험에 사용되는 의약품의 사용(유효)기간 동안의 안정성을 보장하고 관련 기록을 보존하여야 한다.
⑧ 이 기준에서 정하지 아니 한 사항은 약사관계법령의 제조 및 관리에 관한 규정을 준수하여야 한다.

제38조(임상시험 관련 자료의 직접열람) ① 의뢰자는 임상시험 관련 자료의 직접열람에 관한 사항을 계획서 또는 기타 합의문서에 명시하여야 한다.
② 의뢰자는 피험자가 임상시험 관련 자료의 직접열람에 관한 사항을 문서로 동의하였다는 사실을 확인하여야 한다.

제39조(안전성 관련 사항에 대한 정보) ① 의뢰자는 임상시험에 사용되는 의약품의 안전성에 대한 평가를 지속적으로 실시하여야 한다.
② 의뢰자는 피험자의 안전, 임상시험의 실시, 또는 심사위원회의 결정사항을 변경할 만한 안전성 관련 사항에 대한 정보를 입수한 경우 관련된 시험자 및 식품의약품안전청장에게 이를 신속히 보고하여야 한다.

제40조(이상약물반응의 보고) ① 의뢰자는 기타 관련된 시험자, 심사위원회(필요한 경우) 및 식품의약품안전청장에게 중대하고 예상하지 못한 모든 이상약물반응을 다음 각호의 어느 하나에서 정한 기간내에 신속히 보고하여야 한다.
1. 사망을 초래하거나 생명을 위협하는 경우에는 의뢰자가 이 사실을 보고받거나 알게 된 날로부터 7일 이내. 다만, 이 경우 상세한 정보를 최초 보고일로부터 8일 이내에 추가로 보고하여야 한다.
2. 다른 모든 중대하고 예상하지 못한 이상약물반응의 경우에는 의뢰자가 이 사실을 보고받거나 알게 된 날로부터 15일 이내

② 의뢰자는 제1항의 보고와 관련하여 추가적인 안전성 정보를 주기적으로 해당 이상약물반응이 종결(해당 이상약물반응의 소실 또는 추적조사의 불가 등)될 때까지 보고하여야 한다.
③ 의뢰자가 식품의약품안전청장에게 제1항의 규정에 의한 이상약물반응을 보고하고자 하는 경우에는 별지 제1호 서식에 의한 이상약물반응보고서에 제20조의 규정에 의하여 보고받은 내용을 첨부하여 제출하여야 한다.

제41조(모니터링) ① 모니터링의 목적은 다음 각호와 같다.

1. 피험자의 권리와 복지 보호
2. 보고된 임상시험 관련 자료가 근거문서와 대조하여 정확하고, 완전하며, 검증이 가능한지 여부 확인
3. 임상시험이 승인된 계획서, 이 기준 및 시행규칙 제29조의 규정에 따라 수행되는지의 여부 확인

② 모니터요원의 선정과 자격기준은 다음 각호와 같다.

1. 모니터요원은 의뢰자가 지정한다.
2. 모니터요원은 해당 임상시험을 모니터링하기에 적합한 과학적 또는 임상적 지식을 가지고 있어야 하며, 적절한 훈련을 받고 이러한 내용을 문서로써 입증할 수 있어야 한다.
3. 모니터요원은 임상시험에 사용되는 의약품 · 계획서 · 동의서 서식 · 피험자설명서 및 기타 피험자에게 제공되는 서면 정보, 의뢰자의 표준작업지침서, 이 기준 및 관련규정에 대한 충분한 지식을 가지고 있어야 한다.

③ 의뢰자는 임상시험이 적절히 모니터링되었다는 사실을 확인하여야 하고, 임상시험의 목적, 설계, 복잡성, 눈가림, 피험자 수 및 결과변수 등에 근거하여 모니터링의 적절한 범위와 성격을 정하여야 한다.

④ 모니터요원은 의뢰자의 요구에 따라 다음 각호의 사항을 수행함으로써 임상시험이 적절히 실시되고 관련 사항이 문서화되는지를 확인하여야 한다.

1. 의뢰자와 시험자 사이의 주요 의사소통자로서의 역할
2. 시험책임자가 임상시험 기간 동안 임상시험을 안전하고 적절하게 수행할 수 있는 자격이 있고 자원을 확보하고 있는지의 여부 확인
3. 임상시험에 사용되는 의약품에 대한 다음 각목의 사항의 확인
   가. 저장 조건이 적절하고, 사용(유효)기간을 준수하고 있는지의 여부 및 이들 의약품이 임상시험을 실시하기에 충분한지의 여부
   나. 선정기준을 만족하는 피험자에게만 계획서에 명시된 용량대로 투여되고 있는지의 여부
   다. 피험자가 임상시험에 사용되는 의약품의 적절한 사용 · 보관 · 반납에 관한 적절한 정보를 제공받는지의 여부
   라. 시험기관에서 임상시험에 사용되는 의약품의 인수 · 사용 · 의뢰자로의 반납 등이 적절히 관리되고 문서화되는지의 여부
4. 시험자가 승인된 계획서 또는 변경계획서를 준수하고 있는지 여부 확인
5. 피험자가 임상시험에 참여하기 이전에 동의서가 얻어졌는지의 여부 확인
6. 시험자가 임상시험을 적절히 실시하고 이 기준에서 정한 사항을 준수하기 위하여 필요한 최신의 임상시험자자료집 및 문서, 임상시험에 사용되는 의약품을 포함한 기타 공급품을 수령하였는지의 여부 확인
7. 시험자가 임상시험의 제반 사항을 충분히 숙지하고 있는지의 여부 확인
8. 시험자가 특정한 임상시험관련 기능을 계획서 및 의뢰자와 시험기관의 장 또는 시험책임자와 합의한 문서에 따라 수행하고 있으며, 권한이 없는 자에게 이러한 기능이 위임되지 않았다는 사실의 확인
9. 시험책임자가 선정기준에 적합한 피험자만을 임상시험에 참여시키고 있는지의 여부 확인
10. 피험자 등재율에 대한 보고
11. 근거문서 및 기타 임상시험관련 기록이 정확하고, 완전하며, 최신 사항이 반영되도록 유지되고 있는지의 여부 확인
12. 시험자가 요구되는 모든 보고서 · 통보서 · 신청서 등을 적절히 제공하고 있으며, 이러한 문서들이 어떠한 임상시험과 관련되었고, 정확하며, 완전하고, 시기적절하며, 읽을 수 있고, 날짜가 기재되었는지의 여부 확인
13. 증례기록서상의 기재 내용, 근거문서 및 기타 임상시험관련 문서의 정확성과 완전성에 대한 검토와 이들의 상호 대조로부터 서로 일치하는지의 여부 확인 및 각목의 사항에 대한 확인
   가. 계획서에서 요구한 자료가 증례기록서에 정확히 기재 또는 보고되고 있으며, 이들이 근거문서와 일치하는지의 여부
   나. 치료나 용량의 변동 사항이 각 피험자별로 적절히 문서화되고 있는지의 여부
   다. 이상반응, 병용약물 및 병발질환이 계획서에 따라 증례기록서상에 기재 또는 보고되고 있는지의 여부
   라. 피험자가 지키지 못한 방문 및 실시하지 않은 실험실적 또는 임상적 검사가 증례기록서상에 사

실대로 명확하게 기재 또는 보고되고 있는지의 여부

마. 임상시험으로부터 피험자가 탈락 또는 탈퇴한 모든 사실이 증례기록서상에 기재 또는 보고되고 그 이유가 설명되었는지의 여부

14. 증례기록서상의 오류, 생략 및 읽을 수 없는 부분에 대해 시험자에게 알리고, 이러한 사항들이 날짜, 필요한 경우 사유, 시험책임자 또는 증례기록서상의 기재 사항에 대한 변경 권한을 갖고 있는 시험담당자의 서명과 함께 적절한 방법으로 정정이나 첨삭이 되었는지의 여부 확인
15. 모든 이상반응이 이 기준 · 계획서 · 심사위원회 · 의뢰자 및 관련규정에 명시된 기간내에 적절하게 보고되었는지의 여부 확인
16. 시험책임자가 기본문서를 보존하고 있는지의 여부 확인
17. 계획서, 표준작업지침서 및 이 기준에서 정한 사항을 준수하지 않은 것에 대해 시험책임자에게 알리고, 이러한 미준수 사항이 재발되지 않도록 하는 적절한 조치

⑤ 모니터요원은 의뢰자의 표준작업지침서와 특정 임상시험을 위하여 의뢰자가 작성한 절차에 따라 모니터링을 실시하여야 한다.

⑥ 모니터링의 보고와 관련된 사항은 다음 각호와 같다.

1. 모니터요원은 시험기관을 방문하거나 전화 · 전송 · 전자우편 등을 통해 임상시험 관련자와 접촉한 후 해당 사실과 내용을 문서로 의뢰자에게 보고하여야 한다.
2. 모니터링보고서에는 모니터링을 실시한 날짜 및 장소, 모니터요원의 이름 및 시험자 또는 접촉한 자의 이름이 포함되어야 한다.
3. 모니터링보고서는 모니터요원이 검토한 내용의 요약 및 중요한 발견 또는 사실, 계획서 등으로부터의 이탈 또는 문제점, 결론, 계획서 등의 준수 상태를 유지하기 위하여 조치한 사항 또는 조치할 사항 등에 관한 모니터요원의 기술이 포함되어야 한다.
4. 의뢰자는 모니터링보고서를 검토하고 그 결과에 대한 사후 처리과정 등을 문서화하여야 한다.

제42조(점검) ① 의뢰자가 신뢰성보증의 일환으로 실시하는 점검의 목적은 임상시험의 실시가 계획서, 표준작업지침서 및 관련규정에 따라 이루어졌는지를 확인하는 것으로, 일상적인 모니터링이나 품질관리의 수행과는 구분하여 독립적으로 실시되어야 한다.

② 점검을 실시하는 자의 선정과 자격요건에 관한 것은 다음 각호와 같다.

1. 의뢰자는 임상시험에 관련된 사람이나 기능으로부터 독립된 자를 점검을 실시하는 자로 지정하여야 한다.
2. 점검을 실시하는 자는 해당 임상시험을 점검하기에 적합한 지식을 가져야 하며, 적절한 훈련을 받고 이러한 내용을 문서로써 입증할 수 있어야 한다.

③ 점검의 절차는 다음 각호와 같다.

1. 의뢰자는 임상시험에 대한 점검이 점검대상 · 점검방법 · 점검빈도 · 점검보고서의 서식과 내용 등이 포함된 의뢰자의 문서화된 절차에 따라 이루어지도록 하여야 한다.
2. 의뢰자의 점검 계획과 절차는 임상시험의 중요도 · 피험자 수 · 임상시험의 종류와 복잡성, 피험자에게 미칠 수 있는 잠재적인 위험의 정도 및 이미 확인된 임상시험 실시상의 문제점 등에 따라 결정되어야 한다.
3. 점검결과는 문서화되어야 한다.
4. 식품의약품안전청장은 점검기능의 독립성과 가치를 훼손하지 않기 위하여 시행규칙 제29조 및 이 기준에서 정한 사항에 대한 중대한 미준수의 증거가 있는 경우 또는 법적으로 문제가 발생한 경우 등 필요한 경우에만 점검보고서를 요구하여야 한다.
5. 식품의약품안전청장의 요구가 있는 경우, 의뢰자는 점검확인서를 제출하여야 한다.

제43조(미준수) ① 시험자 또는 의뢰자가 계획서 · 표준작업지침서 · 이 기준 및 관련규정을 준수하지 않은 사실이 발견된 경우, 의뢰자는 이를 해결하고 재발을 예방하기 위하여 신속하고 적절한 조치를 취하여야 한다.

② 모니터링이나 점검을 통하여 중대하고 지속적인 시험자의 미준수 사항이 확인된 경우, 의뢰자는 해당 시험기관의 임상시험 참여를 중지시키고, 이 사실을 식품의약품안전청에게 보고하여야 한다.

제44조(임상시험의 조기종료 또는 일시중지) 임상시험이 조기종료되거나 일시중지된 경우 의뢰자는 시험책임자 및 식품의약품안전청장에게 해당 사실과 사유를 신속히 문서로 보고하여야 하며, 다기관임상시험의 경우에는 다른 시험기관의 시험책임자에게도 해당 사실과 사유를 문서로 보고하여야 한다.

제45조(임상시험결과보고서) 임상시험이 완료 또는 조기종료된 경우 의뢰자는 결과보고서를 작성하여 식품의약품안전청장에게 관련규정에 따라 제출하여야 한다.

제46조(다기관임상시험) 의뢰자는 다기관임상시험을 실시하기 위하여 다음 각호의 사항을 확인하여야 한다.

1. 모든 시험책임자가 의뢰자와 합의하고 심사위원회 및 식품의약품안전청장이 승인한 계획서에 따라 임상시험을 실시하고 있는지의 여부
2. 증례기록서가 모든 시험기관에서 수집하고자 하는 모든 자료를 수집할 수 있도록 설계되었는지의 여부. 이 경우 추가적인 자료를 수집하는 시험책임자에게는 이러한 추가적 자료를 수집할 수 있기에 적합한 증례기록서를 제공하여야 한다.
3. 시험자의 임무가 임상시험 실시 이전에 문서화되었는지의 여부
4. 모든 시험책임자가 계획서의 준수, 임상검사 및 실험실적 검사의 평가에 대한 일관된 기준의 준수 및 증례기록서의 정확한 기록을 위한 지침을 제공받았는지의 여부
5. 시험자간의 의사소통이 원활한지의 여부

제47조(기본문서) 기본문서의 종류, 목적 및 문서별 보존장소는 별표와 같다.

부 칙〈2000. 1. 4〉

① (시행일) 이 고시는 2001년 1월 1일부터 시행한다.
② (임상시험중인 의약품에 대한 경과조치) 이 고시 시행당시 종전의 고시에 의하여 우리청의 승인을 받아 임상시험을 실시중인 임상시험은 종전의 고시에 의한다.

부 칙〈2007. 1. 19〉

이 고시는 고시한 날부터 시행한다.

부 칙〈2007. 5. 31〉

이 고시는 고시한 날부터 시행한다.

부 칙〈2008. 6. 27 〉

이 고시는 고시한 날부터 시행한다.

[별표]

임상시험기본문서의 종류, 목적 및 문서별 보존장소

(제29조제1항 및 제47조 관련)

Ⅰ. 개 요

임상시험기본문서(이하 "기본문서"라 한다)라 함은 임상시험의 수행과 그로부터 얻어진 자료의 질에 대하여 개별적 또는 전체적인 평가가 가능하도록 해 주는 문서를 말한다. 이 문서들은 시험자, 의뢰자 및 모니터요원이 「약사법 시행규칙」 제32조 및 이 기준을 준수하였음을 입증하는 역할을 한다.

기본문서는 다음과 같은 중요한 기능을 갖는다. 첫째, 시험자/시험기관 및 의뢰자가 기본문서를 적절하게 정리 · 보존함으로써 시험책임자, 의뢰자 및 모니터가 임상시험을 성공적으로 관리하는 데 많은 도움이 된다. 둘째, 기본문서들은 임상시험이 타당하게 수행되었고 수집된 자료가 정확함을 확인하기 위하여 의뢰자가 독립적으로 실시하는 점검 및 식품의약품안전청장이 실시하는 실태조사의 검토대상이 된다.

이러한 기본문서는 크게 임상시험의 진행 단계에 따라 임상시험 실시전, 임상시험 실시중 및 임상시험 완료 또는 종료후로 나뉘어진다. 다음 II 내지 IV에서는 각 기본문서의 목적 및 해당 문서가 시험자/시험기관, 의뢰자, 또는 양자 모두 중 어디에 보존 · 정리되어야 하는지에 대하여 기술하고 있으며, 개별 문서들을 쉽게 확인할 수 있다는 전제하에 문서들을 조합하는 것이 가능하다.

사전에 이들 기본문서를 정리 · 보존할 수 있는 임상시험기본문서파일(Trial master file)은 해당 임상시험이 실시되기 이전에 시험자/시험기관 및 의뢰자 측에 준비되어 있어야 한다. 임상시험이 최종 종료되기 이전에 모니터요원은 시험자/시험기관 및 의뢰자의 기본문서를 검토하고, 이들이 적절하게 정리 · 보존되어 있는지를 확인하여야 한다.

기본문서는 의뢰자의 점검과 식품의약품안전청장의 실태조사시 제공되어야 한다.

II. 임상시험 실시 전에 확보되어야 하는 기본문서의 종류, 목적 및 보존장소는 다음과 같다.

번호	문서제목	목 적	보존장소	
			시험기관/ 시험책임자	의뢰자
1	임상시험자자료집	임상시험용 의약품에 관한 최신의 과학적 정보를 시험자에게 제공하였음을 문서화하기 위함	✓	✓
2	승인된 계획서(변경계획서), 증례기록서 서식	시험자와 의뢰자가 계획서(변경계획서) 및 증례기록서 서식에 대하여 합의하였고, 이들이 승인되었음을 확인하기 위함	✓	✓
3	피험자에게 제공되는 정보 • 동의서 서식 및 피험자설명서	피험자의 동의를 문서화하기 위함	✓	✓

번호	문서제목	목 적	보존장소	
			시험기관/시험책임자	의뢰자
	• 기타 문서화된 정보	피험자가 임상시험에 대한 내용을 충분히 제공받은 상태에서 동의하였음을 문서화하기 위함	✔	✔
4	계약서 등 임상시험의 재정에 관한 사항	의뢰자와 시험책임자/시험기관의 장 사이에 임상시험의 재정에 관한 사항이 합의되었음을 문서화하기 위함	✔	✔
5	피험자 보상에 관한 사항 (필요한 경우, 임상시험 보험 포함)	임상시험에서 발생한 피험자의 손상에 대하여 보상이 이루어짐을 문서화하기 위함	✔	✔
6	임상시험 관련 다음 당사자들이 서명한 합의문서 • 시험책임자/시험기관의 장과 의뢰자 • 의뢰자와 임상시험수탁기관 • 시험책임자/시험기관의 장과 임상시험수탁기관 • 기타	임상시험 관련 당사자 간의 합의 사항을 문서화하기 위함	 ✔ ✔ ✔ ✔	 ✔ ✔ ✔ ✔
7	다음 사항에 대하여 날짜가 기재된 심사위원회의 승인통보서 또는 의견서 • 계획서(변경계획서) • 증례기록서 서식 • 동의서 서식 및 피험자설명서 • 피험자에게 제공되는 문서화된 기타 정보 • 피험자 보상에 관련된 사항 • 기타	임상시험의 실시가 시험기관의 심사위원회로부터 검토 및 승인되었음을 문서화하고, 이들 문서의 개정 번호 및 날짜를 확인하기 위함	✔	✔
8	심사위원회의 구성에 관한 사항	심사위원회가 이 기준에서 정한 바에 따라 구성되었음을 문서화하기 위함을 문서화하기 위함	✔	✔ (필요한 경우)
9	식품의약품안전청장의 계획서 승인통보서	식품의약품안전청장이 해당 임상시험의 실시를 승인하였음을 문서화하기 위함	✔	✔
10	시험자의 자격을 증명하는 이력서와 기타 관련 문서	시험자가 임상시험을 수행할 수 있고, 피험자의 의료적 문제에 대하여 적절한 조치를 취할 수 있는 자격과 경험을 갖고 있음을 문서화하기 위함	✔	✔

번호	문서제목	목 적	보존장소	
			시험기관/시험책임자	의뢰자
11	계획서에 포함된 실험실적 검사를 포함한 관련 검사의 정상 범위	이들 검사의 정상 범위를 문서화하기 위함	✓	✓
12	계획서에 포함된 실험실적 검사를 포함한 관련 검사에 대한 다음 사항 • 증명서 또는 인증서 • 내 · 외부 정도관리 평가 결과 • 필요한 경우 기타 타당성 확인 결과	해당 실험실 등이 필요한 검사를 수행하기에 정합하고 결과의 신뢰성을 확보하기 위함	✓	✓
13	임상시험에 사용되는 의약품의 용기 및 포장에 첨부되는 표시기재사항의 견본	표시기재사항의 관련규정 준수 여부 및 피험자에게 제공되는 의약품의 사용에 관한 정보가 적절함을 문서화하기 위함		✓
14	임상시험에 사용되는 의약품 및 기타 공급품의 취급에 관한 지침 (계획서 또는 임상시험자자료집에 포함되지 않은 경우에 한함)	임상시험에 사용되는 의약품 및 기타 공급품의 보관, 포장, 조제, 지급 및 반납 등에 필요한 지침을 문서화하기 위함	✓	✓
15	임상시험에 사용되는 의약품 및 기타 공급품의 배달/운송에 관한 기록	임상시험에 사용되는 의약품 및 기타 공급품의 배달/운송 일자, 제조번호, 운송 방법 등을 문서화하여, 이들 기록에 대한 추적이 가능하도록 하기 위함	✓	✓
16	배달/운송된, 임상시험에 사용되는 의약품의 품질관리증명서 (Certificate of Analysis)	임상시험에 사용되는 의약품의 성상, 순도 및 함량을 문서화하기 위함		✓
17	눈가림 임상시험의 경우 눈가림 해제에 관한 절차	응급상황의 경우 다른 피험자의 치료에 대하여 눈가림을 유지하면서 해당 피험자에게 투여된 시험약 또는 대조약의 종류를 확인하는 절차을 문서화하기 위함	✓	✓ (필요한 경우 제3자가 보존)
18	무작위배정 코드 명단	피험자의 무작위배정 방법을 문서화하기 위함		✓ (필요한 경우 제3자가 보존)
19	임상시험 실시 전 모니터링 보고서	시험기관이 해당 임상시험을 실시하는 데 적합함을 문서화하기 위함		✓
20	임상시험 개시 모니터링 보고서	시험책임자와 시험담당자와 함께 임상시험에 관한 제반 절차를 검토하였음을 문서화하기 위함	✓	✓

III. 상기 II의 기본문서에 추가하여, 임상시험 실시중에 확보되어야 하는 기본문서의 종류, 목적 및 보존장소는 다음과 같다.

번호	문서제목	목 적	보존장소	
			시험기관/시험책임자	의뢰자
1	최근 내용을 추가한 임상시험자자료집	임상시험 중에 얻어진, 임상시험용 의약품에 관한 최신의 과학적 정보를 적시에 시험자에게 제공하였음을 문서화하기 위함	✔	✔
2	다음 문서의 수정본 • 변경계획서 또는 증례기록서 서식 • 동의서 서식 및 피험자설명서 • 피험자에게 제공되는 기타 문서화된 정보	임상시험에 영향을 미칠 수 있는 관련 문서가 적절히 수정되었음을 문서화하기 위함	✔	✔
3	다음 사항에 대하여 날짜가 기재된 심사위원회의 승인통보서 또는 의견서 • 변경계획서 • 동의서 서식, 피험자설명서, 기타 피험자에게 제공되는 문서화된 기 정보의 수정본 • 제공된 기타 문서 • 임상시험의 진행에 관한 지속적 검토 (실시한 경우에 한함)	개정 또는 수정된 이들 문서가 시험기관의 심사위원회로부터 검토 및 승인되었음을 문서화하고, 이들 문서의 개정 번호 및 날짜를 확인하기 위함	✔	✔
4	식품의약품안전청장의 변경계획서 승인통보서	식품의약품안전청장이 해당 임상시험의 변경에 관한 사항을 승인하였음을 문서화하기 위함	✔	✔
5	새로 참여하는 시험자의 자격을 증명하는 이력서와 기타 관련 문서	시험자가 임상시험을 수행할 수 있고, 피험자의 의료적 문제에 대하여 적절한 조치를 취할 수 있는 자격과 경험을 갖고 있음을 문서화하기 위함	✔	✔
6	계획서에 포함된 실험실적 검사를 포함한 관련 검사의 정상 범위에 대한 수정	이들 검사의 수정된 정상 범위를 문서화하기 위함	✔	✔
7	계획서에 포함된 실험실적 검사를 포함한 관련 검사의 수정에 대한 다음 사항 • 증명서 또는 인증서 • 내 · 외부 정도관리 평가 결과	해당 실험실적 검사 등이 임상시험 기간 내내 적합하고 결과의 신뢰성이 확보됨을 문서화하기 위함	✔	✔

번호	문서제목	목 적	보존장소	
			시험기관/시험책임자	의뢰자
	• 필요한 경우 기타 타당성 확인 결과			
8	임상시험에 사용되는 의약품 및 기타 공급품의 배달/운송에 관한 기록	임상시험에 사용되는 의약품 및 기타 공급품의 배달/운송 일자, 제조번호, 운송방법 등을 문서화하여, 이들 기록에 대한 추적이 가능하도록 하기 위함	✓	✓
9	새롭게 제조된, 임상시험에 사용되는 의약품의 품질관리증명서 (Certificate of Analysis)	임상시험에 사용되는 의약품의 성상, 순도 및 함량을 문서화하기 위함		✓
10	모니터링 방문 보고서	모니터요원의 방문 사실 및 모니터링 중 발견한 사실에 대해 문서화하기 위함		✓
11	모니터링 방문이 아닌 다음 사항에 의한 시험자 등과의 의사 소통 내용 • 편지(전송, 전자우편 포함) • 회의록 • 전화통화 기록	행정 사항, 계획서 미준수, 임상시험 수행, 이상반응 보고 등에 관한 합의나 중요한 의논의 결과를 문서화하기 위함	✓	✓
12	서명된 동의서	임상시험의 참여에 대한 동의가 이 기준 및 계획서에 따라 임상시험 실시 이전에 얻어졌고, 임상시험자료에 대한 직접열람을 피험자나 대리인인 허용하였음을 문서화하기 위함	✓	
13	근거문서	피험자의 존재와 임상시험에서 얻어진 자료의 정합성을 증명하고, 임상시험, 의학적 처치, 환자 병력 등에 관련된 내용의 원본을 적절히 보존하기 위함	✓	
14	서명과 기재 날짜가 포함된 완결 증례기록서	시험책임자나 위임된 시험담당자가 증례기록서에 기재된 내용이 정확함을 확인하고, 이를 문서화하기 위함	✓ (사본)	✓ (원본)
15	증례기록서 수정에 관한 문서	최초 내용이 증례기록서에 기재된 이후 변경, 추가 또는 수정된 모든 내용을 문서화하기 위함	✓ (사본)	✓ (원본)
16	중대한 이상반응과 관련 보고 사항에 대하여 시험책임자가 의뢰자에게 통보한 내용	시험자가 의뢰자에게 중대한 이상반응 및 관련 보고 사항을 이 기준 제20조에 따라 통보하였음을 문서화하기 위함	✓	✓

번호	문서제목	목 적	보존장소	
			시험기관/시험책임자	의뢰자
17	예상하지 못하고 중대한 이상반응 및 기타 안전성 관련 사항에 대하여 의뢰자 또는 시험책임자가 식품의약품안전청장 및 시험기관의 심사위원회에 통보한 내용	의뢰자 또는 시험책임자가 식품의약품안전청장 및 시험기관의 심사위원회에게 예상하지 못하고 중대한 이상반응 및 관련 보고 사항을 이 기준 제20조제1항, 제20조제2항, 제39조제2항 또는 제40조에 따라 통보하였음을 문서화하기 위함	✓	✓
18	안전성 관련 사항에 대하여 의뢰자가 시험책임자에게 통보한 내용	의뢰자가 시험책임자에게 안전성 관련 사항을 이 기준 제39조제2항에 따라 통보하였음을 문서화하기 위함	✓	✓
19	시험기관의 심사위원회에 대한 중간 또는 연차 보고서	이 기준 제19조제1항 또는 제40조제2항의 규정에 의한 보고 사항을 문서화하기 위함	✓ (해당하는 경우)	✓ (해당하는 경우)
20	피험자 선별 기록(Screening Log)	임상시험 실시 이전 피험자의 선별에 관한 내용을 문서화하기 위함	✓	✓ (필요한 경우)
21	피험자식별코드 명단	피험자가 임상시험에 참여시 부여 받은 번호에 대한 해당 피험자의 명단이 비밀보장된 상태로 시험책임자가 보유하고 있다는 것을 문서화하고, 응급상황 발생시 피험자의 신원을 확인할 수 있게 하기 위함	✓	
22	피험자 등재 기록(Enrollment Log)	피험자 번호가 피험자의 임상시험 참여 순서에 따라 부여되었음을 문서화하기 위함	✓	
23	시험기관에서의 임상시험에 사용되는 의약품에 대한 관리 기록	임상시험에 사용되는 의약품이 계획서에 따라 사용되었음을 문서화하기 위함	✓	✓
24	서명록	증례기록서를 기재 또는 정정할 수 있는 시험자의 서명과 이름을 문서화하기 위함	✓	✓
25	보관된 체액 또는 조직 샘플에 대한 기록(필요한 경우)	검사를 반복해야 하는 경우 샘플의 보관장소 및 내용을 문서화하기 위함	✓	✓

IV. 상기 II 및 III의 기본문서에 추가하여, 임상시험이 완료(조기종료 포함)된 후에 확보되어야 하는 기본문서의 종류, 목적 및 보존장소는 다음과 같다.

번호	문서제목	목 적	보존장소	
			시험기관/시험책임자	의뢰자
1	시험기관에서의 임상시험에 사용되는 의약품에 대한 관리 기록	임상시험에 사용되는 의약품이 계획서에 따라 사용되었고, 의뢰자로부터의 인수, 피험자에 대한 투여, 피험자로부터의 반납 및 의뢰자로의 반납에 대한 최종 기록이 일치되었음을 문서화하기 위함	✓	✓
2	임상시험에 사용되는 의약품의 폐기에 대한 문서	미사용 임상시험용의약품 등의 폐기에 대한 사항을 문서화하기 위함		✓
3	임상시험을 완료(조기종료나 중도탈락 포함)한 피험자식별코드 명단	임상시험에 참여한 피험자에 대하여 추적관찰이 필요한 경우, 이들의 신원에 대한 비밀을 보장하면서 의뢰자와 합의한 기간 동안 보존하기 위함	✓	
4	감사확인서	감사가 실시되었음을 문서화하기 위함		✓
5	임상시험 종료 모니터링 보고서	임상시험을 종료하기 위해 필요한 모든 업무가 수행되었고, 기본문서가 적절한 장소에 보존되었음을 문서화하기 위함		✓
6	치료군 배정 및 눈가림 해제에 대한 문서	눈가림 해제 사항을 문서화하여 의뢰자에게 전달하기 위함		✓
7	심사위원회, 의뢰자 및 식품의약품안전청장(조기종료시)에게 제출한 임상시험 완료(조기종료)보고서	임상시험의 완료(조기종료를 포함)되었다는 사실을 문서화하기 위함	✓	✓
8	임상시험결과보고서	임상시험의 결과와 해석을 문서화하기 위함	✓	✓

[별지 제1호 서식]

(앞면) (뒷면)

이상약물반응보고서

보고자	업 허 가 번 호			
	제조(영업)소의 명칭			
	제조(영업)소 소재지			
	성 명		주민등록번호	
대상의약품	제 품 명		일반명(코드명)	
	허 가 번 호		허 가 일 자	
실시기관	명 칭		전 화 번 호	
	소 재 지			
임상시험(변경)계획서 승인일자				
이상약물반응 내역 요약				
비 고				

의약품임상시험관리기준 제40조제3항의 규정에 따라 위와 같이 임상시험중 발생한 이상약물반응을 보고합니다.

년 월 일

보 고 자 (서명 또는 인)
담 당 자
전화번호

식품의약품안전청장 귀하

구비서류수수료 - 제20조의 규정에 의하여 시험책임자로부터 보고받은 내용	수수료 없 음

31312-18611 민
'95. 7. 20 통제

210㎜×297㎜
인쇄용지(2급) 60g/㎡

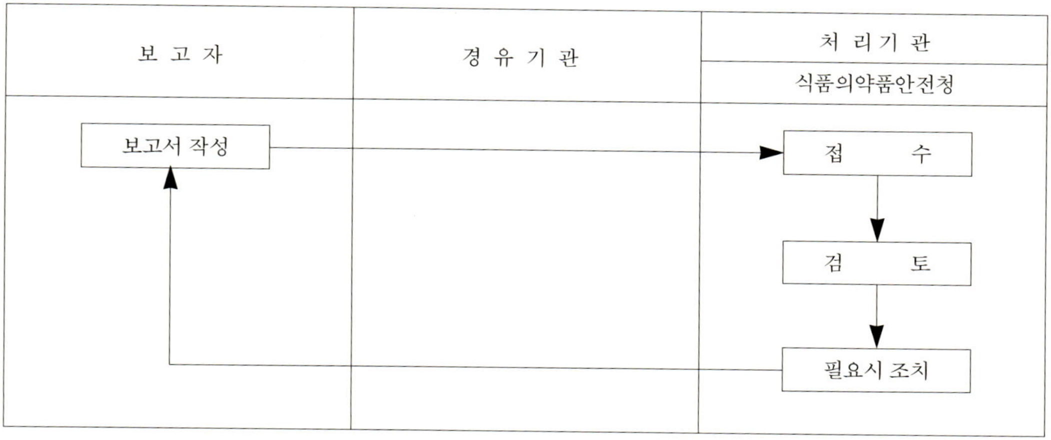
보 고 자
경 유 기 관
처 리 기 관
식품의약품안전청
보고서 작성
접 수
검 토
필요시 조치

동물보호법

제1조(목적) 이 법은 동물에 대한 학대행위의 방지 등 동물을 적정하게 보호·관리하기 위하여 필요한 사항을 규정함으로써 동물의 생명과 그 안전을 보호하고 복지를 증진하며 생명의 존중 등 국민의 정서 함양에 이바지함을 목적으로 한다.

제2조(정의) 이 법에서 사용하는 용어의 정의는 다음과 같다.

1. "동물"이라 함은 소·말·돼지·개·고양이·토끼·닭·오리·산양·면양·사슴·여우·밍크 등 척추동물로서 대통령령이 정하는 동물을 말한다.
2. "등록대상동물"이라 함은 질병의 관리, 공중위생상의 위해방지 등을 위하여 등록이 필요하다고 인정하여 대통령령으로 정하는 동물을 말한다.
3. "소유자등"이라 함은 동물의 소유자와 소유자를 위하여 동물의 사육·관리 또는 보호에 종사하는 자를 말한다.

제3조(동물보호의 기본원칙) 누구든지 동물을 사육·관리 또는 보호함에 있어서는 생명의 존엄성과 가치를 인식하고 그 동물이 본래의 습성과 신체의 원형을 유지하면서 정상적으로 살 수 있도록 노력하여야 한다.

제4조(국가·지방자치단체 및 국민의 책무) ①국가는 동물의 적정한 보호·관리를 위한 종합적인 시책을 수립·시행하여야 하며, 지방자치단체는 국가의 시책에 적극 협조하고 관할 구역 안의 동물의 보호·관리를 위한 대책을 수립·시행하여야 한다.
②국가와 지방자치단체는 대통령령이 정하는 민간단체에 대하여 동물을 보호하는 운동 그 밖에 이와 관련된 활동을 권장하거나 필요한 지원을 할 수 있다.
③모든 국민은 동물을 보호하기 위한 국가와 지방자치단체의 시책에 적극 협조하는 등 동물의 보호를 위하여 노력하여야 한다.

제5조(등록대상동물의 등록 등) ① 특별시장·광역시장·도지사 또는 특별자치도지사(이하 "시·도지사"라 한다)는 등록대상동물의 보호와 유기(遺棄) 방지 등을 위하여 필요하다고 인정하는 경우에는 등록대상동물의 소유자로 하여금 소유자의 주소지를 관할하는 시장·군수 또는 자치구의 구청장(이하 "시장·군수"라 한다)에게 소유하고 있는 등록대상동물을 등록하게 할 수 있다. 다만, 등록대상동물이 소유자의 주소지가 아닌 곳에 있는 농림수산식품부령이 정하는 일정 시설에서 사육되는 경우에는 그 시설이 위치한 곳을 관할하는 시장·군수에게 등록하게 할 수 있다. 〈개정 2008.2.29〉
② 제1항의 규정에 따라 등록한 사항 중 농림수산식품부령이 정하는 사항이 변경된 경우에는 농림수산식품부령이 정하는 바에 따라 시장·군수에게 신고하여야 한다. 〈개정 2008.2.29〉
③ 시장·군수는 농림수산식품부령이 정하는 자로 하여금 제1항의 규정에 따른 업무를 대행하게 할 수 있다. 이 경우 그에 따른 수수료를 지급할 수 있다. 〈개정 2008.2.29〉
④ 제1항의 규정에 따라 소유하고 있는 등록대상동물을 등록하게 하는 경우 등록하여야 하는 동물의 범위, 등록방법, 등록사항과 절차 그 밖에 등록에 관하여 필요한 사항은 농림수산식품부령이 정하는 것을 제외하고는 특별시·광역시·도 또는 특별자치도(이하 "시·도"라 한다)의 조례로 정한다. 〈개정 2008.2.29〉

제6조(적정한 사육·관리) ①소유자등은 동물에게 적합한 사료의 급여와 급수·운동·휴식 및 수면이 보장되도록 노력하여야 한다.
②소유자등은 동물이 질병에 걸리거나 부상당한 경우에

는 신속한 치료 그 밖에 필요한 조치를 하도록 노력하여야 한다.
③소유자등은 동물을 관리하거나 동물을 다른 동물우리로 옮긴 경우에는 그 동물이 새로운 환경에 적응하는데 필요한 조치를 하도록 노력하여야 한다.
④ 소유자등은 등록대상동물을 기르는 곳에서 벗어나게 하는 경우에는 농림수산식품부령이 정하는 바에 따라 소유자등의 성명·주소 등이 표시된 인식표를 부착시켜야 하며, 인식표가 없이 돌아다니는 등록대상동물은 유기된 것으로 본다.〈개정 2008.2.29〉
⑤ 소유자등은 등록대상동물을 동반하고 외출하는 때에는 농림수산식품부령이 정하는 바에 따라 목줄 등 안전조치를 하여야 하며 배설물이 생긴 때에는 즉시 이를 수거하여야 한다.〈개정 2008.2.29〉
⑥시·도지사는 등록대상동물의 유기 또는 공중위생상의 위해 방지를 위하여 필요하다고 인정하는 때에는 시·도의 조례가 정하는 바에 따라 소유자등으로 하여금 동물에 대하여 예방접종을 하게 하거나 특정 지역 또는 장소에서의 사육 또는 출입을 제한하게 하는 등 필요한 조치를 할 수 있다.
⑦ 그 밖에 동물의 적절한 사육·관리방법 등에 관하여 필요한 사항은 농림수산식품부령으로 정한다.〈개정 2008.2.29〉

제7조(동물학대 등의 금지) ①누구든지 동물에 대하여 다음 각 호의 행위를 하여서는 아니 된다.〈개정 2008.2.29〉

1. 목을 매다는 등의 잔인한 방법으로 죽이는 행위
2. 노상 등 공개된 장소에서 죽이거나 같은 종류의 다른 동물이 보는 앞에서 죽이는 행위
3. 그 밖에 수의학적 처치의 필요, 동물로 인한 사람의 생명·신체·재산의 피해 등 농림수산식품부령이 정하는 정당한 사유 없이 죽이는 행위

②누구든지 동물에 대하여 다음 각 호의 학대행위를 하여서는 아니 된다.〈개정 2008.2.29〉

1. 도구·약물을 사용하여 상해를 입히는 행위. 다만, 질병의 예방이나 치료 등 농림수산식품부령이 정하는 경우를 제외한다.
2. 살아있는 상태에서 동물의 신체를 손상하거나 체액을 채취하거나 체액을 채취하기 위한 장치를 설치하는 행위. 다만, 질병의 치료 및 동물실험 등 농림수산식품부령이 정하는 경우를 제외한다.
3. 도박·광고·오락·유흥 등의 목적으로 동물에게 상해를 입히는 행위. 다만, 민속경기 등 농림수산식품부령이 정하는 경우를 제외한다.
4. 그 밖에 수의학적 처치의 필요, 동물로 인한 사람의 생명·신체·재산의 피해 등 농림수산식품부령이 정하는 정당한 사유 없이 상해를 입히는 행위

③ 누구든지 제9조제1항의 규정에 따른 보호조치의 대상이 되는 동물(보호조치 중에 있는 동물을 포함한다)을 포획하여 판매하거나 죽여서는 아니 된다. 다만, 질병 등 농림수산식품부령이 정하는 사유가 있는 경우에는 인도적인 방법에 의하여 처리하여야 한다.〈개정 2008.2.29〉
④소유자등은 동물을 유기하여서는 아니 된다.

제8조(동물의 운송) ① 동물을 운송하는 자 중 농림수산식품부령이 정하는 자는 다음 각 호의 사항을 준수하도록 노력하여야 한다.〈개정 2008.2.29〉

1. 운송 중에 있는 동물에게 적합한 사료와 물을 공급하고 급격한 출발·제동 등으로 충격과 상해를 입지 아니하도록 운전에 유의할 것
2. 사용하는 차량은 동물이 운송 중에 상해를 입지 아니하고 급격한 체온변화, 호흡곤란 등으로 인한 고통을 최소화할 수 있는 구조로 되어 있을 것
3. 병들거나 어린 동물 및 임신 중이거나 젖먹이새끼가 딸린 동물을 운송할 때에는 함께 운송 중인 다른 동물에 의하여 상해를 입지 아니하도록 칸막이의 설치 등 필요한 조치를 할 것

② 농림수산식품부장관은 제1항제2호의 규정에 따른 동물운송차량의 구조 및 설비기준을 정하고 이에 적합한 차량을 사용하도록 권장할 수 있다.〈개정 2008.2.29〉
③ 농림수산식품부장관은 그 밖에 동물 운송에 관하여 필요한 사항을 정하여 권장할 수 있다.〈개정 2008.2.29〉

제9조(유기동물등에 대한 조치) ①시장·군수는 도로·공원 등의 공공장소에서 나돌아 다니거나 내버려진 동물을 발견한 경우에는 그 동물이 제6조의 규정에 따라 보호·관리될 수 있도록 필요한 조치(이하 "보호조치"라 한다)를 하여야 한다.
②시장·군수가 보호조치를 한 경우에는 소유자등이 보호조치의 사실을 알 수 있도록 지체 없이 7일 이상 공고

하여야 한다.

③제2항의 규정에 따른 공고가 있는 날부터 10일이 경과하여도 소유자등을 알 수 없는 경우에는 「유실물법」 제12조 및 「민법」 제253조의 규정에 불구하고 해당 시·군·자치구(이하 "시·군"이라 한다)가 그 동물의 소유권을 취득한다.

④시장·군수는 제3항의 규정에 따라 해당 시·군에 소유권이 귀속된 동물을 시·군의 조례가 정하는 바에 따라 동물원, 동물을 애호하는 자(시·군의 조례가 정하는 자격요건을 갖춘 자에 한한다), 대통령령이 정하는 민간단체 등에 기증하거나 분양할 수 있다.

⑤시장·군수는 소유자등 또는 분양받은 자에 대하여 보호조치에 소요된 경비에 상당하는 금액을 청구할 수 있다.

⑥보호조치의 방법 및 제5항의 규정에 따른 경비의 산출 그 밖에 보호조치에 관하여 필요한 사항은 시·도의 조례로 정한다.

제10조(보호시설의 설치 등) ① 시·도지사는 보호조치를 위하여 농림수산식품부령이 정하는 기준에 적합한 보호시설(이하 "보호시설"이라 한다)을 설치·운영하거나 보호조치를 위탁할 수 있는 시설(이하 "위탁보호시설"이라 한다)을 확보하여야 한다. 〈개정 2008.2.29〉

②시·도지사가 제23조제2항의 규정에 따라 권한의 일부를 시장·군수에게 위임하는 경우 그 경비를 지원할 수 있다.

③ 농림수산식품부장관은 보호시설의 설치·운영 또는 보호조치의 위탁에 소요되는 경비를 지원할 수 있다. 〈개정 2008.2.29〉

제11조(동물의 도살방법) ① 「축산물가공처리법」 또는 「가축전염병예방법」이 정하는 바에 따라 동물을 죽이는 경우에는 가스법·전살법(電殺法) 등 농림수산식품부령이 정하는 방법을 이용하여 고통을 최소화하여야 한다. 〈개정 2008.2.29〉

②제1항의 경우 외에도 동물을 죽이지 아니하면 아니되는 경우에는 고통을 최소화할 수 있는 방법에 따라야 한다.

제12조(동물의 수술) 거세·제각(除角)·단미(斷尾) 등 동물에 대한 외과적 수술을 하는 자는 수의학적 방법에 따라야 한다.

제13조(동물실험의 원칙) ①동물실험은 인류의 복지의 증진과 동물 생명의 존엄성을 고려하여 실시하여야 한다.

②동물실험을 실시하고자 하는 때에는 이를 대체할 수 있는 방법을 우선적으로 고려하여야 한다.

③동물실험은 실험에 사용하는 동물(이하 "실험동물"이라 한다)의 윤리적 취급과 과학적 사용에 관한 지식과 경험을 보유한 자가 시행하여야 하며 필요한 최소한의 동물을 사용하여야 한다.

④실험동물의 고통이 수반되는 실험은 감각능력이 낮은 동물을 사용하고 진통·진정·마취제의 사용 등 수의학적 방법에 따라 고통을 덜어주기 위한 적절한 조치를 취하여야 한다.

⑤동물실험을 행한 자는 그 실험이 종료된 후 지체 없이 당해 동물을 검사하여야 한다. 이 경우 당해 동물이 회복될 수 없거나 지속적으로 고통을 받으며 살아야 할 것으로 인정되는 경우에는 가능한 한 빨리 고통을 주지 아니하는 방법으로 처리하여야 한다.

⑥ 누구든지 다음 각 호의 동물실험을 하여서는 아니 된다. 다만, 해당 동물종(種)의 건강, 질병관리연구 등 농림수산식품부령이 정하는 불가피한 사유로 농림수산식품부령이 정하는 바에 따라 승인을 받은 경우에는 그러하지 아니하다. 〈개정 2008.2.29〉

1. 유기동물을 대상으로 하는 실험
2. 맹도견·안내견 등 인간을 위하여 사역한 동물을 대상으로 하는 실험

제14조(동물실험윤리위원회의 설치 등) ①실험동물의 보호와 윤리적인 취급을 도모하기 위하여 대통령령이 정하는 동물실험시설에는 동물실험윤리위원회(이하 "위원회"라 한다)를 두어야 한다.

②위원회는 위원장 1인을 포함하여 3인 이상 15인 이내의 위원으로 구성하되, 해당 동물실험시설에 종사하지 아니하고 해당 동물실험시설과 이해관계가 없는 자로서 다음 각 호의 어느 하나에 해당하는 자를 총 위원수의 3분의 1 이상 포함하여야 한다. 다만, 제1호 또는 제2호에 해당하는 자는 반드시 각각 1인 이상 포함하여야 한다. 〈개정 2008.2.29〉

1. 「수의사법」 제2조제1호의 규정에 따른 수의사
2. 대통령령이 정하는 민간단체가 추천하는 동물보호에 관한 학식과 경험이 풍부한 자로서 농림수산식품

부령이 정하는 자격기준에 적합한 자
3. 변호사 또는 「고등교육법」에 따른 대학 또는 전문대학에서 법학을 담당하는 교수
4. 「고등교육법」에 따른 대학 또는 전문대학에서 동물보호 · 복지를 담당하는 교수

③위원은 해당 동물실험시설의 장이 위촉하며, 위원장은 위원 중에서 호선한다.

④위원회의 심의대상인 연구 · 개발 또는 이용에 관여하는 위원은 해당 연구 · 개발 또는 이용과 관련된 심의에 참여하여서는 아니 된다.

⑤위원회는 동물실험이 제13조의 원칙에 부합하게 시행되도록 지도 · 감독하며, 동물실험시설의 운영자 또는 종사자에 대하여 실험동물의 보호와 윤리적인 취급을 위하여 필요한 조치를 요구할 수 있다.

⑥위원회의 위원은 그 직무를 수행함에 있어서 알게 된 비밀을 누설하거나 도용하여서는 아니 된다.

⑦제5항의 규정에 따른 지도 · 감독의 방법 그 밖에 위원회의 구성 · 운영 등에 관하여 필요한 사항은 대통령령으로 정한다.

제15조(동물판매업 · 동물장묘업의 등록) ① 농림수산식품부령이 정하는 동물을 판매의 목적으로 생산 또는 수입하거나 이를 판매하는 업(이하 "동물판매업"이라 한다)을 하고자 하는 자는 농림수산식품부령이 정하는 바에 따라 시장 · 군수에게 등록하여야 한다. 〈개정 2008.2.29〉

② 동물전용의 장례식장 · 화장장 또는 납골시설(이하 "동물장묘시설"이라 한다)을 설치 · 운영하는 업(이하 "동물장묘업"이라 한다)을 하고자 하는 자는 농림수산식품부령이 정하는 바에 따라 시장 · 군수에게 등록하여야 한다. 〈개정 2008.2.29〉

③ 제1항 또는 제2항의 규정에 따라 등록을 하고자 하는 자는 농림수산식품부령이 정하는 바에 따라 동물의 보호와 공중위생상의 위해를 방지하기 위하여 필요한 시설과 인력을 갖추어야 한다. 〈개정 2008.2.29〉

④ 제1항 또는 제2항의 규정에 따라 등록을 한 자가 그 영업을 휴업 · 재개업 또는 폐업하거나 등록사항 중 농림수산식품부령이 정하는 사항을 변경하고자 하는 때에는 농림수산식품부령이 정하는 바에 따라 시장 · 군수에게 신고하여야 한다. 〈개정 2008.2.29〉

⑤다음 각 호의 어느 하나에 해당하는 경우에는 제1항 또는 제2항의 규정에 따른 등록을 할 수 없다.
1. 제3항의 규정에 따른 시설 및 인력의 기준에 적합하지 아니한 경우
2. 등록을 하고자 하는 자(법인인 경우에는 임원을 포함한다. 이하 이 조에서 같다)가 미성년자 · 한정치산자 또는 금치산자인 경우
3. 제21조제1항의 규정에 따라 등록이 취소된 후 1년이 경과하지 아니한 자(법인인 경우에는 그 대표자를 포함한다)가 취소된 업종과 같은 업종을 등록하고자 하는 경우
4. 등록을 하고자 하는 자가 이 법을 위반하여 벌금형의 선고를 받고 그 벌금형이 확정된 날로부터 1년을 경과하지 아니한 경우

⑥「장사 등에 관한 법률」 제15조에 해당하는 지역에는 동물장묘시설을 설치할 수 없다.

제16조(준수사항) ① 제15조제1항의 규정에 따라 등록을 한 동물판매업자는 일정한 월령(月齡) 이상의 동물을 판매하는 등 동물판매업의 운영에 관하여 농림수산식품부령이 정하는 사항을 지켜야 한다. 〈개정 2008.2.29〉

② 제15조제2항의 규정에 따라 등록을 한 동물장묘업자는 동물장묘시설의 설치 및 운영 등에 관하여 농림수산식품부령이 정하는 사항을 지켜야 한다. 〈개정 2008.2.29〉

제17조(교육) ① 농림수산식품부령이 정하는 동물판매업자 및 동물장묘업자(이하 "동물판매업자등"이라 한다)와 그에 고용되어 영업에 종사하는 자(이하 "종업원"이라 한다)는 동물의 보호 및 공중위생상의 위해방지를 위한 조치사항 등에 관하여 교육을 받아야 한다. 〈개정 2008.2.29〉

②동물판매업자등은 그 종업원에 대하여 제1항의 규정에 따른 교육을 받도록 필요한 조치를 하여야 한다.

③ 제1항 및 제2항의 규정에 따른 교육의 실시기관, 교육내용 및 교육비용의 납입 등에 관하여 필요한 사항은 농림수산식품부령으로 정한다. 〈개정 2008.2.29〉

제18조(적용의 제한) 다음 각 호의 어느 하나의 경우에는 제7조제1항 및 제2항의 규정을 적용하지 아니한다.
1. 「축산물가공처리법」 제2조제1호의 규정에 따른 가축을 식용목적으로 도살하는 경우

2. 「야생동 · 식물보호법」에 따라 수렵하는 경우
3. 「문화재보호법」에 따라 천연기념물동물의 치료 등 필요한 조치를 하는 경우
4. 그 밖에 다른 법률에 따른 조치를 하는 경우

제19조(동물보호감시관) ① 농림수산식품부장관, 시 · 도지사 및 시장 · 군수는 동물보호에 관한 사무를 처리하기 위하여 그 소속 공무원 중에서 동물보호감시관을 지정하여야 한다.〈개정 2008.2.29〉
② 농림수산식품부장관, 시 · 도지사 및 시장 · 군수는 동물에 대한 학대행위의 감시와 학대받는 동물의 구조 · 보호를 위하여 대통령령이 정하는 민간단체가 추천하는 자 그 밖에 동물보호에 관한 학식과 경험이 풍부한 자를 동물보호명예감시관으로 위촉할 수 있다.〈개정 2008.2.29〉
③제1항 및 제2항의 규정에 따른 동물보호감시관 및 동물보호명예감시관의 자격 · 임명 · 위촉 및 직무범위 등에 관하여 필요한 사항은 대통령령으로 정한다.
④동물보호감시관 및 동물보호명예감시관이 제3항의 규정에 따른 직무를 행하는 때에는 누구든지 동물특성에 따른 출산, 질병치료 등 부득이한 사유가 없는 한 이를 거부 · 방해 또는 기피하여서는 아니 된다.
⑤동물학대의 신고를 접수한 동물보호감시관은 동물의 보호와 학대방지를 위하여 동물학대행위자로부터 피학대동물을 격리하여 동물보호전문기관에 인도하거나 그 동물의 치료가 필요한 때에는 치료기관에 인도하는 등 필요한 조치를 할 수 있다.

제20조(출입 · 검사 등) ① 농림수산식품부장관, 시 · 도지사 또는 시장 · 군수는 동물에 대하여 학대행위를 하는 등 이 법을 위반하거나 공중위생상의 위해가 발생할 우려가 있다고 인정하는 때에는 동물의 소유자등에 대하여 다음 각 호의 조치를 취할 수 있다.〈개정 2008.2.29〉
1. 동물현황 및 관리실태 등 필요한 자료제출의 요구
2. 동물이 있는 장소에 대한 출입 · 검사
3. 동물학대행위의 중지 및 위해방지대책의 강구 등 농림수산식품부령이 정하는 시정명령

② 농림수산식품부장관, 시 · 도지사 또는 시장 · 군수가 제1항제2호의 규정에 따른 출입 · 검사를 하는 때에는 출입 · 검사 개시 7일 전까지 대상자에게 다음 각 호의 사항이 포함된 출입 · 검사계획을 통지하여야 한다. 다만, 출입 · 검사계획을 미리 통지할 경우 그 목적을 달성할 수 없다고 인정하는 경우에는 출입 · 검사를 착수할 때에 이를 통지할 수 있다.〈개정 2008.2.29〉
1. 출입 · 검사목적
2. 출입 · 검사 기간 및 장소
3. 관계 공무원의 성명과 직위
4. 출입 · 검사 범위 및 내용
5. 제출할 자료

제21조(등록취소 등) ① 시장 · 군수는 동물판매업자등이 다음 각 호의 어느 하나에 해당하는 때에는 농림수산식품부령이 정하는 바에 따라 그 등록을 취소하거나 6개월 이내의 기간을 정하여 그 영업의 전부 또는 일부의 정지를 명할 수 있다. 다만, 제1호의 경우에는 등록을 취소하여야 한다.〈개정 2008.2.29〉
1. 거짓 그 밖의 부정한 방법으로 등록을 한 것이 판명된 때
2. 제7조제1항 또는 제2항의 규정을 위반하여 동물에 대한 학대행위 등의 행위를 한 때
3. 등록한 날부터 1년이 경과하여도 영업을 개시하지 아니한 때
4. 제15조제3항의 규정에 따른 기준에 미달하게 된 때
5. 제15조제4항의 규정에 따른 휴업 · 재개업 · 폐업의 신고 또는 등록사항 변경신고를 하지 아니한 때
6. 제16조의 규정에 따른 준수사항을 지키지 아니한 때
7. 제20조제1항의 규정에 따른 명령을 이행하지 아니한 때

②시장 · 군수는 제1항의 규정에 따라 등록을 취소하고자 하는 때에는 청문을 실시하여야 한다.

제22조(수수료) 시장 · 군수는 다음 각 호의 어느 하나에 해당하는 등록 등을 하고자 하는 자로부터 시 · 도의 조례가 정하는 바에 따라 수수료를 징수할 수 있다.
1. 제5조의 규정에 따른 동물의 등록
2. 제15조의 규정에 따른 동물판매업 또는 동물장묘업(이하 "동물판매업등"이라 한다)의 등록 또는 등록한 사항의 변경신고

제23조(권한의 위임) ① 농림수산식품부장관은 대통령령이 정하는 바에 따라 이 법에 따른 권한의 일부를 소속

기관의 장 또는 시 · 도지사에게 위임할 수 있다. 〈개정 2008.2.29〉
②시 · 도지사는 조례가 정하는 바에 따라 제10조제1항의 규정에 따른 권한의 일부를 시장 · 군수에게 위임할 수 있다.

제24조(자료 유지 및 정보의 공개) 농림수산식품부장관은 다음 각 호의 정보와 자료를 수집 · 분석하고 그 결과를 매년 정기적으로 공표하여야 한다. 〈개정 2008.2.29〉
1. 제5조의 규정에 따른 동물의 등록에 관한 사항
2. 제9조 또는 제10조의 규정에 따른 유기동물 및 보호시설과 위탁보호시설에 관한 사항
3. 제14조의 규정에 따른 동물실험윤리위원회의 운영 및 동물실험의 실태에 관한 사항
4. 제15조의 규정에 따른 동물판매업등의 등록과 운영실태에 관한 사항

제25조(벌칙) ①다음 각 호의 어느 하나에 해당하는 자는 500만원 이하의 벌금에 처한다.
1. 제7조제1항 내지 제3항에 해당하는 위반행위를 한 자
2. 제14조제6항의 규정을 위반하여 비밀을 누설하거나 도용한 자

②제15조제1항 또는 제2항의 규정에 따른 등록을 하지 아니하고 동물판매업등을 영위하거나 거짓 그 밖의 부정한 방법으로 등록을 한 자는 100만원 이하의 벌금에 처한다.
③제13조제6항에 해당하는 위반행위를 한 자는 10만원 이하의 벌금에 처한다.

제26조(과태료) ①다음 각 호의 어느 하나에 해당하는 자는 50만원 이하의 과태료에 처한다.
1. 제7조제4항의 규정을 위반하여 동물을 유기한 자
2. 제14조제1항의 규정에 따른 동물실험윤리위원회를 설치하지 아니한 동물실험시설의 장
3. 정당한 사유 없이 제17조의 규정에 따른 교육을 받지 아니한 자
4. 제19조제4항의 규정을 위반하여 동물보호감시관 · 동물보호명예감시관의 직무를 거부 · 방해 또는 회피한 자
5. 제20조제1항제1호의 규정에 따른 자료제출의 요구에 응하지 아니하거나 거짓의 자료를 제출한 자
6. 제20조제1항제2호의 규정에 따른 출입 · 검사를 거부 · 방해 또는 기피한 자
7. 제20조제1항제3호의 규정에 따른 시정명령을 이행하지 아니한 자

②다음 각 호의 어느 하나에 해당하는 자는 30만원 이하의 과태료에 처한다.
1. 제6조제4항의 규정을 위반하여 인식표를 부착시키지 아니한 자
2. 제6조제5항의 규정을 위반하여 안전조치를 하지 아니하거나 배설물을 수거하지 아니한 자

③ 제1항 및 제2항의 규정에 따른 과태료는 대통령령이 정하는 바에 따라 농림수산식품부장관, 시 · 도지사 또는 시장 · 군수(이하 "처분청"이라 한다)가 부과 · 징수한다. 〈개정 2008.2.29〉
④제3항의 규정에 따른 과태료 처분에 불복이 있는 자는 그 처분의 고지를 받은 날부터 30일 이내에 처분청에 이의를 제기할 수 있다.
⑤제3항의 규정에 따른 과태료 처분을 받은 자가 제4항의 규정에 따라 이의를 제기한 때에는 처분청은 지체 없이 관할 법원에 그 사실을 통보하여야 하며 그 통보를 받은 관할 법원은 「비송사건절차법」에 따른 과태료의 재판을 한다.
⑥제4항의 규정에 따른 기간 이내에 이의를 제기하지 아니하고 과태료를 납부하지 아니한 때에는 국세 또는 지방세 체납처분의 예에 따라 이를 징수한다.
⑦제5조제4항 또는 제6조제6항의 규정에 따른 조례에는 30만원 이하의 과태료를 정할 수 있다.

부칙 〈제8282호,2007.01.26〉

①(시행일) 이 법은 공포 후 1년이 경과한 날부터 시행한다.
②(벌칙 적용에 관한 경과조치) 이 법 시행 전의 행위에 대한 벌칙의 적용에서는 종전의 규정에 따른다.
③(다른 법률의 개정) 전통소싸움경기에관한법률 일부를 다음과 같이 개정한다.
제4조제1항 중 "제6조제2항 및 제12조(제6조제2항을 위반한 자에 한한다)"를 "제7조제2항 및 제25조(제7조제2항의 규정을 위반한 자에 한한다)"로 한다.

부칙(정부조직법) 〈제8852호,2008.2.29〉

제1조(시행일) 이 법은 공포한 날부터 시행한다. 다만, 제31조제1항의 개정규정 중 "식품산업진흥"에 관한 부분은 2008년 6월 28일부터 시행하고, 부칙 제6조에 따라 개정되는 법률 중 이 법의 시행 전에 공포되었으나 시행일이 도래하지 아니한 법률을 개정한 부분은 각각 해당 법률의 시행일부터 시행한다.
제2조부터 제5조까지 생략
제6조(다른 법률의 개정) ①부터 〈300〉까지 생략
〈301〉 動物保護法 일부를 다음과 같이 개정한다.
제5조제1항 단서 · 제2항 · 제3항 전단 · 제4항, 제6조제4항 · 제5항 · 제7항, 제7조제1항제3호 · 제2항제1호 단서 · 제2호 단서 · 제3호 단서 · 제4호 · 제3항 단서, 제8조제1항 각 호 외의 부분, 제10조제1항, 제11조제1항, 제13조제6항 각 호 외의 부분 단서, 제14조제2항제2호, 제15조제1항부터 제4항까지, 제16조제1항 · 제2항, 제17조제1항 · 제3항, 제20조제1항제3호 및 제21조제1항 각 호 외의 부분 본문 중 "농림부령"을 각각 "농림수산식품부령"으로 한다.
제8조제2항 · 제3항, 제10조제3항, 제19조제1항 · 제2항, 제20조제1항 각 호 외의 부분 · 제2항 각 호 외의 부분 본문, 제23조제1항, 제24조 각 호 외의 부분 및 제26조제3항 중 "농림부장관"을 각각 "농림수산식품부장관"으로 한다.
〈302〉부터 〈760〉까지 생략
제7조 생략

INTERNATIONAL CONFERENCE ON HARMONISATION OF TECHNICAL REQUIREMENTS FOR REGISTRATION OF PHARMACEUTICALS FOR HUMAN USE

ICH HARMONISED TRIPARTITE GUIDELINE

GUIDELINE FOR GOOD CLINICAL PRACTICE
E6(R1)

Current *Step 4* version
dated 10 June 1996

(including the Post Step 4 corrections)

This Guideline has been developed by the appropriate ICH Expert Working Group and has been subject to consultation by the regulatory parties, in accordance with the ICH Process. At Step 4 of the Process the final draft is recommended for adoption to the regulatory bodies of the European Union, Japan and USA.

E6(R1)
Document History

First Codification	History	Date	New codification November 2005
E6	Approval by the Steering Committee under *Step* 2 and release for public consultation.	27 April 1995	E6
E6	Approval by the Steering Committee under *Step* 4 and recommended for adoption to the three ICH regulatory bodies.	1 May 1996	E6

Current *Step* 4 version

E6	Approval by the Steering Committee of *Post-Step 4* editorial corrections.	10 June 1996	E6(R1)

GUIDELINE FOR GOOD CLINICAL PRACTICE

INTRODUCTION

Good Clinical Practice (GCP) is an international ethical and scientific quality standard for designing, conducting, recording and reporting trials that involve the participation of human subjects. Compliance with this standard provides public assurance that the rights, safety and well-being of trial subjects are protected, consistent with the principles that have their origin in the Declaration of Helsinki, and that the clinical trial data are credible.

The objective of this ICH GCP Guideline is to provide a unified standard for the European Union (EU), Japan and the United States to facilitate the mutual acceptance of clinical data by the regulatory authorities in these jurisdictions.

The guideline was developed with consideration of the current good clinical practices of the European Union, Japan, and the United States, as well as those of Australia, Canada, the Nordic countries and the World Health Organization (WHO).

This guideline should be followed when generating clinical trial data that are intended to be submitted to regulatory authorities.

The principles established in this guideline may also be applied to other clinical investigations that may have an impact on the safety and well-being of human subjects.

1. GLOSSARY

1.1 Adverse Drug Reaction (ADR)

In the pre-approval clinical experience with a new medicinal product or its new usages, particularly as the therapeutic dose(s) may not be established: all noxious and unintended responses to a medicinal product related to any doseshould be considered adverse drug reactions. The phrase responses to a medicinal product means that a causal relationship between a medicinal product and an adverse event is at least a reasonable possibility, i.e. the relationship cannot be ruled out.

Regarding marketed medicinal products: a response to a drug which is noxious and unintended and which occurs at doses normally used in man for prophylaxis, diagnosis, or therapy of diseases or for modification of physiological function (see the ICH Guideline for Clinical Safety Data Management: Definitions and Standards for Expedited Reporting).

1.2 Adverse Event (AE)

Any untoward medical occurrence in a patient or clinical investigation subject administered a pharmaceutical product and which does not necessarily have a causal relationship with this treatment. An adverse event (AE) can therefore be any unfavourable and unintended sign (including an abnormal laboratory finding), symptom, or disease temporally associated with the use of a medicinal (investigational) product, whether or not related to the medicinal (investigational) product (see the ICH Guideline for Clinical Safety Data Management: Definitions and Standards for Expedited Reporting).

1.3 Amendment (to the protocol)

See Protocol Amendment.

1.4 Applicable Regulatory Requirement(s)

Any law(s) and regulation(s) addressing the conduct of clinical trials of investigational products.

1.5 Approval (in relation to Institutional Review Boards)

The affirmative decision of the IRB that the clinical trial has been reviewed and may be conducted at the institution site within the constraints set forth by the IRB, the institution, Good Clinical Practice (GCP), and the applicable regulatory requirements.

1.6 Audit

A systematic and independent examination of trial related activities and documents to determine whether the evaluated trial related activities were conducted, and the data were recorded, analyzed and accurately reported according to the protocol, sponsor's standard operating procedures (SOPs), Good Clinical Practice (GCP), and the applicable regulatory requirement(s).

1.7 Audit Certificate

A declaration of confirmation by the auditor that an audit has taken place.

1.8 Audit Report

A written evaluation by the sponsor's auditor of the results of the audit.

1.9 Audit Trail

Documentation that allows reconstruction of the course of events.

1.10 Blinding/Masking

A procedure in which one or more parties to the trial are kept unaware of the treatment assignment(s). Single-blinding usually refers to the subject(s) being unaware, and double-blinding usually refers to the subject(s), investigator(s), monitor, and, in some cases, data analyst(s) being unaware of the treatment assignment(s).

1.11 Case Report Form (CRF)

A printed, optical, or electronic document designed to record all of the protocol required information to be reported to the sponsor on each trial subject.

1.12 Clinical Trial/Study

Any investigation in human subjects intended to discover or verify the clinical, pharmacological and/or other pharmacodynamic effects of an investigational product(s), and/or to identify any adverse reactions to an investigational product(s), and/or to study absorption, distribution, metabolism, and excretion of an investigational product(s) with the object of ascertaining its safety and/or efficacy. The terms clinical trial and clinical study are synonymous.

1.13 Clinical Trial/Study Report

A written description of a trial/study of any therapeutic, prophylactic, or diagnostic agent conducted in human subjects, in which the clinical and statistical description, presentations, and analyses are fully integrated into a single report (see the ICH Guideline for Structure and Content of Clinical Study Reports).

1.14 Comparator (Product)

An investigational or marketed product (i.e., active control), or placebo, used as a reference in a clinical trial.

1.15 Compliance (in relation to trials)

Adherence to all the trial-related requirements, Good Clinical Practice (GCP) requirements, and the applicable regulatory requirements.

1.16 Confidentiality

Prevention of disclosure, to other than authorized individuals, of a sponsor's proprietary information or of a subject's identity.

1.17 Contract

A written, dated, and signed agreement between two or more involved partiesthat sets out any arrangements on delegation and distribution of tasks and obligations and, if appropriate, on financial matters. The protocol may serve as the basis of a contract.

1.18 Coordinating Committee

A committee that a sponsor may organize to coordinate the conduct of a multicentre trial.

1.19 Coordinating Investigator

An investigator assigned the responsibility for the coordination of investigators at different centres participating in a multicentre trial.

1.20 Contract Research Organization (CRO)

A person or an organization (commercial, academic, or other) contracted by the sponsor to perform one or more of a sponsor's trial-related duties and functions.

1.21 Direct Access

Permission to examine, analyze, verify, and reproduce any records and reports that are important to evaluation of a clinical trial. Any party (e.g., domestic and foreign regulatory authorities, sponsor's monitors and auditors) with direct access should take all reasonable precautions within the constraints of the applicable regulatory requirement(s) to maintain the confidentiality of subjects' identities and sponsor's proprietary information.

1.22 Documentation

All records, in any form (including, but not limited to, written, electronic, magnetic, and optical records, and scans, x-rays, and electrocardiograms) that describe or record the methods, conduct, and/or results of a trial, the factors affecting a trial, and the actions taken.

1.23 Essential Documents

Documents which individually and collectively permit evaluation of the conduct of a study and the quality of the data produced (see 8. Essential Documents for the Conduct of a Clinical Trial).

1.24 Good Clinical Practice (GCP)

A standard for the design, conduct, performance, monitoring, auditing, recording, analyses, and reporting of clinical trials that provides assurance that the data and reported results are credible and accurate, and that the rights, integrity, and confidentiality of trial subjects are protected.

1.25 Independent Data-Monitoring Committee (IDMC) (Data and Safety Monitoring Board, Monitoring Committee, Data Monitoring Committee)

An independent data-monitoring committee that may be established by the sponsor to assess at intervals the progress of a clinical trial, the safety data, and the critical efficacy endpoints, and to recommend to the sponsor whether to continue, modify, or stop a trial.

1.26 Impartial Witness

A person, who is independent of the trial, who cannot be unfairly influenced by people involved with the trial, who attends the informed consent process if the subject or the subject's legally acceptable representative cannot read, and who reads the informed consent form and any other written information supplied to the subject.

1.27 Independent Ethics Committee (IEC)

An independent body (a review board or a committee, institutional, regional, national, or supranational), constituted of medical professionals and non-medical members, whose responsibility it is to ensure the protection of the rights, safety and well-being of human subjects involved in a trial and to provide public assurance of that protection, by, among other things, reviewing and approving / providing favourable opinion on, the trial protocol, the suitability of the investigator(s), facilities, and the methods and material to be used in obtaining and documenting informed consent of the trial subjects.

The legal status, composition, function, operations and regulatory requirements pertaining to Independent Ethics Committees may differ among countries, but should allow the Independent Ethics Committee to act in agreement with GCP as described in this guideline.

1.28 Informed Consent

A process by which a subject voluntarily confirms his or her willingness to participate in a particular trial, after having been informed of all aspects of the trial that are relevant to the subject's decision to participate. Informed consent is documented by means of a written, signed and dated informed consent form.

1.29 Inspection

The act by a regulatory authority(ies) of conducting an official review of documents, facilities, records, and any other resources that are deemed by the authority(ies) to be related to the clinical trial and that may be located at the site of the trial, at the sponsor's and/or contract research organization's (CRO's) facilities, or at other establishments deemed appropriate by the regulatory authority(ies).

1.30 Institution (medical)

Any public or private entity or agency or medical or dental facility where clinical trials are conducted.

1.31 Institutional Review Board (IRB)
An independent body constituted of medical, scientific, and non-scientific members, whose responsibility is to ensure the protection of the rights, safety and well-being of human subjects involved in a trial by, among other things, reviewing, approving, and providing continuing review of trial protocol and amendments and of the methods and material to be used in obtaining and documenting informed consent of the trial subjects.

1.32 Interim Clinical Trial/Study Report
A report of intermediate results and their evaluation based on analyses performed during the course of a trial.

1.33 Investigational Product
A pharmaceutical form of an active ingredient or placebo being tested or used as a reference in a clinical trial, including a product with a marketing authorization when used or assembled (formulated or packaged) in a way different from the approved form, or when used for an unapproved indication, or when used to gain further information about an approved use.

1.34 Investigator
A person responsible for the conduct of the clinical trial at a trial site. If a trial is conducted by a team of individuals at a trial site, the investigator is the responsible leader of the team and may be called the principal investigator. See also Subinvestigator.

1.35 Investigator / Institution
An expression meaning "the investigator and/or institution, where required by the applicable regulatory requirements".

1.36 Investigator's Brochure
A compilation of the clinical and nonclinical data on the investigational product(s) which is relevant to the study of the investigational product(s) in human subjects (see 7. Investigator's Brochure).

1.37 Legally Acceptable Representative
An individual or juridical or other body authorized under applicable lawto consent, on behalf of a prospective subject, to the subject's participation in the clinical trial.

1.38 Monitoring
The act of overseeing the progress of a clinical trial, and of ensuring that it is conducted, recorded, and reported in accordance withthe protocol, Standard Operating Procedures (SOPs), Good Clinical Practice (GCP), and the applicable regulatory requirement(s).

1.39 Monitoring Report
A written report from the monitor to the sponsor after each site visit and/or other trial-related communication according to the sponsor's SOPs.

1.40 Multicentre Trial

A clinical trial conducted according to a single protocol but at more than one site, and therefore, carried out by more than one investigator.

1.41 Nonclinical Study

Biomedical studies not performed on human subjects.

1.42 Opinion (in relation to Independent Ethics Committee)

The judgement and/or the advice provided by an Independent Ethics Committee (IEC).

1.43 Original Medical Record

See Source Documents.

1.44 Protocol

A document that describes the objective(s), design, methodology, statistical considerations, and organization of a trial. The protocol usually also gives the background and rationale for the trial, but these could be provided in other protocol referenced documents. Throughout the ICH GCP Guideline the term protocol refers to protocol and protocol amendments.

1.45 Protocol Amendment

A written description of a change(s) to or formal clarification of a protocol.

1.46 Quality Assurance (QA)

All those planned and systematic actions that are established to ensure that the trial is performed and the data are generated, documented (recorded), and reported in compliance with Good Clinical Practice (GCP) and the applicable regulatory requirement(s).

1.47 Quality Control (QC)

The operational techniques and activities undertaken within the quality assurance system to verify that the requirements for quality of the trial-related activities have been fulfilled.

1.48 Randomization

The process of assigning trial subjects to treatment or control groups using an element of chance to determine the assignments in order to reduce bias.

1.49 Regulatory Authorities

Bodies having the power to regulate. In the ICH GCP guideline the expression Regulatory Authorities includes the authorities that review submitted clinical data and those that conduct inspections (see 1.29). These bodies are sometimes referred to as competent authorities.

1.50 Serious Adverse Event (SAE) or Serious Adverse Drug Reaction (Serious ADR)

Any untoward medical occurrence that at any dose:
- results in death,
- is life-threatening,
- requires inpatient hospitalization or prolongation of existing hospitalization,
- results in persistent or significant disability/incapacity,

or
- is a congenital anomaly/birth defect

(see the ICH Guideline for Clinical Safety Data Management: Definitions and Standards for Expedited Reporting).

1.51 Source Data

All information in original records and certified copies of original records of clinical findings, observations, or other activities in a clinical trial necessary for the reconstruction and evaluation of the trial. Source data are contained in source documents (original records or certified copies).

1.52 Source Documents

Original documents, data, and records (e.g., hospital records, clinical and office charts, laboratory notes, memoranda, subjects' diaries or evaluation checklists, pharmacy dispensing records, recorded data from automated instruments, copies or transcriptions certified after verification as beingaccurate copies, microfiches, photographic negatives, microfilm or magnetic media, x-rays, subject files, and records kept at the pharmacy, at the laboratories and at medico-technical departments involved in the clinical trial).

1.53 Sponsor

An individual, company, institution, or organization which takes responsibility for the initiation, management, and/or financing of a clinical trial.

1.54 Sponsor-Investigator

An individual who both initiates and conducts, alone or with others, a clinical trial, and under whose immediate direction the investigational product is administered to, dispensed to, or used by a subject. The term does not include any person other than an individual (e.g., it does not include a corporation or an agency). The obligations of a sponsor-investigator include both those of a sponsor and those of an investigator.

1.55 Standard Operating Procedures (SOPs)

Detailed, written instructions to achieve uniformity of the performance of a specific function.

1.56 Subinvestigator

Any individual member of the clinical trial team designated and supervised by the investigator at a trial site to perform critical trial-related procedures and/or to make important trial-related decisions (e.g., associates, residents, research fellows). See also Investigator.

1.57 Subject/Trial Subject

An individual who participates in a clinical trial, either as a recipient of the investigational product(s) or as a control.

1.58 Subject Identification Code

A unique identifier assigned by the investigator to each trial subject to protect the subject's identity and used in lieu of the subject's name when the investigator reports adverse events and/or other trial related data.

1.59 Trial Site

The location(s) where trial-related activities are actually conducted.

1.60 Unexpected Adverse Drug Reaction

An adverse reaction, the nature or severity of which is not consistent with the applicable product information (e.g., Investigator's Brochure for an unapproved investigational product or package insert/summary of product characteristics for an approved product) (see the ICH Guideline for Clinical Safety Data Management: Definitions and Standards for Expedited Reporting).

1.61 Vulnerable Subjects

Individuals whose willingness to volunteer in a clinical trial may be unduly influenced by the expectation, whether justified or not, of benefits associated with participation, or of a retaliatory response from senior members of a hierarchy in case of refusal to participate. Examples are members of a group with a hierarchical structure, such as medical, pharmacy, dental, and nursing students, subordinate hospital and laboratory personnel, employees of the pharmaceutical industry, members of the armed forces, and persons kept in detention. Other vulnerable subjects include patients with incurable diseases, persons in nursing homes, unemployed or impoverished persons, patients in emergency situations, ethnic minority groups, homeless persons, nomads, refugees, minors, and those incapable of giving consent.

1.62 Well-being (of the trial subjects)

The physical and mental integrity of the subjects participating in a clinical trial.

2. THE PRINCIPLES OF ICH GCP

2.1 Clinical trials should be conducted in accordance with the ethical principles that have their origin in the Declaration of Helsinki, and that are consistent with GCP and the applicable regulatory requirement(s).

2.2 Before a trial is initiated, foreseeable risks and inconveniences should be weighed against the anticipated benefit for the individual trial subject and society. A trial should be initiated and continued only if the anticipated benefits justify the risks.

2.3 The rights, safety, and well-being of the trial subjects are the most important considerations and should prevail over interests of science and society.

2.4 The available nonclinical and clinical information on an investigational product should be adequate to support the proposed clinical trial.

2.5 Clinical trials should be scientifically sound, and described in a clear, detailed protocol.

2.6 A trial should be conducted in compliance with the protocol that has received prior institutional review board (IRB)/independent ethics committee (IEC) approval/favourable opinion.

2.7 The medical care given to, and medical decisions made on behalf of, subjects should always be the responsibility of a qualified physician or, when appropriate, of a qualified dentist.

2.8 Each individual involved in conducting a trial should be qualified by education, training, and experience to perform his or her respective task(s).

2.9 Freely given informed consent should be obtained from every subject prior to clinical trial participation.

2.10 All clinical trial information should be recorded, handled, and stored in a way that allows its accurate reporting, interpretation and verification.

2.11 The confidentiality of records that could identify subjects should be protected, respecting the privacy and confidentiality rules in accordance with the applicable regulatory requirement(s).

2.12 Investigational products should be manufactured, handled, and stored in accordance with applicable good manufacturing practice (GMP). They should be used in accordance with the approved protocol.

2.13 with procedures that assure the quality of every aspect of the trial should be implemented.

3. INSTITUTIONAL REVIEW BOARD/ INDEPENDENT ETHICS COMMITTEE (IRB/IEC)

3.1 Responsibilities

3.1.1 An IRB/IEC should safeguard the rights, safety, and well-being of all trial subjects. Special attention should be paid to trials that may include vulnerable subjects.

3.1.2 The IRB/IEC should obtain the following documents:

trial protocol(s)/amendment(s), written informed consent form(s) and consent form updates that the investigator proposes for use in the trial, subject recruitment procedures (e.g. advertisements), written information to be provided to subjects, Investigator's Brochure (IB), available safety information, information about payments and compensation available to subjects, the investigator's current curriculum vitae and/or other documentation evidencing qualifications, and any other documents that the IRB/IEC may need to fulfil its responsibilities.

The IRB/IEC should review a proposed clinical trial within a reasonable time and document its views in writing, clearly identifying the trial, the documents reviewed and the dates for the following:

- approval/favourable opinion;
- modifications required prior to its approval/favourable opinion;
- disapproval / negative opinion; and
- termination/suspension of any prior approval/favourable opinion.

3.1.3 The IRB/IEC should consider the qualifications of the investigator for the proposed trial, as documented by a current curriculum vitae and/or by any other relevant documentation the IRB/IEC requests.

3.1.4 The IRB/IEC should conduct continuing review of each ongoing trial at intervals appropriate to the degree of risk to human subjects, but at least once per year.

3.1.5 The IRB/IEC may request more information than is outlined in paragraph 4.8.10 be given to subjects when, in thejudgement of the IRB/IEC, the additional information would add meaningfully to the protection of the rights, safety and/or well-being of the subjects.

3.1.6 When a non-therapeutic trial is to be carried out with the consent of the subject's legally acceptable representative (see 4.8.12, 4.8.14), the IRB/IEC should determine that the proposed protocol and/or other document(s) adequately addresses relevant ethical concerns and meets applicable regulatory requirements for such trials.

3.1.7 Where the protocol indicates that prior consent of the trial subject or the subject's legally acceptable representative is not possible (see 4.8.15), the IRB/IEC should determine that the proposed protocol and/or other document(s) adequately addresses relevant ethical concerns and meets applicable regulatory requirements for such trials (i.e. in emergency situations).

3.1.8 The IRB/IEC should review both the amount and method of payment to subjects to assure that neither presents problems of coercion or undue influence on the trial subjects. Payments to a subject should be prorated and not wholly contingent on completion of the trial by the subject.

3.1.9 The IRB/IEC should ensure that information regarding payment to subjects, including the methods, amounts, and schedule of payment to trial subjects, is set forth in the written informed consent form and any other written information to be provided to subjects. The way payment will be prorated should be specified.

3.2 Composition, Functions and Operations

3.2.1 The IRB/IEC should consist of a reasonable number of members, who collectively have the qualifications and experience to review and evaluate the science, medical aspects, and ethics of the proposed trial. It is recommended that the IRB/IEC should include:

(a) At least five members.
(b) At least one member whose primary area of interest is in a nonscientific area.
(c) At least one member who is independent of the institution/trial site.

Only those IRB/IEC members who are independent of the investigator and the sponsor of the trial should vote/provide opinion on a trial-related matter.

A list of IRB/IEC members and their qualifications should be maintained.

3.2.2 The IRB/IEC should perform its functions according to written operating procedures, should maintain written records of its activities and minutes of its meetings, and should comply with GCP and with the applicable regulatory requirement(s).

3.2.3 An IRB/IEC should make its decisions at announced meetings at which at least a quorum, as stipulated in its written operating procedures, is present.

3.2.4 Only members who participate in the IRB/IEC review and discussion should vote/provide their opinion and/or advise.

3.2.5 The investigator may provide information on any aspect of the trial, but should not participate in the deliberations of the IRB/IEC or in the vote/opinion of the IRB/IEC.

3.2.6 An IRB/IEC may invite nonmembers with expertise in special areas for assistance.

3.3 Procedures

The IRB/IEC should establish, document in writing, and follow its procedures, which should include:

3.3.1 Determining its composition (names and qualifications of the members) and the authority under which it is established.

3.3.2 Scheduling, notifying its members of, and conducting its meetings.

3.3.3 Conducting initial and continuing review of trials.

3.3.4 Determining the frequency of continuing review, as appropriate.

3.3.5 Providing, according to the applicable regulatory requirements, expedited review and approval/favourable opinion of minor change(s) in ongoing trials that have the approval/favourable opinion of the IRB/IEC.

3.3.6 Specifying that no subject should be admitted to a trial before the IRB/IEC issues its written approval/favourable opinion of the trial.

3.3.7 Specifying that no deviations from, or changes of, the protocol should be initiated without prior written IRB/IEC approval/favourable opinion of an appropriate amendment, except when necessary to eliminate immediate hazards to the subjects or when the change(s) involves only logistical or administrative aspects of the trial (e.g., change of monitor(s), telephone number(s)) (see 4.5.2).

3.3.8 Specifying that the investigator should promptly report to the IRB/IEC:

(a) Deviations from, or changes of, the protocol to eliminate immediate hazards to the trial subjects (see 3.3.7, 4.5.2, 4.5.4).
(b) Changes increasing the risk to subjects and/or affecting significantly the conduct of the trial (see 4.10.2).
(c) All adverse drug reactions (ADRs) that are both serious and unexpected.
(d) New information that may affect adversely the safety of the subjects or the conduct of the trial.

3.3.9 Ensuring that the IRB/IEC promptly notify in writing the investigator/institution concerning:

(a) Its trial-related decisions/opinions.
(b) The reasons for its decisions/opinions.
(c) Procedures for appeal of its decisions/opinions.

3.4 Records

The IRB/IEC should retain all relevant records (e.g., written procedures, membership lists, lists of occupations/affiliations of members, submitted documents, minutes of meetings, and correspondence) for a period of at least 3 years after completion of the trial and make them available upon request from the regulatory authority(ies).

The IRB/IEC may be asked by investigators, sponsors or regulatory authorities to provide its written procedures and membership lists.

4. INVESTIGATOR

4.1 Investigator's Qualifications and Agreements

4.1.1 The investigator(s) should be qualified by education, training, and experience to assume responsibility for the proper conduct of the trial, should meet all the qualifications specified by the applicable regulatory requirement(s), and should provide evidence of such qualifications through up-to-date curriculum vitae and/or other relevant documentation requested by the sponsor, the IRB/IEC, and/or the regulatory authority(ies).

4.1.2 The investigator should be thoroughly familiar with the appropriate use of the investigational product(s), as described in the protocol, in the current Investigator's Brochure, in the product information and in other information sources provided by the sponsor.

4.1.3 The investigator should be aware of, and should comply with, GCP and the applicable regulatory requirements.

4.1.4 The investigator/institution should permit monitoring and auditing by the sponsor, and inspection by the appropriate regulatory authority(ies).

4.1.5 The investigator should maintain a list of appropriately qualified persons to whom the investigator has delegated significant trial-related duties.

4.2 Adequate Resources

4.2.1 The investigator should be able to demonstrate (e.g., based on retrospective data) a potential for recruiting the required number of suitable subjects within the agreed recruitment period.

4.2.2 The investigator should have sufficient time to properly conduct and complete the trial within the agreed trial period.

4.2.3 The investigator should have available an adequate number of qualified staff and adequate facilities for the foreseen duration of the trial to conduct the trial properly and safely.

4.2.4 The investigator should ensure that all persons assisting with the trial are adequately informed about the protocol, the investigational product(s), and their trial-related duties and functions.

4.3 Medical Care of Trial Subjects

4.3.1 A qualified physician (or dentist, when appropriate), who is an investigator or a sub-investigator for the trial, should be responsible for all trial-related medical (or dental) decisions.

4.3.2 During and following a subject's participation in a trial, the investigator/institution should ensure that adequate medical care is provided to a subject for any adverse events, including clinically significant laboratory values, related to the trial. The investigator/institution should inform a subject when medical care is needed for intercurrent illness(es) of which the investigator becomes aware.

4.3.3 It is recommended that the investigator inform the subject's primary physician about the subject's participation in the trial if the subject has a primary physician and if the subject agrees to the primary physician being informed.

4.3.4 Although a subject is not obliged to give his/her reason(s) for withdrawing prematurely from a trial, the investigator should make a reasonable effort to ascertain the reason(s), while fully respecting the subject's rights.

4.4 Communication with IRB/IEC

4.4.1 Before initiating a trial, the investigator/institution should have written and dated approval/favourable opinion from the IRB/IEC for the trial protocol, written informed consent form, consent form updates, subject recruitment procedures (e.g., advertisements), and any other written information to be provided to subjects.

4.4.2 As part of the investigator's/institution's written application to the IRB/IEC, the investigator/institution should provide the IRB/IEC with a current copy of the Investigator's Brochure. If the Investigator's Brochure is updated during the trial, the investigator/institution should supply a copy of the updated Investigator's Brochure to the IRB/IEC.

4.4.3 During the trial the investigator/institution should provide to the IRB/IEC all documents subject to review.

4.5 Compliance with Protocol

4.5.1 The investigator/institution should conduct the trial in compliance with the protocol agreed to by the sponsor and,if required, by the regulatory authority(ies) and which was given approval/favourable opinion by the IRB/IEC. The investigator/institution and the sponsor should sign the protocol, or an alternative contract, to confirm agreement.

4.5.2 The investigator should not implement any deviation from, or changes of the protocol without agreement by the sponsor and prior review and documented approval/favourable opinion from the IRB/IEC of an amendment, except where necessary to eliminate an immediate hazard(s) to trial subjects, or when the change(s) involves only logistical or administrative aspects of the trial (e.g., change in monitor(s), change of telephone number(s)).

4.5.3 The investigator, or person designated by the investigator, should document and explain any deviation from the approved protocol.

4.5.4 The investigator may implement a deviation from, or a change of, the protocol to eliminate an immediate hazard(s) to trial subjects without prior IRB/IEC approval/favourable opinion. As soon as possible, the implemented deviation or change, the reasons for it, and, if appropriate, the proposed protocol amendment(s) should be submitted:

(a) to the IRB/IEC for review and approval/favourable opinion,
(b) to the sponsor for agreement and, if required,
(c) to the regulatory authority(ies).

4.6 Investigational Product(s)

4.6.1 Responsibility for investigational product(s) accountability at the trial site(s) rests with the investigator/institution.

4.6.2 Where allowed/required, the investigator/institution may/should assign some or all of the investigator's/institution's duties for investigational product(s) accountability at the trial site(s) to an appropriate pharmacist or another appropriate individual who is under the supervision of the investigator/institution..

4.6.3 The investigator/institution and/or a pharmacist or other appropriate individual, who is designated by the investigator/institution, should maintain records of the product's delivery to the trial site, the inventory at the site, the use byeach subject, and the return to the sponsor or alternative disposition of unused product(s). These records should include dates, quantities, batch/serial numbers, expiration dates (if applicable), and the unique code numbers assigned to the investigational product(s) and trial subjects. Investigators should maintain records that document adequately that the subjects were provided the doses specified by the protocol and reconcile all investigational product(s) received from the sponsor.

4.6.4 The investigational product(s) should be stored as specified by the sponsor (see 5.13.2 and 5.14.3) and in accordance with applicable regulatory requirement(s).

4.6.5 The investigator should ensure that the investigational product(s) are used only in accordance with the approved protocol.

4.6.6 The investigator, or a person designated by the investigator/institution, should explain the correct use of the investigational product(s) to each subject and should check, at intervals appropriate for the trial, that each subject is following the instructions properly.

4.7 Randomization Procedures and Unblinding

The investigator should follow the trial's randomization procedures, if any, and should ensure that the code is broken only in accordance with the protocol. If the trial is blinded, the investigator should promptly document and explain to the sponsor any premature unblinding (e.g., accidental unblinding, unblinding due to a serious adverse event) of the investigational product(s).

4.8 Informed Consent of Trial Subjects

4.8.1 In obtaining and documenting informed consent, the investigator should comply with the applicable regulatory requirement(s), and should adhere to GCP and to the ethical principles that have their origin in the Declaration of Helsinki. Prior to the beginning of the trial, the investigator should have the IRB/IEC's written approval/favourable opinion of the written informed consent form and any other written information to be provided to subjects.

4.8.2 The written informed consent form and any other written information to be provided to subjects should be revised whenever important new information becomes available that may be relevant to the subject's consent. Any revised written informed consent form, and written information should receive the IRB/IEC's approval/favourable opinion in advance of use. The subject or the subject's legally acceptable representative should be informed in a timely manner if new information becomes available that may be relevant to the subject's willingness to continue participation in the trial. The communication of this information should be documented.

4.8.3 Neither the investigator, nor the trial staff, should coerce or unduly influence a subject to participate or to continue to participate in a trial.

4.8.4 None of the oral and written information concerning the trial, including the written informed consent form, should contain any language that causes the subject or the subject's legally acceptable representative to waive or to appear to waive any legal rights, or that releases or appears to release the investigator, the institution, the sponsor, or their agents from liability for negligence.

4.8.5 The investigator, or a person designated by the investigator, should fully inform the subject or, if the subject is unable to provide informed consent, the subject's legally acceptable representative, of all pertinent aspects of the trial including the written information and the approval/ favourable opinion by the IRB/IEC.

4.8.6 The language used in the oral and written information about the trial, including the written informed consent form, should be as non-technical as practical and should be understandable to the subject or the subject's legally acceptable representative and the impartial witness, where applicable.

4.8.7 Before informed consent may be obtained, the investigator, or a person designated by the investigator, should provide the subject or the subject's legally acceptable representative ample time and opportunity to inquire about details of the trial and to decide whether or not to participate in the trial. All questions about the trial should be answered to the satisfaction of the subject or the subject's legally acceptable representative.

4.8.8 Prior to a subject's participation in the trial, the written informed consent form should be signed and personally dated by the subject or by the subject's legally acceptable representative, and by the person who conducted the informed consent discussion.

4.8.9 If a subject is unable to read or if a legally acceptable representative is unable to read, an impartial witness should be present during the entire informed consent discussion. After the written informed consent form and any other written information to be provided to subjects, is read and explained to the subject or the subject's legally acceptable representative, and after the subject or the subject's legally acceptable representative has orally consented to the subject's participation in the trial and, if capable of doing so, has signed and personally dated the informed consent form, the witness should sign and personally date the consent form. By signing the consent form, the witness attests that the information in the consent form and any other written information was accurately explained to, and apparently understood by, the subject or the subject's legally acceptable representative, and that informed consent was freely given by the subject or the subject's legally acceptable representative.

4.8.10 Both the informed consent discussion and the written informed consent form and any other written information to be provided to subjects should include explanations of the following:

(a) That the trial involves research.
(b) The purpose of the trial.

(c) The trial treatment(s) and the probability for random assignment to each treatment.
(d) The trial procedures to be followed, including all invasive procedures.
(e) The subject's responsibilities.
(f) Those aspects of the trial that are experimental.
(g) The reasonably foreseeable risks or inconveniences to the subject and, when applicable, to an embryo, fetus, or nursing infant.
(h) The reasonably expected benefits. When there is no intended clinical benefit to the subject, the subject should be made aware of this.
(i) The alternative procedure(s) or course(s) of treatment that may be available to the subject, and their important potential benefits and risks.
(j) The compensation and/or treatment available to the subject in the event of trial-related injury.
(k) The anticipated prorated payment, if any, to the subject for participating in the trial.
(l) The anticipated expenses, if any, to the subject for participating in the trial.
(m) That the subject's participation in the trial is voluntary and that the subject may refuse to participate or withdraw from the trial, at any time, without penalty or loss of benefits to which the subject is otherwise entitled.
(n) That the monitor(s), the auditor(s), the IRB/IEC, and the regulatory authority(ies) will be granted direct access to the subject's original medical records for verification of clinical trial procedures and/or data, without violating the confidentiality of the subject, to the extent permitted by the applicable laws and regulations and that, by signing a written informed consent form, the subject or the subject's legally acceptable representative is authorizing such access.
(o) That records identifying the subject will be kept confidential and, to the extent permitted by the applicable laws and/or regulations, will not be made publicly available. If the results of the trial are published, the subject's identity will remain confidential.
(p) That the subject or the subject's legally acceptable representative will be informed in a timely manner if information becomes available that may be relevant to the subject's willingness to continue participation in the trial.
(q) The person(s) to contact for further information regarding the trial and the rights of trial subjects, and whom to contact in the event of trial-related injury.
(r) The foreseeable circumstances and/or reasons under which the subject's participation in the trial may be terminated.
(s) The expected duration of the subject's participation in the trial.
(t) The approximate number of subjects involved in the trial.

4.8.11 Prior to participation in the trial, the subject or the subject's legally acceptable representative should receive a copy of the signed and dated written informed consent form and any other written information provided to the subjects. During a subject's participation in the trial, the subject or the subject's legally acceptable representative should receive a copy of the signed and dated consent form updates and a copy of any amendments to the written information provided to subjects.

4.8.12 When a clinical trial (therapeutic or non-therapeutic) includes subjects who can only be enrolled in the trial with the consent of the subject's legally acceptable representative (e.g., minors, or patients with severe dementia), the subject should be informed about the trial to the extent compatible with the subject's understanding and, if capable, the subject should sign and personally date the written informed consent.

4.8.13 Except as described in 4.8.14, a non-therapeutic trial (i.e. a trial in which there is no anticipated direct clinical benefit to the subject), should be conducted in subjects who personally give consent and who sign and date the written informed consent form.

4.8.14 Non-therapeutic trials may be conducted in subjects with consent of a legally acceptable representative provided the following conditions are fulfilled:

(a) The objectives of the trial can not be met by means of a trial in subjects who can give informed consent personally.
(b) The foreseeable risks to the subjects are low.
(c) The negative impact on the subject's well-being is minimized and low.
(d) The trial is not prohibited by law.
(e) The approval/favourable opinion of the IRB/IEC is expressly sought on the inclusion of such subjects, and the written approval/ favourable opinion covers this aspect.

Such trials, unless an exception is justified, should be conducted in patients having a disease or condition for which the investigational product is intended. Subjects in these trials should be particularly closely monitored and should be withdrawn if they appear to be unduly distressed.

4.8.15 In emergency situations, when prior consent of the subject is not possible, the consent of the subject's legally acceptable representative, if present, should be requested. When prior consent of the subject is not possible, and the subject's legally acceptable representative is not available, enrolment of the subject should require measures described in the protocol and/or elsewhere, with documented approval/favourable opinion by the IRB/IEC, to protect the rights, safety and well-being of the subject and to ensure compliance with applicable regulatory requirements. The subject or the subject's legally acceptable representative should be informed about the trial as soon as possible and consent to continue and other consent as appropriate (see 4.8.10) should be requested.

4.9 Records and Reports

4.9.1 The investigator should ensure the accuracy, completeness, legibility, and timeliness of the data reported to the sponsor in the CRFs and in all required reports.

4.9.2 Data reported on the CRF, that are derived from source documents, should be consistent with the source documents or the discrepancies should be explained.

4.9.3 Any change or correction to a CRF should be dated, initialed, and explained (if necessary) and should not obscure the original entry (i.e. an audit trail should be maintained); this applies to both written and electronic changes or corrections (see 5.18.4 (n)). Sponsors should provide guidance to investigators and/or the investigators' designated representatives on making such corrections. Sponsors should have written procedures to assure that changes or corrections in CRFs made by sponsor's designated representatives are documented, are necessary, and are endorsed by the investigator. The investigator should retain records of the changes and corrections.

4.9.4 The investigator/institution should maintain the trial documents as specified in Essential Documents for the Conduct of a Clinical Trial (see 8.) and as required bythe applicable regulatory requirement(s). The investigator/institution should take measures to prevent accidental or premature destruction of these documents.

4.9.5 Essential documents should be retained until at least 2 years after the last approval of a marketing application in an ICH region and until there are no pending or contemplated marketing applications in an ICH region or at least 2 years have elapsed since the formal discontinuation of clinical development of the investigational product. These documents should be retained for a longer period however if required by the applicable regulatory requirements or by an agreement with the sponsor. It is the responsibility of the sponsor to inform the investigator/institution as to when these documents no longer need to be retained (see 5.5.12).

4.9.6 The financial aspects of the trial should be documented in an agreement between the sponsor and the investigator/institution.

4.9.7 Upon request of the monitor, auditor, IRB/IEC, or regulatory authority, the investigator/institution should make available for direct access all requested trial-related records.

4.10 Progress Reports

4.10.1 The investigator should submit written summaries of the trial status to the IRB/IEC annually, or more frequently, if requested by the IRB/IEC.

4.10.2 The investigator should promptly provide written reports to the sponsor, the IRB/IEC (see 3.3.8) and, where applicable, the institution on any changes significantly affecting the conduct of the trial, and/or increasing the risk to subjects.

4.11 Safety Reporting

4.11.1 All serious adverse events (SAEs) should be reported immediately to the sponsor except for those SAEs that the protocol or other document (e.g., Investigator's Brochure) identifies as not needing immediate reporting. The immediate reports should be followed promptly by detailed, written reports. The immediate and follow-up reports should identify subjects by unique code numbers assigned to the trial subjects rather than by the subjects' names, personal identification numbers, and/or addresses. The investigator should also comply with the applicable regulatory requirement(s) related to the reporting of unexpected serious adverse drug reactions to the regulatory authority(ies) and the IRB/IEC.

4.11.2 Adverse events and/or laboratory abnormalities identified in the protocol as critical to safety evaluations should be reported to the sponsor according to the reporting requirements and within the time periods specified by the sponsor in the protocol.

4.11.3 For reported deaths, the investigator should supply the sponsor and the IRB/IEC with any additional requested information (e.g., autopsy reports and terminal medical reports).

4.12 Premature Termination or Suspension of a Trial

If the trial is prematurely terminated or suspended for any reason, the investigator/institution should promptly inform the trial subjects, should assure appropriate therapy and follow-up for the subjects, and, where required by the applicable regulatory requirement(s), should inform the regulatory authority(ies). In addition:

4.12.1 If the investigator terminates or suspends a trial without prior agreement of the sponsor, the investigator should inform the institution where applicable, and the investigator/institution should promptly inform the sponsor and the IRB/IEC, and should provide the sponsor and the IRB/IEC a detailed written explanation of the termination or suspension.

4.12.2 If the sponsor terminates or suspends a trial (see 5.21), the investigator should promptly inform the institution where applicable and the investigator/institution should promptly inform the IRB/IEC and provide the IRB/IEC a detailed written explanation of the termination or suspension.

4.12.3 If the IRB/IEC terminates or suspends its approval/favourable opinion of a trial (see 3.1.2 and 3.3.9), the investigator should inform the institution where applicable and the investigator/institution should promptly notify the sponsor and provide the sponsor with a detailed written explanation of the termination or suspension.

4.13 Final Report(s) by Investigator

Upon completion of the trial, the investigator, where applicable, should inform the institution; the investigator/institution should provide the IRB/IEC with a summary of the trial's outcome, and the regulatory authority(ies) with any reports required.

5. SPONSOR

5.1 Quality Assurance and Quality Control

5.1.1 The sponsor is responsible for implementing and maintaining quality assurance and quality control systems with written SOPs to ensure that trials are conducted and data are generated, documented (recorded), and reported in compliance with the protocol, GCP, and the applicable regulatory requirement(s).

5.1.2 The sponsor is responsible for securing agreement from all involved parties to ensure direct access (see 1.21) to all trial related sites, source data/documents , and reports for the purpose of monitoring and auditing by the sponsor, and inspection by domestic and foreign regulatory authorities.

5.1.3 Quality control should be applied to each stage of data handling to ensure that all data are reliable and have been processed correctly.

5.1.4 Agreements, made by the sponsor with the investigator/institution and any other parties involved with the clinical trial, should be in writing, as part of the protocol or in a separate agreement.

5.2 Contract Research Organization (CRO)

5.2.1 A sponsor may transfer any or all of the sponsor's trial-related duties and functions to a CRO, but the ultimate responsibility for the quality and integrity of the trial data always resides with the sponsor. The CRO should implement quality assurance and quality control.

5.2.2 Any trial-related duty and function that is transferred to and assumed by a CRO should be specified in writing.

5.2.3 Any trial-related duties and functions not specifically transferred to and assumed by a CRO are retained by the sponsor.

5.2.4 All references to a sponsor in this guideline also apply to a CRO to the extent that a CRO has assumed the trial related duties and functions of a sponsor.

5.3 Medical Expertise

The sponsor should designate appropriately qualified medical personnel who will be readily available to advise on trial related medical questions or problems. If necessary, outside consultant(s) may be appointed for this purpose.

5.4 Trial Design

5.4.1 The sponsor should utilize qualified individuals (e.g. biostatisticians, clinical pharmacologists, and physicians) as appropriate, throughout all stages of the trial process, from designing the protocol and CRFs and planning the analyses to analyzing and preparing interim and final clinical trial reports.

5.4.2 For further guidance: Clinical Trial Protocol and Protocol Amendment(s) (see 6.), the ICH Guideline for Structure and Content of Clinical Study Reports, and other appropriate ICH guidance on trial design, protocol and conduct.

5.5 Trial Management, Data Handling, and Record Keeping

5.5.1 The sponsor should utilize appropriately qualified individuals to supervise the overall conduct of the trial, to handle the data, to verify the data, to conduct the statistical analyses, and to prepare the trial reports.

5.5.2 The sponsor may consider establishing an independent data-monitoring committee (IDMC) to assess the progress of a clinical trial, including the safety data and thecritical efficacy endpoints at intervals, and to recommend to the sponsor whether to continue, modify, or stop a trial. The IDMC should have written operating procedures and maintain written records of all its meetings.

5.5.3 When using electronic trial data handling and/or remote electronic trial data systems, the sponsor should:

(a) Ensure and document that the electronic data processing system(s) conforms to the sponsor's established requirements for completeness, accuracy, reliability, and consistent intended performance (i.e. validation).
(b) Maintains SOPs for using these systems.
(c) Ensure that the systems are designed to permit data changes in such a way that the data changes are documented and that there is no deletion of entered data (i.e. maintain an audit trail, data trail, edit trail).
(d) Maintain a security system that prevents unauthorized access to the data.
(e) Maintain a list of the individuals who are authorized to make data changes (see 4.1.5 and 4.9.3).
(f) Maintain adequate backup of the data.
(g) Safeguard the blinding, if any (e.g. maintain the blinding during data entry and processing).

5.5.4 If data are transformed during processing, it should always be possible to compare the original data and observations with the processed data.

5.5.5 The sponsor should use an unambiguous subject identification code (see 1.58) that allows identification of all the data reported for each subject.

5.5.6 The sponsor, or other owners of the data, should retain all of the sponsor-specific essential documents pertaining to the trial (see 8. Essential Documents for the Conduct of a Clinical Trial).

5.5.7 The sponsor should retain all sponsor-specific essential documents in conformance with the applicable regulatory requirement(s) of the country(ies) where the product is approved, and/or where the sponsor intends to apply for approval(s).

5.5.8 If the sponsor discontinues the clinical development of an investigational product (i.e. for any or all indications, routes of administration, or dosage forms), the sponsor should maintain all sponsor-specific essential documents for at least 2 years after formal discontinuation or in conformance with the applicable regulatory requirement(s).

5.5.9 If the sponsor discontinues the clinical development of an investigational product, the sponsor should notify all the trial investigators/institutions and all the regulatory authorities.

5.5.10 Any transfer of ownership of the data should be reported to the appropriate authority(ies), as required by the applicable regulatory requirement(s).

5.5.11 The sponsor specific essential documents should be retained until at least 2 years after the last approval of a marketing application in an ICH region and until there are no pending or contemplated marketing applications in an ICH region or at least 2 years have elapsed since the formal discontinuation of clinical development of the investigational product. These documents should be retained for a longer period however if required by the applicable regulatory requirement(s) or if needed by the sponsor.

5.5.12 The sponsor should inform the investigator(s)/institution(s) in writing of the need for record retention and should notify the investigator(s)/institution(s) in writing when the trial related records are no longer needed.

5.6 Investigator Selection

5.6.1 The sponsor is responsible for selecting the investigator(s)/institution(s). Each investigator should be qualified by training and experience and should have adequate resources (see 4.1, 4.2) to properly conduct the trial for which the investigator is selected. If organization of a coordinating committee and/or selection of coordinating investigator(s) are to be utilized in multicentre trials, their organization and/or selection are the sponsor's responsibility.

5.6.2 Before entering an agreement with an investigator/institution to conduct a trial, the sponsor should provide the investigator(s)/institution(s) with the protocol and an up-to-date Investigator's Brochure, and should provide sufficient time for the investigator/institution to review the protocol and the information provided.

5.6.3 The sponsor should obtain the investigator's/institution's agreement:

(a) to conduct the trial in compliance with GCP, with the applicable regulatory requirement(s) (see 4.1.3), and with the protocol agreed to by the sponsor and given approval/favourable opinion by the IRB/IEC (see 4.5.1);
(b) to comply with procedures for data recording/reporting;
(c) to permit monitoring, auditing and inspection (see 4.1.4) and
(d) to retain the trial related essential documents until the sponsor informs the investigator/institution these documents are no longer needed (see 4.9.4 and 5.5.12).

The sponsor and the investigator/institution should sign the protocol, or an alternative document, to confirm this agreement.

5.7 Allocation of Responsibilities

Prior to initiating a trial, the sponsor should define, establish, and allocate all trial-related duties and functions.

5.8 Compensation to Subjects and Investigators

5.8.1 If required by the applicable regulatory requirement(s), the sponsor should provide insurance or should indemnify (legal and financial coverage) the investigator/the institution against claims arising from the trial, except for claims that arise from malpractice and/or negligence.

5.8.2 The sponsor's policies and procedures should address the costs of treatment of trial subjects in the event of trial-related injuries in accordance with the applicable regulatory requirement(s).

5.8.3 When trial subjects receive compensation, the method and manner of compensation should comply with applicable regulatory requirement(s).

5.9 Financing

The financial aspects of the trial should be documented in an agreement between the sponsor and the investigator/institution.

5.10 Notification/Submission to Regulatory Authority(ies)

Before initiating the clinical trial(s), the sponsor (or the sponsor and the investigator, if required by the applicable regulatory requirement(s)) should submit any required application(s) to the appropriate authority(ies) for review, acceptance, and/or permission (as required by the applicable regulatory requirement(s)) to begin the trial(s). Any notification/submission should be dated and contain sufficient information to identify the protocol.

5.11 Confirmation of Review by IRB/IEC

5.11.1 The sponsor should obtain from the investigator/institution:

(a) The name and address of the investigator's/institution's IRB/IEC.
(b) A statement obtained from the IRB/IEC that it is organized and operates according to GCP and the applicable laws and regulations.
(c) Documented IRB/IEC approval/favourable opinion and, if requested by the sponsor, a current copy of protocol, written informed consent form(s) and any other written information to be provided to subjects, subject recruiting procedures, and documents related to payments and compensation available to the subjects, and any other documents that the IRB/IEC may have requested.

5.11.2 If the IRB/IEC conditions its approval/favourable opinion upon change(s) in any aspect of the trial, such as modification(s) of the protocol, written informed consent form and any other written information to be provided to subjects, and/or other procedures, the sponsor should obtain from the investigator/institution a copy of the modification(s) made and the date approval/favourable opinion was given by the IRB/IEC.

5.11.3 The sponsor should obtain from the investigator/institution documentation and dates of any IRB/IEC reapprovals/re-evaluations with favourable opinion, and of any withdrawals or suspensions of approval/favourable opinion.

5.12 Information on Investigational Product(s)

5.12.1 When planning trials, the sponsor should ensure that sufficient safety and efficacy data from nonclinical studies and/or clinical trials are available to support human exposure by the route, at the dosages, for the duration, and in the trial population to be studied.

5.12.2 The sponsor should update the Investigator's Brochure as significant new information becomes available (see 7. Investigator's Brochure).

5.13 Manufacturing, Packaging, Labelling, and Coding Investigational Product(s)

5.13.1 The sponsor should ensure that the investigational product(s) (including active comparator(s) and placebo, if applicable) is characterized asappropriate to the stage of development of the product(s), is manufactured in accordance with any applicable GMP, and is coded and labelled in a manner that protects the blinding, if applicable. In addition, the labelling should comply with applicable regulatory requirement(s).

5.13.2 The sponsor should determine, for the investigational product(s), acceptable storage temperatures, storage conditions (e.g. protection from light), storage times, reconstitution fluids and procedures, and devices for product infusion, if any. The sponsor should inform all involved parties (e.g. monitors, investigators, pharmacists, storage managers) of these determinations.

5.13.3 The investigational product(s) should be packaged to prevent contamination and unacceptable deterioration during transport and storage.

5.13.4 In blinded trials, the coding system for the investigational product(s) should include a mechanism that permits rapid identification of the product(s) in case of a medical emergency, but does not permit undetectable breaks of the blinding.

5.13.5 If significant formulation changes are made in the investigational or comparator product(s) during the course of clinical development, the results of any additional studies of the formulated product(s) (e.g. stability, dissolution rate, bioavailability) needed to assess whether these changes would significantly alter the pharmacokinetic profile of the product should be available prior to the use of the new formulation in clinical trials.

5.14 Supplying and Handling Investigational Product(s)

5.14.1 The sponsor is responsible for supplying the investigator(s)/institution(s) with the investigational product(s).

5.14.2 The sponsor should not supply an investigator/institution with the investigational product(s) until the sponsor obtains all required documentation (e.g. approval/favourable opinion from IRB/IEC and regulatory authority(ies)).

5.14.3 The sponsor should ensure that written procedures include instructions that the investigator/institution should follow forthe handling and storage of investigational product(s) for the trial and documentation thereof. The procedures should address adequate and safe receipt, handling, storage, dispensing, retrieval of unused product from subjects, and return of unused investigational product(s) to the sponsor (or alternative disposition if authorized by the sponsor and in compliance with the applicable regulatory requirement(s)).

5.14.4 The sponsor should: F

(a) Ensure timely delivery of investigational product(s) to the investigator(s).
(b) Maintain records that document shipment, receipt, disposition, return, and destruction of the investigational product(s) (see 8. Essential Documents for the Conduct of a Clinical Trial).
(c) Maintain a system for retrieving investigational products and documenting this retrieval (e.g. for deficient product recall, reclaim after trial completion, expired product reclaim).
(d) Maintain a system for the disposition of unused investigational product(s) and for the documentation of this disposition.

5.14.5 The sponsor should:

(a) Take steps to ensure that the investigational product(s) are stable over the period of use.
(b) Maintain sufficient quantities of the investigational product(s) used in the trials to reconfirm specifications, should this become necessary, and maintain records of batch sample analyses and characteristics. To the extent stability permits, samples should be retained either until the analyses of the trial data are complete or as required by the applicable regulatory requirement(s), whichever represents the longer retention period.

5.15 Record Access

5.15.1 The sponsor should ensure that it is specified in the protocol or other written agreement that the investigator(s)/institution(s) provide direct access to source data/documents for trial-related monitoring, audits, IRB/IEC review, and regulatory inspection.

5.15.2 The sponsor should verify that each subject has consented, in writing, to direct access to his/her original medical records for trial-related monitoring, audit, IRB/IEC review, and regulatory inspection.

5.16 Safety Information

5.16.1 The sponsor is responsible for the ongoing safety evaluation of the investigational product(s).

5.16.2 The sponsor should promptly notify all concerned investigator(s)/institution(s) and the regulatory authority(ies) of findings that could affect adversely the safety of subjects, impact the conduct of the trial, or alter the IRB/IEC's approval/favourable opinion to continue the trial.

5.17 Adverse Drug Reaction Reporting

5.17.1 The sponsor should expedite the reporting to all concerned investigator(s)/institutions(s), to the IRB(s)/IEC(s), where required, and to the regulatory authority(ies) of all adverse drug reactions (ADRs) that are both serious and unexpected.

5.17.2 Such expedited reports should comply with the applicable regulatory requirement(s) and with the ICH Guideline for Clinical Safety Data Management: Definitions and Standards for Expedited Reporting.

5.17.3 The sponsor should submit to the regulatory authority(ies) all safety updates and periodic reports, as required by applicable regulatory requirement(s).

5.18 Monitoring

5.18.1 *Purpose*

The purposes of trial monitoring are to verify that:

(a) The rights and well-being of human subjects are protected.

(b) The reported trial data are accurate, complete, and verifiable from source documents.

(c) The conduct of the trial is in compliance with the currently approved protocol/amendment(s), with GCP, and with the applicable regulatory requirement(s).

5.18.2 *Selection and Qualifications of Monitors*

(a) Monitors should be appointed by the sponsor.

(b) Monitors should be appropriately trained, and should have the scientific and/or clinical knowledge needed to monitor the trial adequately. A monitor's qualifications should be documented.

(c) Monitors should be thoroughly familiar with the investigational product(s), the protocol, written informed consent form and any other written information to be provided to subjects, the sponsor's SOPs, GCP, and the applicable regulatory requirement(s).

5.18.3 *Extent and Nature of Monitoring*

The sponsor should ensure that the trials are adequately monitored. The sponsor should determine the appropriate extent and nature of monitoring. The determination of the extent and nature of monitoring should be based on considerations such as the objective, purpose, design, complexity, blinding, size, and endpoints of the trial. In general there is a need for on-site monitoring, before, during, and after the trial; however in exceptional circumstances the sponsor may determine that central monitoring in conjunction with procedures such as investigators'training and meetings, and extensive written guidance can assure appropriate conduct of the trial in accordance with GCP. Statistically controlled sampling may be an acceptable method for selecting the data to be verified.

5.18.4 *Monitor's Responsibilities*

The monitor(s) in accordance with the sponsor's requirements should ensure that the trial is conducted and documented properly by carrying out the following activities when relevant and necessary to the trial and the trial site:

(a) Acting as the main line of communication between the sponsor and the investigator.

(b) Verifying that the investigator has adequate qualifications and resources (see 4.1, 4.2, 5.6) and remain adequate throughout the trial period, that facilities, including laboratories, equipment, and staff, are adequate to safely and properly conduct the trial and remain adequate throughout the trial period.

(c) Verifying, for the investigational product(s):

(i) That storage times and conditions are acceptable, and that supplies are sufficient throughout the trial.

(ii) That the investigational product(s) are supplied only to subjects who are eligible to receive it and at the protocol specified dose(s).

(iii) That subjects are provided with necessary instruction on properly using, handling, storing, and returning the investigational product(s).

(iv) That the receipt, use, and return of the investigational product(s) at the trial sites are controlled and documented adequately.

(v) That the disposition of unused investigational product(s) at the trial sites complies with applicable regulatory requirement(s) and is in accordance with the sponsor.

(d) Verifying that the investigator follows the approved protocol and all approved amendment(s), if any.

(e) Verifying that written informed consent was obtained before each subject's participation in the trial.

(f) Ensuring that the investigator receives the currentInvestigator's Brochure, all documents, and all trial supplies needed to conduct the trial properly and to comply with the applicable regulatory requirement(s).

(g) Ensuring that the investigator and the investigator's trial staff are adequately informed about the trial.

(h) Verifying that the investigator and the investigator's trial staff are performing the specified trial functions, in accordance with the protocol and any other written agreement between the sponsor and the investigator/institution, and have not delegated these functions to unauthorized individuals.

(i) Verifying that the investigator is enroling only eligible subjects.

(j) Reporting the subject recruitment rate.

(k) Verifying that source documents and other trial records are accurate, complete, kept up-to-date and maintained.

(l) Verifying that the investigator provides all the required reports, notifications, applications, and submissions, and that these documents are accurate, complete, timely, legible, dated, and identify the trial.

(m) Checking the accuracy and completeness of the CRF entries, source documents and other trial-related records against each other. The monitor specifically should verify that:

(i) The data required by the protocol are reported accurately onthe CRFs and are consistent with the source documents.

(ii) Any dose and/or therapy modifications are well documented for each of the trial subjects.

(iii) Adverse events, concomitant medications and intercurrent illnesses are reported in accordance with the protocol on the CRFs.

(iv) Visits that the subjects fail to make, tests that are not conducted, and examinations that are not performed are clearly reported as such on the CRFs.

(v) All withdrawals and dropouts of enrolled subjects from the trial are reported and explained on the CRFs.

(n) Informing the investigator of any CRF entry error, omission, or illegibility. The monitor should ensure that appropriate corrections, additions, or deletions are made, dated, explained (if necessary), and initialled by the investigator or by a member of the investigator's trial staff who is authorized to initial CRF changes for the investigator. This authorization should be documented.

(o) Determining whether all adverse events (AEs) are appropriately reported within the time periods required by GCP, the protocol, the IRB/IEC, the sponsor, and the applicable regulatory requirement(s).

(p) Determining whether the investigator is maintaining the essential documents (see 8. Essential Documents for the Conduct of a Clinical Trial).

(q) Communicating deviations from the protocol, SOPs, GCP, and the applicable regulatory requirements to the investigator and taking appropriate action designed to prevent recurrence of the detected deviations.

5.18.5 *Monitoring Procedures*

The monitor(s) should follow the sponsor's established written SOPs as well as those procedures that are specified by the sponsor for monitoring a specific trial.

5.18.6 *Monitoring Report*

(a) The monitor should submit a written report to the sponsor after each trial-site visit or trial-related communication.

(b) Reports should include the date, site, name of the monitor, and name of the investigator or other individual(s) contacted.

(c) Reports should include a summary of what the monitor reviewed and the monitor's statements concerning the significant findings/facts, deviations and deficiencies, conclusions, actions taken or to be taken and/or actions recommended to secure compliance.

(d)The review and follow-up of the monitoring report with the sponsor should be documented by the sponsor's designated representative.

5.19 Audit

If or when sponsors perform audits, as part of implementing quality assurance, they should consider:

5.19.1 *Purpose*

The purpose of a sponsor's audit, which is independent of and separate from routine monitoring or quality control functions, should be to evaluate trial conduct and compliance with the protocol, SOPs, GCP, and the applicable regulatory requirements.

5.19.2 *Selection and Qualification of Auditors*

(a) The sponsor should appoint individuals, who are independent of the clinical trials/systems, to conduct audits.

(b) The sponsor should ensure that the auditors are qualified by training and experience to conduct audits properly. An auditor's qualifications should be documented.

5.19.3 *Auditing Procedures*

(a) The sponsor should ensure that the auditing of clinical trials/systems is conducted in accordance with the sponsor's written procedures on what to audit, how to audit, the frequency of audits, and the form and content of audit reports.

(b) The sponsor's audit plan and procedures for a trial audit should be guided by the importance of the trial to submissions to regulatory authorities, the number of subjects in the trial, the type and complexity of the trial, the level of risks to the trial subjects, and any identified problem(s).

(c) The observations and findings of the auditor(s) should be documented.

(d) To preserve the independence and value of the audit function, the regulatory authority(ies) should not routinely request the audit reports. Regulatory authority(ies) may seek access to an audit report on a case by case basis when evidence of serious GCP non-compliance exists, or in the course of legal proceedings.

(e) When required by applicable law or regulation, the sponsor should provide an audit certificate.

5.20 Noncompliance

5.20.1 Noncompliance with the protocol, SOPs, GCP, and/or applicable regulatory requirement(s) by an investigator/institution, or by member(s) of the sponsor's staff should lead to prompt action by the sponsor to secure compliance.

5.20.2 If the monitoring and/or auditing identifies serious and/or persistent noncompliance on the part of an investigator/institution, the sponsor should terminate the investigator's/institution's participation in the trial. When an investigator's/institution's participation is terminated because of noncompliance, the sponsor should notify promptly the regulatory authority(ies).

5.21 Premature Termination or Suspension of a Trial

If a trial is prematurely terminated or suspended, the sponsor should promptly inform the investigators/institutions, and the regulatory authority(ies) of the termination or suspension and the reason(s) for the termination or suspension. The IRB/IEC should also be informed promptly and provided the reason(s) for the termination or suspension by the sponsor or by the investigator/institution, as specified by the applicable regulatory requirement(s).

5.22 Clinical Trial/Study Reports

Whether the trial iscompleted or prematurely terminated, the sponsor should ensure that the clinical trial reports are prepared and provided to the regulatory agency(ies) as required by the applicable regulatory requirement(s). The sponsor should also ensure that the clinical trial reports in marketing applications meet the standards of the ICH Guideline for Structure and Content of Clinical Study Reports. (NOTE: The ICH Guideline for Structure and Content of Clinical Study Reports specifies that abbreviated study reports may be acceptable in certain cases.)

5.23 Multicentre Trials

For multicentre trials, the sponsor should ensure that:

5.23.1 All investigators conduct the trial in strict compliance with the protocol agreed to by the sponsor and, if required, by the regulatory authority(ies), and given approval/favourable opinion by the IRB/IEC.

5.23.2 The CRFs are designed to capture the required data at all multicentre trial sites. For those investigators who are collecting additional data, supplemental CRFs should also be provided that are designed to capture the additional data.

5.23.3 The responsibilities of coordinating investigator(s) and the other participating investigators are documented prior to the start of the trial.

5.23.4 All investigators are given instructions on following the protocol, on complying with a uniform set of standards for the assessment of clinical and laboratory findings, and on completing the CRFs.

5.23.5 Communication between investigators is facilitated.

6. CLINICAL TRIAL PROTOCOL AND PROTOCOL AMENDMENT(S)

The contents of a trial protocol should generally include the following topics. However, site specific information may be provided on separate protocol page(s), or addressed in a separate agreement, and some of the information listed below may be contained in other protocol referenced documents, such as an Investigator's Brochure.

6.1 General Information

6.1.1 Protocol title, protocol identifying number, and date. Any amendment(s) should also bear the amendment number(s) and date(s).

6.1.2 Name and address of the sponsor and monitor (if other than the sponsor).

6.1.3 Name and title of the person(s) authorized to sign the protocol and the protocol amendment(s) for the sponsor.

6.1.4 Name, title, address, and telephone number(s) of the sponsor's medical expert (or dentist when appropriate) for the trial.

6.1.5 Name and title of the investigator(s) who is (are) responsible for conducting the trial, and the address and telephone number(s) of the trial site(s).

6.1.6 Name, title, address, and telephone number(s) of the qualified physician (or dentist, if applicable), who is responsible for all trial-site related medical (or dental) decisions (if other than investigator).

6.1.7 Name(s) and address(es) of the clinical laboratory(ies) and other medical and/or technical department(s) and/or institutions involved in the trial.

6.2 Background Information

6.2.1 Name and description of the investigational product(s).

6.2.2 A summary of findings from nonclinical studies that potentially have clinical significance and from clinical trials that are relevant to the trial.

6.2.3 Summary of the known and potential risks and benefits, if any, to human subjects.

6.2.4 Description of and justification for the route of administration, dosage, dosage regimen, and treatment period(s).

6.2.5 A statement that the trial will be conducted in compliance with the protocol, GCP and the applicable regulatory requirement(s).

6.2.6 Description of the population to be studied.

6.2.7 References to literature and data that are relevant to the trial, and that provide background for the trial.

6.3 Trial Objectives and Purpose

A detailed description of the objectives and the purpose of the trial.

6.4 Trial Design

The scientific integrity of the trial and the credibility of the data from the trial depend substantially on the trial design. A description of the trial design, should include:

6.4.1 A specific statement of the primary endpoints and the secondary endpoints, if any, to be measured during the trial.

6.4.2 A description of the type/design of trial to be conducted (e.g. double-blind, placebo-controlled, parallel design) and a schematic diagram of trial design, procedures and stages.

6.4.3 A description of the measures taken to minimize/avoid bias, including:

(a) Randomization.
(b) Blinding.

6.4.4 A description of the trial treatment(s) and the dosage and dosage regimen of the investigational product(s). Also include a description of the dosage form, packaging, and labelling of the investigational product(s).

6.4.5 The expected duration of subject participation, and a description of the sequence and duration of all trial periods, including follow-up, if any.

6.4.6 A description of the "stopping rules" or "discontinuation criteria" for individual subjects, parts of trial and entire trial.

6.4.7 Accountability procedures for the investigational product(s), including the placebo(s) and comparator(s), if any.

6.4.8 Maintenance of trial treatment randomization codes and procedures for breaking codes.

6.4.9 The identification of any data to be recorded directly on the CRFs (i.e. no prior written or electronic record of data), and to be considered to be source data.

6.5 Selection and Withdrawal of Subjects

6.5.1 Subject inclusion criteria.

6.5.2 Subject exclusion criteria.

6.5.3 Subject withdrawal criteria (i.e. terminating investigational product treatment/trial treatment) and procedures specifying:

(a) When and how to withdraw subjects from the trial/ investigational product treatment.
(b) The type and timing of the data to be collected for withdrawn subjects.
(c) Whether and how subjects are to be replaced.
(d) The follow-up for subjects withdrawn from investigational product treatment/trial treatment.

6.6 Treatment of Subjects

6.6.1 The treatment(s) to be administered, including the name(s) of all the product(s), the dose(s), the dosing schedule(s), the route/mode(s) of administration, and the treatment period(s), including the follow-up period(s) for subjects for each investigational product treatment/trial treatment group/arm of the trial.

6.6.2 Medication(s)/treatment(s) permitted (including rescue medication) and not permitted before and/or during the trial.

6.6.3 Procedures for monitoring subject compliance.

6.7 Assessment of Efficacy

6.7.1 Specification of the efficacy parameters.

6.7.2 Methods and timing for assessing, recording, and analysing of efficacy parameters.

6.8 Assessment of Safety

6.8.1 Specification of safety parameters.

6.8.2 The methods and timing for assessing, recording, and analysing safety parameters.

6.8.3 Procedures for eliciting reports of and for recording and reporting adverse event and intercurrent illnesses.

6.8.4 The type and duration of the follow-up of subjects after adverse events.

6.9 Statistics

6.9.1 A description of the statistical methods to be employed, including timing of any planned interim analysis(ses).

6.9.2 The number of subjects planned to be enrolled. In multicentre trials, the numbers of enrolled subjects projected for each trial site shouldbe specified. Reason for choice of sample size, including reflections on (or calculations of) the power of the trial and clinical justification.

6.9.3 The level of significance to be used.

6.9.4 Criteria for the termination of the trial.

6.9.5 Procedure for accounting for missing, unused, and spurious data.

6.9.6 Procedures for reporting any deviation(s) from the original statistical plan (any deviation(s) from the original statistical plan should be described and justified in protocol and/or in the final report, as appropriate).

6.9.7 The selection of subjects to be included in the analyses (e.g. all randomized subjects, all dosed subjects, all eligible subjects, evaluable subjects).

6.10 Direct Access to Source Data/Documents

The sponsor should ensure that it is specified in the protocol or other written agreement that the investigator(s)/institution(s) will permit trial-related monitoring, audits, IRB/IEC review, and regulatory inspection(s), providing direct access to source data/documents.

6.11 Quality Control and Quality Assurance

6.12 Ethics

Description of ethical considerations relating to the trial.

6.13 Data Handling and Record Keeping

6.14 Financing and Insurance

Financing and insurance if not addressed in a separate agreement.

6.15 Publication Policy

Publication policy, if not addressed in a separate agreement.

6.16 Supplements

(NOTE: Since the protocol and the clinical trial/study report are closely related, further relevant information can be found in the ICH Guideline for Structure and Content of Clinical Study Reports.)

7. INVESTIGATOR'S BROCHURE

7.1 Introduction

The Investigator's Brochure (IB) is a compilation of the clinical and nonclinical data on the investigational product(s) that are relevant to the study of the product(s) in human subjects. Its purpose is to provide the investigators and others involved in the trial with the information to facilitate their understanding of the rationale for, and their compliance with, many key features of the protocol, such as the dose, dose frequency/interval, methods of administration: and safety monitoring procedures. The IB also provides insight to support the clinical management of the study subjects during the course of the clinical trial. The information should be presented in aconcise, simple, objective, balanced, and non-promotional form that enables a clinician, or potential investigator, to understand it and make his/her own unbiased risk-benefit assessment of the appropriateness of the proposed trial. For this reason, a medically qualified person should generally participate in the editing of an IB, but the contents of the IB should be approved by the disciplines that generated the described data.

This guideline delineates the minimum information that should be included in an IB and provides suggestions for its layout. It is expected that the type and extent of information available will vary with the stage of development of the investigational product. If the investigational product is marketed and its pharmacology is widely understood by medical practitioners, an extensive IB may not be necessary. Where permitted by regulatory authorities, a basic product information brochure, package leaflet, or labelling may be an appropriate alternative, provided that it includes current, comprehensive, and detailed information on all aspects of the investigational product that might be of importance to the investigator. If a marketed product is being studied for a new use (i.e., a new indication), an IB specific to that new use should beprepared. The IB should be reviewed at least annually and revised as necessary in compliance with a sponsor's written procedures. More frequent revision may be appropriate depending on the stage of development and the generation of relevant new information. However, in accordance with Good Clinical Practice, relevant new information may be so important that it should be communicated to the investigators, and possibly to the Institutional Review Boards (IRBs)/Independent Ethics Committees (IECs) and/or regulatory authorities before it is included in a revised IB.

Generally, the sponsor is responsible for ensuring that an up-to-date IB is made available to the investigator(s) and the investigators are responsible for providing the up-to-date IB to the responsible IRBs/IECs. In the case of an investigator sponsored trial, the sponsor-investigator should determine whether a brochure is available from the commercial manufacturer. If the investigational product is provided by the sponsor-investigator, then he or she should provide the necessary information to the trial personnel. In cases where preparation of a formal IB is impractical, the sponsor-investigator should provide, as a substitute, an expanded background information section in the trial protocol that contains the minimum current information described in this guideline.

7.2 General Considerations

The IB should include:

7.2.1 *Title Page*

This should provide the sponsor's name, the identity of each investigational product (i.e., research number, chemical or approved generic name, and trade name(s) where legally permissible and desired by the sponsor), and the release date. It is also suggested that an edition number, and a reference to the number and date of the edition it supersedes, be provided. An example is given in Appendix 1.

7.2.2 Confidentiality Statement

The sponsor may wish to include a statement instructing the investigator/recipients to treat the IB as a confidential document for the sole information and use of the investigator's team and the IRB/IEC.

7.3 Contents of the Investigator's Brochure

The IB should contain the following sections, each with literature references where appropriate:

7.3.1 Table of Contents

An example of the Table of Contents is given in Appendix 2

7.3.2 *Summary*

A brief summary (preferably not exceeding two pages) should be given, highlighting the significant physical, chemical, pharmaceutical, pharmacological, toxicological, pharmacokinetic, metabolic, and clinical information available that is relevant to the stage of clinical development of the investigational product.

7.3.3 *Introduction*

A brief introductory statement should be provided that contains the chemical name (and generic and trade name(s) when approved) of the investigational product(s), all active ingredients, the investigational product (s) pharmacological class and its expected position within this class (e.g. advantages), the rationale for performing research with the investigational product(s), and the anticipated prophylactic, therapeutic, or diagnostic indication(s). Finally, the introductory statement should provide the general approach to be followed in evaluating the investigational product.

7.3.4 *Physical, Chemical, and Pharmaceutical Properties and Formulation*

A description should be provided of the investigational product substance(s) (including the chemical and/or structural formula(e)), and a brief summary should be given of the relevant physical, chemical, and pharmaceutical properties.

To permit appropriate safety measures to betaken in the course of the trial, a description of the formulation(s) to be used, including excipients, should be provided and justified if clinically relevant. Instructions for the storage and handling of the dosage form(s) should also be given.

Any structural similarities to other known compounds should be mentioned.

7.3.5 *Nonclinical Studies*
Introduction:

The results of all relevant nonclinical pharmacology, toxicology, pharmacokinetic, and investigational product metabolism studies should be provided in summary form. This summary should address the methodology used, the results, and a discussion of the relevance of the findings to the investigated therapeutic and the possible unfavourable and unintended effects in humans.

The information provided may include the following, as appropriate, if known/available:

- Species tested
- Number and sex of animals in each group
- Unit dose (e.g., milligram/kilogram (mg/kg))
- Dose interval
- Route of administration
- Duration of dosing
- Information on systemic distribution
- Duration of post-exposure follow-up
- Results, including the following aspects:
  - -Nature and frequency of pharmacological or toxic effects
  - -Severity or intensity of pharmacological or toxic effects
  - -Time to onset of effects
  - -Reversibility of effects
  - -Duration of effects
  - -Dose response

Tabular format/listings should be used whenever possible to enhance the clarity of the presentation.

The following sections should discuss the most important findings from the studies, including the dose response of observed effects, the relevance to humans, and any aspects to be studied in humans. If applicable, the effective and nontoxic dose findings in the same animal species should be compared (i.e., the therapeutic index should be discussed). The relevance of this information to the proposed human dosing should be addressed. Whenever possible, comparisons should be made in terms of blood/tissue levels rather than on a mg/kg basis.

(a) Nonclinical Pharmacology

A summary of the pharmacological aspects of the investigational product and, where appropriate, its significant metabolites studied in animals, should be included. Such a summary should incorporate studies that assess potential therapeutic activity (e.g. efficacy models, receptor binding, and specificity) as well as those that assess safety (e.g., special studies to assess pharmacological actions other than the intended therapeutic effect(s)).

(b) Pharmacokinetics and Product Metabolism in Animals

A summary of the pharmacokinetics and biological transformation and disposition of the investigational product in all species studied should be given. The discussion of the findings should address the absorption and the local and systemic bioavailability of the investigational product and its metabolites, and their relationship to the pharmacological and toxicological findings in animal species.

(c) Toxicology

A summary of the toxicological effects found in relevant studies conducted in different animal species should be described under the following headings where appropriate:

-Single dose
-Repeated dose
-Carcinogenicity
-Special studies (e.g. irritancy and sensitisation)
-Reproductive toxicity
-Genotoxicity (mutagenicity)

7.3.6 *Effects in Humans*

Introduction:

A thorough discussion of the known effects of the investigational product(s) in humans should be provided, including information on pharmacokinetics, metabolism, pharmacodynamics, dose response, safety, efficacy, and other pharmacological activities. Where possible, a summary of each completed clinical trial should be provided. Information should also be provided regarding results of any use of the investigational product(s) other than from in clinical trials, such as from experience during marketing.

(a) Pharmacokinetics and Product Metabolism in Humans

-A summary of information on the pharmacokinetics of the investigational product(s) should be presented, including the following, if available:
-Pharmacokinetics (including metabolism, as appropriate, and absorption, plasma protein binding, distribution, and elimination).
-Bioavailability of the investigational product (absolute, where possible, and/or relative) using a reference dosage form.
-Population subgroups (e.g., gender, age, and impaired organ function).

-Interactions (e.g., product-product interactions and effects of food).
-Other pharmacokinetic data (e.g., results of population studies performed within clinical trial(s).

(b) Safety and Efficacy

A summary of information should be provided about the investigational product's/products' (including metabolites, where appropriate) safety, pharmacodynamics, efficacy, and dose response that were obtained from preceding trials in humans (healthy volunteers and/or patients). The implications of this information should be discussed. In cases where a number of clinical trials have been completed, the use of summaries of safety and efficacy across multiple trials by indications in subgroups may provide a clear presentation of the data. Tabular summaries of adverse drug reactions for all the clinical trials (including those for all the studied indications) would be useful. Important differences in adverse drug reaction patterns/incidences across indications or subgroups should be discussed.

The IB should provide a description of the possible risks and adverse drug reactions to be anticipated on the basis of prior experiences with the product under investigation and with related products. A description should also be provided of the precautions or special monitoring to be done as part of the investigational use of the product(s).

(c) Marketing Experience

The IB should identify countries where the investigational product has been marketed or approved. Any significant information arising from the marketed use should be summarised (e.g., formulations, dosages, routes of administration, and adverse product reactions). The IB should also identify all the countries where the investigational product did not receive approval/registration for marketing or was withdrawn from marketing/registration.

7.3.7 Summary of Data and Guidance for the Investigator

This section should provide an overall discussion of the nonclinical and clinical data, and should summarise the information from various sources on different aspects of the investigational product(s), wherever possible. In this way, the investigator can be provided with the most informative interpretation of the available data and with an assessment of the implications of the information for future clinical trials.

Where appropriate, the published reports on related products should be discussed. This could help the investigator to anticipate adverse drug reactions or other problems in clinical trials.

The overall aim of this section is to provide theinvestigator with a clear understanding of the possible risks and adverse reactions, and of the specific tests, observations, and precautions that may be needed for a clinical trial. This understanding should be based on the available

physical, chemical, pharmaceutical, pharmacological, toxicological, and clinical information on the investigational product(s). Guidance should also be provided to the clinical investigator on the recognition and treatment of possible overdose and adverse drug reactions that is based on previous human experience and on the pharmacology of the investigational product.

7.4 APPENDIX 1:

TITLE PAGE*(Example)*

SPONSOR'S NAME

Product:
Research Number:
Name(s): Chemical, Generic (if approved)
Trade Name(s) (if legally permissible and desired by the sponsor)

INVESTIGATOR'S BROCHURE

Edition Number:
Release Date:

Replaces Previous Edition Number:
Date:

7.5 APPENDIX 2:

TABLE OF CONTENTS OF INVESTIGATOR'S BROCHURE (Example)

NB: References on 1. Publications
2. Reports

These references should be found at the end of each chapter
Appendices (if any)

8. ESSENTIAL DOCUMENTS FOR THE CONDUCT OF A CLINICAL TRIAL

8.1 Introduction

Essential Documents are those documents which individually and collectively permit evaluation of the conduct of a trial and the quality of the data produced. These documents serve to demonstrate the compliance of the investigator, sponsor and monitor with the standards of Good Clinical Practice and with all applicable regulatory requirements.

Essential Documents also serve a number of other important purposes. Filing essential documents at the investigator/institution and sponsor sites in a timely manner can greatly assist in the successful management of a trial by the investigator, sponsor and monitor. These documents are also the ones which are usually audited by the sponsor's independent audit function and inspected by the regulatory authority(ies) as part of the process to confirm the validity of the trial conduct and the integrity of data collected.

The minimum list of essential documents which has been developed follows. The various documents are grouped in three sections according to the stage of the trial during which they will normally be generated: 1) before the clinical phaseof the trial commences, 2) during the clinical conduct of the trial, and 3) after completion or termination of the trial. A description is given of the purpose of each document, and whether it should be filed in either the investigator/institution or sponsor files, or both. It is acceptable to combine some of the documents, provided the individual elements are readily identifiable.

Trial master files should be established at the beginning of the trial, both at the investigator/institution's site and at the sponsor's office. A final close-out of a trial can only be done when the monitor has reviewed both investigator/institution and sponsor files and confirmed that all necessary documents are in the appropriate files.

Any or all of the documents addressed in this guideline may be subject to, and should be available for, audit by the sponsor's auditor and inspection by the regulatory authority(ies).

8.2 Before the Clinical Phase of the Trial Commences

During this planning stage the following documents should be generated and should be on file before the trial formally starts

	Title of Document	Purpose	Located in Files of	
			Investigator/ Institution	Sponsor
8.2.1	INVESTIGATOR'S BROCHURE	To document that relevant and current scientific information about the investigational product has been provided to the investigator	×	×
8.2.2	SIGNED PROTOCOL AND AMENDMENTS, IF ANY, AND SAMPLE CASE REPORT FORM (CRF)	To document investigator and sponsor agreement to the protocol/ amendment(s) and CRF	×	×
8.2.3	INFORMATION GIVEN TO TRIAL SUBJECT - INFORMED CONSENT FORM (including all applicable translations)	 To document the informed consent	×	×
	- ANY OTHER WRITTEN INFORMATION	To document that subjects will be given appropriate written information (content and wording) to support their ability to give fully informed consent	×	×
	- ADVERTISEMENT FOR SUBJECT RECRUITMENT (if used)	To document that recruitment measures are appropriate and not coercive	×	
8.2.4	FINANCIAL ASPECTS OF THE TRIAL	To document the financial agreement between the investigator/ institution and the sponsor for the trial.	×	×
8.2.5	INSURANCE STATEMENT (where required)	To document that compensation to subject(s) for trial-related injury will be available	×	×
8.2.6	SIGNED AGREEMENT BETWEEN INVOLVED	To document agreements		

	Title of Document	Purpose	Located in Files of	
			Investigator/ Institution	Sponsor
	PARTIES, e.g.: - investigator/institution and sponsor - investigator/institution and CRO - sponsor and CRO - investigator/institution and author-ity(ies) (where required)		× × ×	× × (where required) × ×
8.2.7	DATED, DOCUMENTED APPROVAL/FAVOURABLE OPINION OF INSTITUTIONAL REVIEW BOARD (IRB) /INDEPENDENT ETHICS COMMITTEE (IEC) OF THE FOLLOWING: - protocol and any amendments - CRF (if applicable) - informed consent form(s) - any other written information to be provided to the subject(s) - advertisement for subject recruitment (if used) - subject compensation (if any) - any other documents given approval/ favourable opinion	To document that the trial has been subject to IRB/IEC review and given approval/favourable opinion. To identify the version number and date of the document(s)	×	×
8.2.8	INSTITUTIONAL REVIEW BOARD/INDEPENDENT ETHICS COMMITTEE COMPOSITION	To document that the IRB/IEC is constituted in agreement with GCP	×	× (where required)
8.2.9	REGULATORY AUTHORITY(IES) AUTHORISATION/ APPROVAL/ NOTIFICATION OF PROTOCOL (where required)	To document appropriate authorisation/approval/notification by the regulatory authority(ies) has been obtained prior to initiation of the trial in compliance	× (where required)	× (where required)

	Title of Document	Purpose	Located in Files of	
			Investigator/ Institution	Sponsor
		with the applicable regulatory requirement(s)		
8.2.10	CURRICULUM VITAE AND/ OR OTHER RELEVANT DOCUMENTS EVIDENCING QUALIFICATIONS OF INVESTIGATOR(S) AND SUB-INVESTIGATOR(S)	To document qualifications and eligibility to conduct trial and/or provide medical supervision of subjects	×	×
8.2.11	NORMAL VALUE(S)/ RANGE(S) FOR MEDICAL/ LABORATORY/TECHNICAL PROCEDURE(S) AND/OR TEST(S) INCLUDED IN THE PROTOCOL	To document normal values and/or ranges of the tests	×	×
8.2.12	MEDICAL/LABORATORY/TECHNICAL PROCEDURES / TESTS - certification or - accreditation or - established quality control and/or external quality assessment or - other validation (where required)	To document competence of facility to perform required test(s), and support reliability of results	× (where required)	×
8.2.13	SAMPLE OF LABEL(S) ATTACHED TO INVESTIGATIONAL PRODUCT CONTAINER(S)	To document compliance with applicable labelling regulations and appropriateness of instructions provided to the subjects		×
8.2.14	INSTRUCTIONS FOR HANDLING OF INVESTIGATIONAL PRODUCT(S) AND TRIAL-RELATED MATERIALS (if not included in protocol or Investigator's Brochure)	To document instructions needed to ensure proper storage, packaging, dispensing and disposition of investigational products and trial-related materials	×	×
8.2.15	SHIPPING RECORDS FOR INVESTIGATIONAL PRODUCT(S) AND TRIAL-	To document shipment dates, batch numbers and method of shipment of investigational product(s) and trial-	×	×

	Title of Document	Purpose	Located in Files of	
			Investigator/ Institution	Sponsor
	RELATED MATERIALS	related materials. Allows tracking of product batch, review of shipping conditions, and accountability		
8.2.16	CERTIFICATE(S) OF ANALYSIS OF INVESTIGATIONAL PRODUCT(S) SHIPPED	To document identity, purity, and strength of investigational product(s) to be used in the trial		×
8.2.17	DECODING PROCEDURES FOR BLINDED TRIALS	To document how, in case of an emergency, identity of blinded investigational product can be revealed without breaking the blind for the remaining subjects' treatment	×	× (third party if applicable)
8.2.18	MASTER RANDOMISATION LIST	To document method for randomisation of trial population		× (third party if applicable)
8.2.19	PRE-TRIAL MONITORING REPORT	To document that the site is suitable for the trial (may be combined with 8.2.20)		×
8.2.20	TRIAL INITIATION MONITORING REPORT	To document that trial procedures were reviewed with the investigator and the investigator's trial staff (may be combined with 8.2.19)	×	×

8.3 During the Clinical Conduct of the Trial

In addition to having on file the abovedocuments, the following should be added to the files during the trial as evidence that all new relevant information is documented as it becomes available

	Title of Document	Purpose	Located in Files of	
			Investigator/ Institution	Sponsor
8.3.1	INVESTIGATOR'S BROCHURE UPDATES	To document that investigator is informed in a timely manner of relevant information as it becomes available	×	×
8.3.2	ANY REVISION TO: - protocol/amendment(s) and CRF - informed consent form - any other written information provided to subjects - advertisement for subject recruitment (if used)	To document revisions of these trial related documents that take effect during trial	×	×
8.3.3	DATED, DOCUMENTED APPROVAL/FAVOURABLE OPINION OF INSTITUTIONAL REVIEW BOARD (IRB) / INDEPENDENT ETHICS COMMITTEE (IEC) OF THE FOLLOWING: - protocol amendment(s) - revision(s) of: - informed consent form - any other written information to be provided to the subject - advertisement for subject recruitment (if used) - any other documents given approval/favourable opinion - continuing review of trial (where required)	To document that the amendment(s) and/or revision(s) have been subject to IRB/IEC review and were given approval/ favourable opinion. To identify the version number and date of the document(s).	×	×
8.3.4	REGULATORY	To document compliance with	×	×

	Title of Document	Purpose	Located in Files of	
			Investigator/ Institution	Sponsor
	AUTHORITY(IES) AUTHO-RISATIONS/APPROVALS/NOTIFICATIONS WHERE REQUIRED FOR: - protocol amendment(s) and other documents	applicable regulatory requirements	(where required)	
8.3.5	CURRICULUM VITAE FOR NEW INVESTIGATOR(S) AND/OR SUB-INVESTIGATOR(S)	(see 8.2.10)	×	×
8.3.6	UPDATES TO NORMAL VALUE(S)/RANGE(S) FOR MEDICAL/ LABORATORY/ TECHNICAL PROCEDURE(S)/ TEST(S) INCLUDED IN THE PROTOCOL	To document normal values and ranges that are revised during the trial (see 8.2.11)	×	×
8.3.7	UPDATES OF MEDICAL/ LABORATORY/ TECHNICAL PROCEDURES/TESTS - certification or - accreditation or - established quality control and/or external quality assessment or - other validation (where required)	To document that tests remain adequate throughout the trial period (see 8.2.12)	× (where required)	×
8.3.8	DOCUMENTATION OF INVES-TIGATIONAL PRODUCT(S) AND TRIAL-RELATED MATERIALS SHIPMENT	(see 8.2.15.)	×	×
8.3.9	CERTIFICATE(S) OF ANALYSIS FOR NEW BATCHES OF INVES-TIGATIONAL PRODUCTS	(see 8.2.16)		×
8.3.10	MONITORING VISIT REPORTS	To document site visits by, and findings of, the monitor		×

	Title of Document	Purpose	Located in Files of	
			Investigator/ Institution	Sponsor
8.3.11	RELEVANT COMMUNICATIONS OTHER THAN SITE VISITS - letters - meeting notes - notes of telephone calls	To document any agreements or significant discussions regarding trial administration, protocol violations, trial conduct, adverse event (AE) reporting	×	×
8.3.12	SIGNED INFORMED CONSENT FORMS	To document that consent is obtained in accordance with GCP and protocol and dated prior to participation of each subject in trial. Also to document direct access permission (see 8.2.3)	×	
8.3.13	SOURCE DOCUMENTS	To document the existence of the subject and substantiate integrity of trial data collected. To include original documents related to the trial, to medical treatment, and history of subject	×	
8.3.14	SIGNED, DATED AND COMPLETED CASE REPORT FORMS (CRF)	To document that the investigator or authorised member of the investigator's staff confirms the observations recorded	× (copy)	× (origianl)
8.3.15	DOCUMENTATION OF CRF CORRECTIONS	To document all changes/additions or corrections made to CRF after initial data were recorded	× (copy)	× (origianl)
8.3.16	NOTIFICATION BY ORIGINATING INVESTIGATOR TO SPONSOR OF SERIOUS ADVERSE EVENTS AND RELATED REPORTS	Notification by originating investigator to sponsor of serious adverse events and related reports in accordance with 4.11	×	×
8.3.17	NOTIFICATION BY SPONSOR AND/OR INVESTIGATOR, WHERE APPLICABLE, TO REGULATORY AUTHORITY(IES) AND IRB(S)/IEC(S) OF	Notification by sponsor and/or investigator, where applicable, to regulatory authorities and IRB(s)/IEC(s) of unexpected serious adverse drug reactions in	× (where required)	×

	Title of Document	Purpose	Located in Files of	
			Investigator/ Institution	Sponsor
	UNEXPECTED SERIOUS ADVERSE DRUG REACTIONS AND OF OTHER SAFETY INFORMATION	accordance with 5.17 and 4.11.1 and of other safety information in accordance with 5.16.2 and 4.11.2		
8.3.18	NOTIFICATION BY SPONSOR TO INVESTIGATORS OF SAFETY INFORMATION	Notification by sponsor to investigators of safety information in accordance with 5.16.2	×	×
8.3.19	INTERIM OR ANNUAL REPORTS TO IRB/IEC AND AUTHORITY(IES)	Interim or annual reports provided to IRB/IEC in accordance with 4.10 and to authority(ies) in accordance with 5.17.3	×	× (where required)
8.3.20	SUBJECT SCREENING LOG	To document identification of subjects who entered pre-trial screening	×	× (where required)
8.3.21	SUBJECT IDENTIFICATION CODE LIST	To document that investigator/ institution keeps a confidential list of names of all subjects allocated to trial numbers on enrolling in the trial. Allows investigator/institution to reveal identity of any subject	×	
8.3.22	SUBJECT ENROLMENT LOG	To document chronological enrolment of subjects by trial number	×	
8.3.23	INVESTIGATIONAL PRODUCTS ACCOUNTABILITY AT THE SITE	To document that investigational product(s) have been used according to the protocol	×	×
8.3.24	SIGNATURE SHEET	To document signatures and initials of all persons authorised to make entries and/or corrections on CRFs	×	×
8.3.25	RECORD OF RETAINED BODY FLUIDS/ TISSUE SAMPLES (IF ANY)	To document location and identification of retained samples if assays need to be repeated	×	×

8.4 After Completion or Termination of the Trial

After completion or termination of the trial, all of the documents identified in sections 8.2 and 8.3 should be in the file together with the following

	Title of Document	Purpose	Located in Files of	
			Investigator/ Institution	Sponsor
8.4.1	INVESTIGATIONAL PRODUCT(S) ACCOUNTABILITY AT SITE	To document that the investigational product(s) have been used according to the protocol. To documents the final accounting of investigational product(s) received at the site, dispensed to subjects, returned by the subjects, and returned to sponsor	×	×
8.4.2	DOCUMENTATION OF INVESTIGATIONAL PRODUCT DESTRUCTION	To document destruction of unused investigational products by sponsor or at site	× (if destroyed at site)	×
8.4.3	COMPLETED SUBJECT IDENTIFICATION CODE LIST	To permit identification of all subjects enrolled in the trial in case follow-up is required. List should be kept in a confidential manner and for agreed upon time	×	
8.4.4	AUDIT CERTIFICATE (if available)	To document that audit was performed		×
8.4.5	FINAL TRIAL CLOSE-OUT MONITORING REPORT	To document that all activities required for trial close-out are completed, and copies of essential documents are held in the appropriate files		×
8.4.6	TREATMENT ALLOCATION AND DECODING DOCUMENTATION	Returned to sponsor to document any decoding that may have occurred		×
8.4.7	FINAL REPORT BY INVESTIGATOR TO IRB/IEC WHERE REQUIRED, AND WHERE APPLICABLE, TO THE REGULATORY AUTHORITY(IES)	To document completion of the trial	×	
8.4.8	CLINICAL STUDY REPORT	To document results and interpretation of trial	× (if applicable)	×

찾아보기

한글 색인

영문 색인

자료정리와 교정에 도움을 준

건국대학교 대학원 박사과정 이귀향선생과

건국대학교 수의학과 김윤희씨에게 감사드립니다.

지은이 최병인

삼성서울병원 임상시험센터(CTC) 행정실장
삼성서울병원 임상의학연구소 연구기획실 차장
삼성서울병원 생명과학소재은행 행정실장
삼성서울병원 임상시험센터 연구윤리 책임연구원
삼성서울병원 기획조정실 기획조정팀장
삼성서울병원 임상시험부 연구윤리 수석연구원
삼성의료원 기관윤리심의사무국 사무국장
대구한의대학교 한의학과 객원교수 (임상의학 연구윤리)
건국대학교 대학원 수의학과 시간강사 (동물복지)
건국대학교 농축대학원 응용수의학과 겸임교수 (실험동물 연구윤리)
現 가톨릭대학교 의과대학 · 생명대학원 부교수 (생명윤리)

Affiliation

- 美 국제연구행정학회(SRA: Society of Research Administrators Int' l) 국제 분과 위원
- 호주아시아 국제연구행정학회(ARMS: Australiasian Research Managers Society) 창립위원
- 삼성서울병원 임상시험 심사위원회(IRB) 위원
- 삼성서울병원 특허심의위원회 위원
- 삼성생명과학연구소 실험동물심사위원회(IACUC) 위원
- 국제 라이센싱협회(LES: Licensing Executive Society)회원
- 한국실험동물학회 평의원 윤리위원회 위원
- 건국대학교 실험동물윤리위원회(IACUC) 위원
- 건국대학교 '3R동물복지연구소' 자문위원
- 연세대학교 실험동물윤리위원회(IACUC) 위원
- 한국 임상암학회 윤리위원회 위원
- 보건의료기술사업 평가위원(생명윤리/임상시험분야)
- 한국보건인력개발원 임상시험/연구윤리 교육담당

*본서에 사용된 그림 중 일부는 e-mail과 팩스로 책의 내용 구성상 꼭 필요한 부분이기에 사용함에 대한 수락의사를 재차 문의했으나, 답변에 앞서 임의로 책에 먼저 수록하니 이 점 사과드리며 차후에 회신이 오기를 기다립니다. 또한, 그림을 사용하는데 동의해 주신 Holocaust Memorial Museum과 PETA(동물을 인도적으로 사랑하는 사람들) 관계자 분들께 진심으로 감사의 말씀 드립니다.